Unity

U0059564

跨平台全方位
遊戲開發入門寶典

黃新峰・劉哲宇・徐靜宜　編著

附範例光碟
DVD

全華

著作權與商標聲明

書中引用的軟體與作業系統的版權標列如下：

* Microsoft Windows 是美商 Microsoft 公司的註冊商標。

* 書中所引用的商標或商品名稱之版權分屬各該公司所有。

* 書中所引用的網站畫面之版權分屬各該公司、團體或個人所有。

* 書中所引用之圖形，其版權分屬各該公司所有。

* 書中所使用的商標名稱，因為編輯原因，沒有特別加上註冊商標符號，
  我們並沒有任何冒犯商標的意圖，在此聲明尊重該商標擁有者的所有權利。

序言

　　Unity 公司的 Unity3D 一款高性能的 3D 遊戲引擎。近年來在智慧型手機、平板電腦快速普及下，Unity 的全球用戶已經突破 250 萬人，且不斷的快速增加，因此 Unity 已經成為全球 3D 網頁遊戲與手機 APP 遊戲開發上影響力最大的遊戲開發工具。所以學習 Unity 可以視為進入 3D 遊戲或 3D 互動相關產業的重要軟體。

　　Unity 支援「跨平台發布」，使用者可以透過 Unity 實現各種遊戲創意進行開發，創作出精彩的 2D 以及 3D 作品，再透過 Unity 跨平台發布的強大能力，輕鬆即可發布到各種遊戲平台上。Unity 是一款「免費的開發引擎」，2013 年，Unity 相繼宣布 Unity 主程式以及相關跨平台發布套件免費，包含了 Android、iOS 等等，在無需付費的基礎上，使得 Unity 更受所有開發者的喜愛，使用者可直接在 Unity 官方網站下載主程式直接免費使用並發布。

　　本書將藉由主題範例作品，有系統的將 Unity3D 軟體中，有關地形編輯器、粒子系統、Shuriken 粒子系統、Mecanim 動畫系統、物理引擎、導航網格系統及光照貼圖等等重要功能做完整介紹，最後將利用一個完成品疊小雞遊戲，把此遊戲發佈在 Android 平台做總結。每個主題所探討內容深入淺出，引導如何使用這些強大的工具，並能以成品來呈現，使讀者在實作中能充分了解所學習的重點。

　　最後，本書有所疏漏不足之處敬祈各方先進不吝指教。

黃新峰

2014 / 07 / 13　於逢甲大學

目錄

第 00 講　**Unity 簡介**　　　　　　　　　　　　　　　　　　　　**1**

第 01 講　**Unity 編輯介面介紹**　　　　　　　　　　　　　　　**27**

第 02 講　**創建遊戲基本地形**
　　　重點 1. 建立遊戲專案 55
　　　重點 2. 使用地形編輯器建立遊戲場景地形 58
　　　重點 3. 建立光源與第一人稱控制器 68

第 03 講　**遊戲場景中不同風貌的設置**　　　　　　　　　　　　**95**
　　　重點 1. 外部圖片資源的匯入 97
　　　重點 2. 建立地形上的樹木及風 105
　　　重點 3. 建立天空盒改變天空的樣式 127

第 04 講　**遊戲場景中水特效及粒子動態效果**　　　　　　　　**151**
　　　重點 1. 在場景中利用水資源包建立水特效 153
　　　重點 2. 在場景中建立動態的效果 164

第 05 講　**遊戲模型的匯入與場景打光**　　　　　　　　　　　**201**
　　　重點 1. 外部模型匯入 Unity- 以 3ds Max 為例 203
　　　重點 2. 替遊戲場景加上燈光效果 217

第 06 講　**探討 Shuriken 粒子系統的特效應用**　　　　　　　**247**
　　　重點 1. 介紹 Shuriken 粒子系統 249
　　　重點 2. Unity 音頻的匯入與使用 267

第 07 講　靜態場景光照效果的強化技術　303

　　重點 1. 光照貼圖技術 305

　　重點 2. 後期屏幕渲染特效 322

第 08 講　遊戲角色的導入動畫系統與應用　353

　　重點 1. 從 Asset Store 下載資源並匯入人物模型 355

　　重點 2. 利用第三人稱控制器使人物模型執行動畫並移動 363

第 09 講　Mecanim 動畫系統　385

　　重點 1. 對人形骨架模型建立 Avatar 物件 388

　　重點 2. 建立角色模型的狀態動畫.....................400

　　重點 3. 角色模型的狀態動畫的切換控制.................415

第 10 講　導航網格路徑搜尋　449

　　重點 1. 使用導航網格搜尋路徑 451

　　重點 2. 第三人稱視角控制 463

　　重點 3. 如何運用導航網格建立巡邏與自動追蹤的移動模式.............465

第 11 講　遊戲場景中的物理世界　493

　　重點 1. Unity 物理引擎介紹 496

　　重點 2. 物體的物理屬性 499

第 12 講　疊小雞遊戲　533

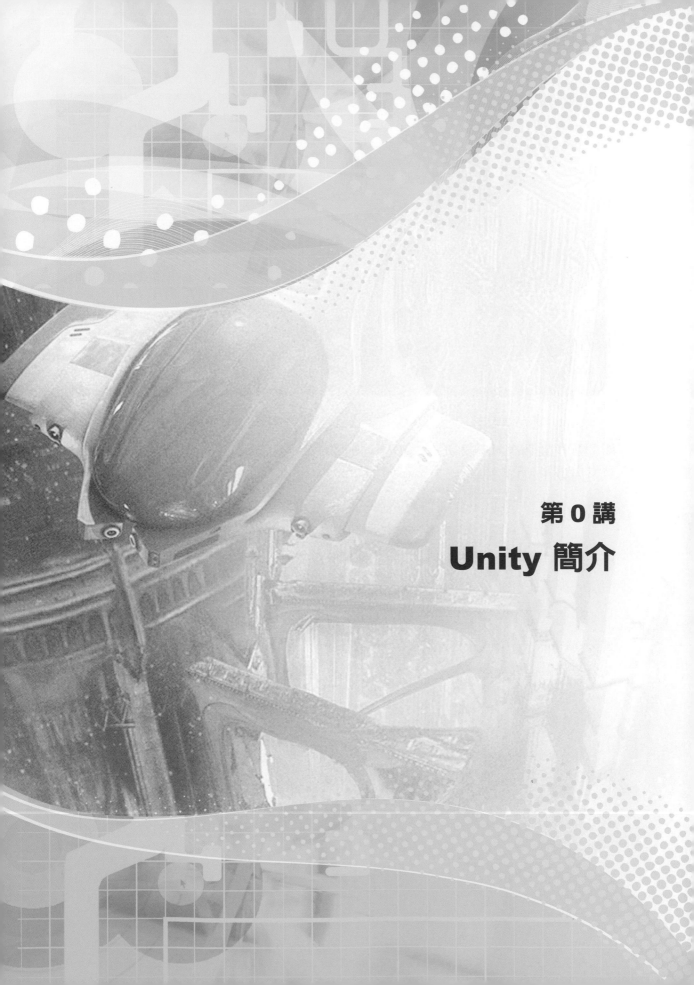

第 0 講

Unity 簡介

　　Unity 是一款已經全面整合完成的多平台綜合型開發引擎，讓我們可以輕鬆創建如 2D/3D 影像、2D/3D 遊戲、2D/3D 動畫、建築視覺化等類型與互動內容，也並不只是局限在 3D 的範圍內。

　　Unity 的完整以及全面性更不單單只被應用在休閒娛樂範圍，Unity 已經被廣泛運用在宇宙航空、軍事國防、教育培訓、醫療模擬等專業領域，而這種將數位遊戲應用在休閒娛樂之外，擁有教育意義或是其他實際用途的專業領域，譬如：軍事、醫學治療、調查研究或是訓練等層面，一般我們統稱為「Serious Game」。

　　我們接下來會以各面向來觀看 Unity 的優點、Unity 及 Unity Technologies 公司的歷史、Unity 著名遊戲、Unity 在 Serious Game 的應用、Unity 的下載、安裝及版本比較來分別做更詳盡的介紹。

Unity 的優點

　　Unity 主要的優點有開發時「所見即所得」、「跨平台發布」、一款「免費的開發引擎」、全球「使用者眾多」、網路上「相關資源豐富」、與「3D 建模軟體相容性高」、「可使用的程式語言腳本多達三種」等；官方更分別提供了「開發者討論區」、「官方資源商店 Asset Store」以及「官方免費推廣部門 Unity Games」來協助全球的使用者能更專注在開發上，這些優點都是促使 Unity 成為現今最為熱門的開發引擎之一。其中「所見即所得」和「跨平台發布」兩項為 Unity 最引以為傲的優點，也是眾多使用者都選擇 Unity 的最大原因。

　　Unity 的「所見即所得」的編輯功能，可以讓使用者在進行開發時，無論是在編輯器裡調整場景的地形、燈光、動畫、模型、材質、物理量等參數，甚至包括使用者編寫的腳本中變量參數，也可以直接在編輯器裡進行調整，並能夠在遊戲畫面中實際看到調整後的效果及畫面。下圖以 Unity 官方 Asset Store 中提供的 Simple Rain FX 資源對「所見即所得」的編輯功能作簡單介紹。資源包來源網址如下：https://www.assetstore.unity3d.com/#/content/8902

▲ 上圖雨點大小為 0.05 單位

▲ 上圖為不中斷遊戲的情況下將雨點大小放大 10 倍為 0.5 單位，可以很明顯從遊戲畫面中看到雨點直接變大

Unity 支援「跨平台發布」，使用者可以透過 Unity 實現各種遊戲創意進行開發，創作出精彩的 2D 以及 3D 作品，再透過 Unity 跨平台發布的強大能力，即可輕鬆發布到各種遊戲平台上，遊戲平台包含了現今主流所有的平台，桌機方面有 PC、Mac、Linux，同時也支援了 Flash，而在行動裝置上支援 Android、iOS、Windows Phone 以及 BlackBerry，在遊戲主機方面則有 Xbox360、PS3、Wii 等，可以說是涵括了所有常見的平台了。Unity 支援發布的各種平台，如下圖：

Unity 是一款「免費的開發引擎」。起初，Unity 是一款開發或是發布皆需要付費的引擎。2013 年，Unity 相繼宣布 Unity 主程式以及相關跨平台發布套件免費，包含了 Android、iOS 等，在無需付費的基礎上，使得 Unity 更受所有開發者的喜愛，使用者可在 Unity 官方網站下載主程式直接免費使用並發布。

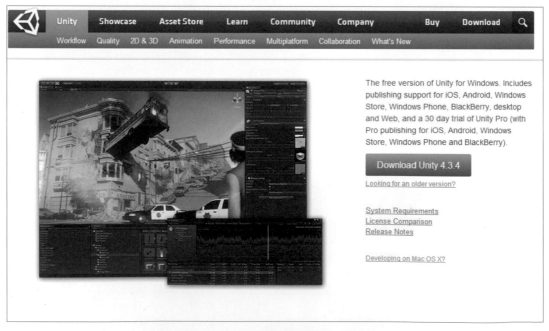

▲ 使用者可直接在官方網頁免費下載主程式

　　Unity 的全球「使用者眾多」，在官方網頁統計中，有註冊的開發者已經超過 250 萬人，每個月經常使用的開發者也有 60 萬之多，使用的人多，能夠與其他開發者討論開發上的問題以及下載其他開發者提供的資源也就相對的多，人數上的優勢讓 Unity 在網路上的「相關資源豐富」，初學者可以輕易的在各大討論區或是相關網頁，找到自己使用上問題的解答或是需要的資源。

▲ Unity 官方網頁統計人數

　　Unity 與其他「3D 建模軟體相容性高」，幾乎所有常見的 3D 建模軟體所完成的 2D 或 3D 模型，皆可以輕鬆匯入到 Unity 中來使用，若是已經有軟體建模基礎的使用者，使用上會更加得心應手。Unity 支援的建模軟體，包含 3ds Max、Maya、Cinema 4D、Cheetah3D、modo、Lightwave 和 blender 等，軟體如下圖：

▲ 由左至右分別為：3ds Max、Maya、Cinema 4D、Cheetah 3D

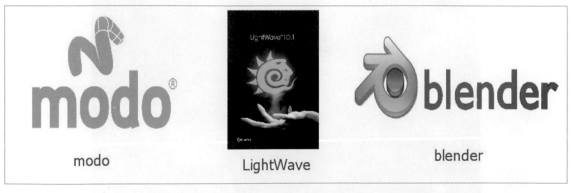

▲ 由左至右分別為：modo、LightWave、blender

Unity 在開發過程中,「可使用的程式語言腳本多達三種」,與其他開發引擎大多只能單一使用某種程式語言腳本相比,為了使用那套引擎還必須去學習原本不熟悉的語言腳本,Unity 直接提供三種程式語言腳本供開發者使用,包含了 C#、JavaScript 和 Boo,其中 C# 和 JavaScript 使用上非常廣泛,而 Boo 和 Python 類似,因此有一些語法基礎的使用者很快就能夠上手,語法如下圖:

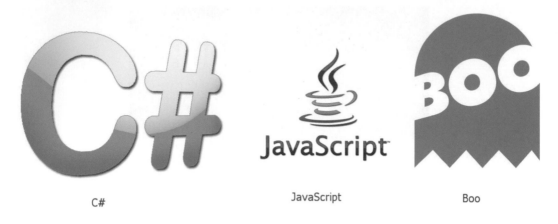

C#   JavaScript   Boo

為了協助開發者解決開發上的問題,以及交流開發的心得、作品等,Unity 官方提供了「開發者討論區」供我們使用,討論區網址為 http://forum.mirax.com.tw/unity/index.php,這是一個官方提供的交流論壇,當然網路上也有很多相關的論壇供我們和其他開發者交流心得及作品。官方討論區如下圖:

　　Unity 還提供了「官方資源商店 Asset Store」，Asset Store 網址為 http://www.assetstore.unity3d.com，供使用者將完成的各種模型、範例…等放上 Asset Store 來販賣，也可提供提供使用者免費使用，Asset Store 中也是有很多免費的資源；資源商品銷售的價格是上傳者決定，單位皆是美金，銷售額的 70% 歸上架者，Unity 抽取剩餘的 30%，Asset Store 圖如下：

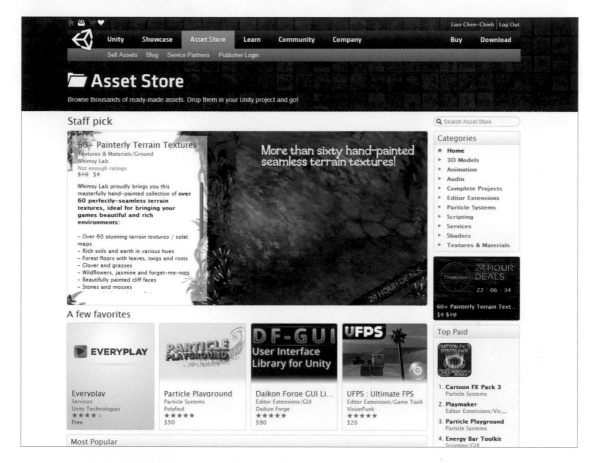

　　對於專注於開發遊戲的開發者，官方也提供了「官方免費推廣部門 Unity Games」，專門負責在各大平台推廣 Unity 所開發的遊戲，讓開發者不需要再額外耗費心神去推廣自己的作品，可以交給 Unity Games 負責處理，開發者就專注在開發上就可以了。Unity Games 標誌如右圖：

Unity 及 Unity Technologies 公司的歷史

在 2004 年，丹麥的哥本哈根，有三位熱愛遊戲的人，、Nicholas Francis 以及 David Helgason，決定要一起開發一個容易使用、開發費用低廉且與眾不同的遊戲引擎，幫助其他與他們有相同創作遊戲夢想的人，於是在 2005 年，他們成功發布了第一個版本，是 Unity1.0。

在 2007 年，Unity2.0 發布，新增了地形引擎、即時動態陰影以及內建了多人連線功能。我們可以透過地形引擎在 Unity 中快速製作各種不同的地形，不需要使用其他 3D 軟體製作；而新增的即時動態陰影效果，會讓遊戲場景中的陰影隨著物件的移動跟著改變；Unity 也內建了簡單的多人連線功能，提供給對網路架構不熟的使用者使用。

2009 年，Unity2.5 發布，增加了對 Windows XP 的支援，所有功能都可以與 Mac OS X 同步與相通，可以在任一個平台製作其他平台的遊戲，實現了真正的跨平台，這個版本同時也開啓了 Unity 的盛世。

2010 年，Unity 發布了 3.0 版本，增加了支援 Android 平台，整合了光照貼圖技術 (Lightmapping)。新增的光照貼圖技術，是可以先對靜態場景光影進行計算，並在場景上貼上更豐富且立體的陰影效果，這樣在執行遊戲時可以減少這部分的陰影計算，讓遊戲更加順暢。這個版本開始透過 MonoDevelop 在 Windows 以及 Mac 系統上編寫腳本，並可以中斷遊戲、設置中斷點以及檢查變量。

2012 年，Unity 在上海成立分公司，正式進軍亞洲市場；同年發布了 Unity4.0，加入了 Mecanim 動畫系統，並增加 Linux 和 Flash 的發布預覽功能。Mecanim 動畫系統是一個功能強大的動畫系統，主要針對人型模型來使用，我們可以透過 Mecanim 動畫系統將一整組完整的動畫給所有人型模型使用，無論這個人型模型本身有無動畫，並透過可視化的動畫片段工作流程來管理動畫間的交互作用，達到簡單易懂又功能完整的動畫編輯。在 Unity4.0 中，我們已經能夠同時讓 Windows、Mac、Linux、Web、iOS、Android、Wii、PS3 以及 XBOX360 等平台遊戲都使用 Unity 來創作和發布。

　　2013 年，Unity 在大中華地區推出國際認證考試，同時 Unity 在加拿大、中國、丹麥、英國、日本、韓國、立陶宛、瑞典等國家和地區都建立了相關機構，擁有超過 290 名來自 30 個不同國家和地區的人員，而 Unity Technologies 公司目前仍以很快的速度在發展著。截至今日，Unity 已經擁有超過 250 萬已註冊開發人員，以及超過 2 億台電腦安裝了 Unity Web Player，短短十年左右，Unity 成長的幅度令人驚訝，相信 Unity 接下來的版本會繼續給使用者更多的驚喜。

　　台灣舉辦的第一次認證考試，在 2014 年的 3 月 22 日，地點為台北和高雄，Unity 官方認證等級分為基礎應用能力 (Unity Certified User)、專業應用能力 (Unity Certified Professional) 以及培訓講師 (Unity Certified Instructor) 三種。

　　報名基礎應用能力 (Unity Certified User) 費用為新台幣 3300 元，擁有學生證者優惠價 1980 元；報名專業應用能力 (Unity Certified Professional) 者費用為新台幣 8250 元，不過若是已經擁有基礎應用能力 (Unity Certified User) 認證者，費用則降低為 4950 元。認證相關資訊請至以下網址參考以及報名，網址如下：http://edu.china.unity3d.com/certificate_intro

🔍 Unity 主要大事件

時間	事件
2005 年	Unity1.0 發布
2007 年	Unity2.0 發布
2008 年	支援 Wii、iPhone
2010 年	Unity3.0 發布，且註冊開發者超過 10 萬，並推出支援 Android 以及推出 Asset Store
2011 年	註冊開發者超過 75 萬
2012 年	Unity4.0 發布，並在上海成立分公司，以及推出支援 Windows8 的功能
2013 年	Unity 宣布基本版授權免費，並在大中華地區推出國際認證考試，且擁有超過 200 萬註冊開發者
2014 年	擁有超過 250 萬註冊開發者

Unity 著名遊戲

　　任何類型的遊戲都可以使用 Unity 來進行開發，包括第一人稱射擊、賽車競速類、策略遊戲或是角色扮演等，Apple 公司在一份統計中，app store 中有 55% 的 3D 遊戲是使用 Unity 開發的，而 Android 市場屬於開放的，可以預想比例會比 iOS 還要來得高一些。Unity 易學也容易使用，使得更多的人願意使用 Unity 來進行遊戲的開發。

　　以下將介紹兩款遊戲作爲代表：

神魔之塔：

　　由 Madhead 公司所開發的一款討論度相當高的遊戲，以諸神的黃昏作爲角色的參考藍本，結合卡牌、屬性和連線消除等元素，玩家以移動交換並消除符石的方式進行遊戲，並透過不同屬性的符石獲得攻擊或回復的效果，過程中藉由抽卡或是勝利所獲得的戰利品，來對玩家的卡牌進行升級以及戰力強化，在 app store 以及 play 商店都獲得很高的評價，在 play 商店達到 5,000,000 至 10,000,000 的下載量，並持續上升中。

Temple Run 2：

　　由 Imangi Studios 公司所開發，是一款沒有終點的動作類遊戲，Temple Run 2 承繼第一代的高人氣，續作依舊使用Unity進行開發，功能以及畫面效果等也更為優化。遊戲中玩家將扮演一位探險家，在神廟中偷盜了一個寶物，卻遭到一隻大猩猩的追捕，從而展開逃亡的旅程，玩家必須在神廟、叢林、礦坑以及河道不同場景之間逃亡，使得玩家不被大猩猩追到，並盡可能地在逃亡路途中獲得金幣，以及逃得距離越遠越好，成績也會越高，在 Temple Run 2 中，角色更多外還擁有了不同的能力、地圖上也引進了更多的障礙，以及彎曲的路，人物的移動也更為快速流暢。遊戲操作方式與一代差不多，左右滑為左右轉彎、上滑為跳躍、下滑為滑行，以及操控行動裝置的陀螺儀來微調角色的位置，遊戲方式簡單，也沒有所謂的破關，如果可以，玩家可以永無止盡的跑下去，獲取最高的成績，直到被大猩猩追捕到為止。Temple Run 2 推出不到一週，在 app store 就達到了 20,000,000 的下載量；在 play 商店目前也累積了 100,000,000 到 500,000,000 的驚人下載量，如此驚人的成績，以及遊戲進行的流暢度、畫面、效果等，可以稱為使用 Unity 開發成功的代表作之一。

Unity 在 Serious Game 的應用

Unity 除了在遊戲開發領域上有傑出的成果外，在 Serious Game 上也被廣泛的應用，Unity 擁有完整的引擎功能、逼真的畫面效果以及跨平台發布等優勢，使得 Unity 在 Serious Game 領域也被廣為使用。

以下將簡單介紹幾個 Serious Game 上的實際應用案例。

CliniSpace 醫療模擬訓練：

CliniSpace 是 Innovation in Learning Inc. 公司使用 Unity 開發了一個醫療模擬訓練平台，能以 3D 虛擬擬真的方式，有效且安全的替醫療工作初學者進行虛擬的擬真培訓，使用者可以獨自參加練習或是組成一個團隊協助合作完成任務，在過程中學習如何做出正確的判斷以及有效的與團隊溝通，CliniSpace 藉由本身的專業性與 Unity 完美結合，2011 年在 Federal Virtual World Challenge 上獲得特等獎。

CliniSpace 網址：(http://www.clinispace.com/services.html)。

遊戲中畫面如下：

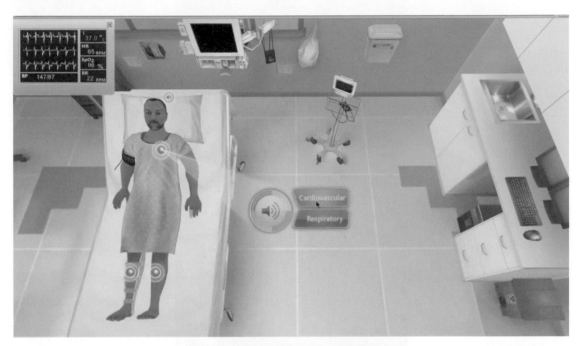

▲ 藉由擬真的醫療儀器來對病患進行檢查

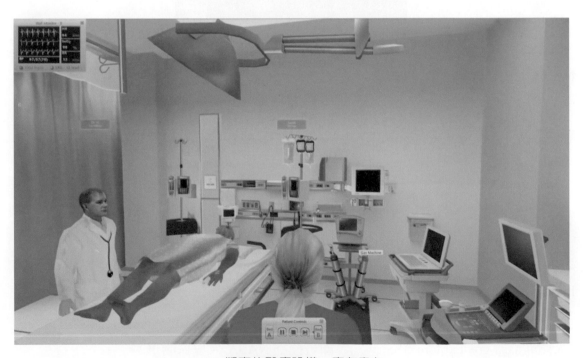

▲ 擬真的醫療設備，應有盡有

▲ CliniSpace 官方得獎畫面

NASA 火星探測車：

NASA 火星探測車是 NASA Jet Propulsion Laboratory 使用 Unity 引擎開發，模擬了火星探測車在火星上的畫面，使用者也可以操控探測車在火星上進行探險。NASA 選用 Unity 的原因除了引擎功能強大之外，是 Unity 支援了幾乎所有的瀏覽器，例如 Internet Explorer、Firefox、Chrome、Safari 等。

有興趣的話可以直接使用上述瀏覽器，直接開啟 NASA 火星探測車網址 (http://mars.jpl.nasa.gov/explore/freedrive/)，即可控制 NASA 火星探測車。

遊戲中畫面如下：

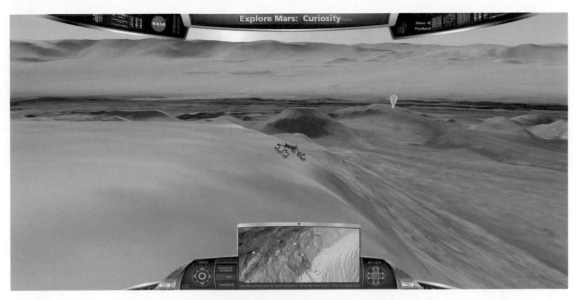

▲ 火星上多處有藍色指標，代表 NASA 推薦的有趣地點

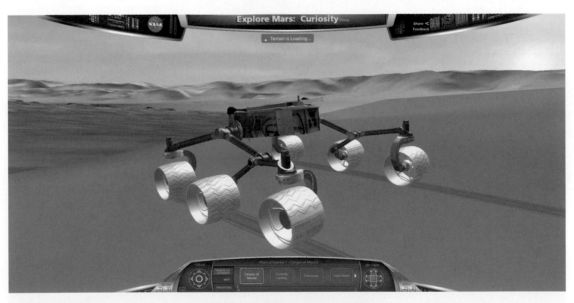

▲ 圖為火星探測車的近距離照

NOAA TerraViz：

　　NOAA TerraViz 是 National Oceanicand Atmospheric Administration(美國海洋暨大氣總署) 使用 Unity 引擎開發的跨平台數據可視化分析工具。TerraViz 不只可在瀏覽器上使用，也可以運行於桌面，TerraViz 可以讀取百萬筆訊息點的 KML 或是 WMS 的數據格式，並在 3D 場景中即時顯示。TerraViz 成功使用並凸顯了 Unity 的優異性能及處理能力，能夠處理大場景以及極大的數據量。

　　NOAA TerraViz 網址：(http://esrl.noaa.gov/neis/terraviz/)，我們直接開啓以上網址來進行更深入的了解，在網站中我們可以藉由選擇時間、地點或是用海洋等其他因素來分析及觀看當時的畫面，而 TerraViz 強大的地方在於，不只能夠分析並數據化地球，連太陽以及月球的位置及情況都能一覽無遺。

NOAA TerraViz 運行畫面如下：

▲ 上圖中紅點標示處為晚上的台灣，亮點越多代表越多人居住的地區，右下角為條件分析以及選擇的區塊

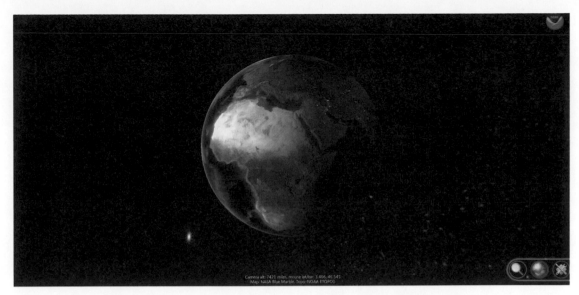

▲ 上圖中包含了受到太陽照射到的區域以及沒有照射到的區域

Unity 的下載、安裝及版本比較

　　Unity 開發引擎可以在 Windows 及 Mac 平台上執行，我們可以依據擁有的平台來決定使用哪種版本，以下將介紹 Windows 平台的安裝步驟，安裝範例所使用的免費版本為 4.3.4。

　　請打開瀏覽器，並在網址欄位輸入 Unity 官方下載的網址如下：

http://unity3d.com/unity/download，在打開的頁面中可以看到如下圖畫面：

Download Unity 4.3.4：下載最新版本 Unity

Looking for an old version?：可以在這個頁面中找到 Unity 的舊版本

System Requirements：作業系統的基本需求

License Comparison：一般版本與專業版的比較

Release Notes：發佈相關說明

Developing on Mac OS X?：可以切換成下載 Unity Mac OS X 的版本

　　下載完安裝檔之後，點擊 UnitySetup-4.3.4.exe 開啟安裝程式，會出現 Unity 4.3.4f1 的安裝畫面，依序選擇框起部分即可安裝完成。

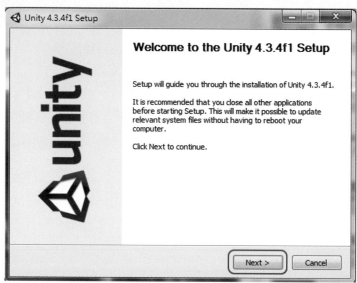

安裝起始畫面

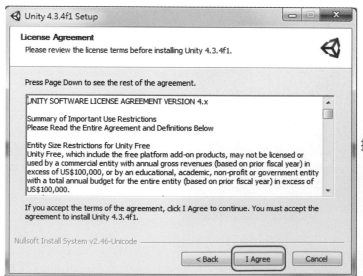

授權條款

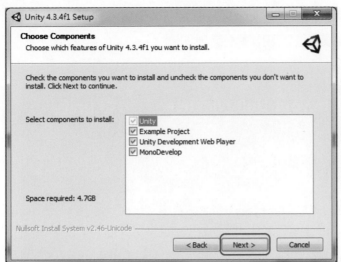

安裝細項，預設為全選

安裝路徑選擇

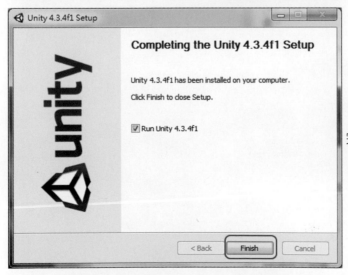

完成安裝

完成安裝後，第一次執行 Unity 時，會跳出詢問視窗，確認使用者為已購買專業版用戶、免費用戶或者專業版試用用戶，選項如圖：

Activate the existing serial number you received in your invoice：已有專業版序號的可直接輸入序號。

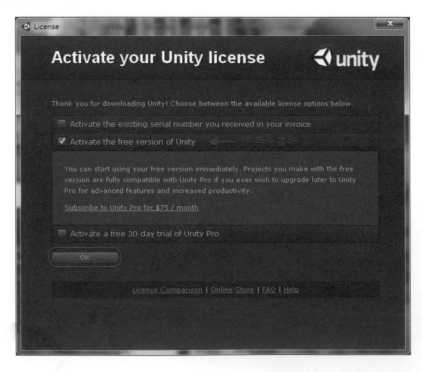

Activate the free version of Unity：選擇此選項可直接開始使用免費版本。

Activate a free 30-day tiral of Unity Pro：Unity 有提供專業版 30 天免費試用，選擇此選項即可。

以上即完成了所有安裝的步驟，接下來會對免費版與專業版的差異性做比較，以及介紹使用者條款對免費版本的使用者限制。

Unity 提供了免費版與專業版，使用者當然可以只使用免費版進行遊戲的開發與發布，這些服務 Unity 都是免費提供的，而使用者若是想要得到更加完整以及強大的功能，就必須購買 Unity 的專業版。

Unity 免費版與專業版最明顯的差別在於，專業版在編譯與發布時會更加的節省資源，以及專業版多出了一些免費版所沒有的功能，例如自定義遊戲開場畫面、即時的光影系統與水資源系統、Mecanim 系統的進階功能，以及 Unity 程式的暗色介面等，這些部分都是使用者在購買專業版後才能擁有的。免費版與專業版所有差異性在官方網頁都有詳細列出，(網址：http://unity3d.com/unity/licenses)，想瞭解比較詳細差異點的可以到上述網頁仔細查看。

General	Unity	Unity Pro
⊞ Physics	✔	✔
⊞ NavMeshes, path-finding, and crowd Simulation [4]	✔	✔
⊞ Multiplayer Networking with RakNet	✔	✔
⊞ LOD support		✔
⊞ Audio (3D Positional and Classic Stereo)	✔	✔
⊞ Audio Filter		✔
⊞ Video Playback and Streaming [1,2]		✔
⊞ Fully Fledged Streaming with Asset Bundles		✔
⊞ May be licensed and used by companies or incorporated entities that had a turnover in excess of US$100,000 in their last fiscal year.		✔

▲ 上圖為免費版與專業版在一般上的差異

Animation	Unity	Unity Pro
⊞ Mecanim	✔	✔
⊞ Mecanim: IK Rigs		✔
⊞ Mecanim: Sync Layers & Additional Curves		✔

▲ 上圖為免費版與專業版在動作處理上的差異

Deployment	Unity	Unity Pro
⊞ One-Click Deployment	✔	✔
⊞ Web Browser Integration	✔	✔
⊞ Custom Splash Screen		✔

▲ 上圖為免費版與專業版在發布上的差異

Graphics	Unity	Unity Pro
⊞ Low-Level Rendering Access	✔	✔
⊞ Dynamic Fonts with markup	✔	✔
⊞ Shuriken Particle System	✔	✔
⊞ 3D Texture Support		✔
⊞ Realtime Directional Shadows	✔	✔
⊞ Realtime Spot/Point and soft shadows		✔
⊞ HDR, tone mapping		✔
⊞ Light Probes		✔
⊞ Optimized Graphics	✔	✔
⊞ Shaders (Built-in and Custom)	✔	✔
⊞ Lightmapping	✔	✔
⊞ Lightmapping with Global Illumination and area lights		✔
⊞ Dynamic Batching	✔	✔
⊞ Static Batching		✔
⊞ Terrains (Vast, Densely Foliaged Landscapes)	✔	✔
⊞ Render-to-Texture Effects		✔
⊞ Full-Screen Post-Processing Effects		✔
⊞ Occlusion Culling		✔
⊞ Deferred Rendering		✔
⊞ Stencil Buffer Access		✔
⊞ GPU Skinning		✔

▲ 上圖為免費版與專業版在圖像處理上的差異

Code	Unity	Unity Pro
⊞ Navmesh: Dynamic Obstacles and Priority		✓
⊞ Webplayer debugging	✓	✓
⊞ .NET Based Scripting With C#, JavaScript, and Boo	✓	✓
⊞ Access to Web Data through WWW Functions	✓	✓
⊞ Open an URL in the User's Browser	✓	✓
⊞ .NET Socket Support	✓	✓
⊞ Native Code Plugins Support		✓
⊞ Inspector GUI for custom classes	✓	✓

▲ 上圖為免費版與專業版在編寫腳本上的差異

Editor	Unity	Unity Pro
⊞ Integrated Editor	✓	✓
⊞ Instantaneous, Automatic Asset Importing	✓	✓
⊞ Integrated Animation Editor	✓	✓
⊞ Profiler and GPU profiling [3]		✓
⊞ External Version Control Support	✓	✓
⊞ Script Access to Asset Pipeline		✓
⊞ Dark Skin		✓

▲ 上圖為免費版與專業版在編輯器上的差異

　　Unity 提供了免費的版本供大家使用，使用者也可以免費獲得 Unity 的授權發布在各個平台上，但 Unity 在使用者條款中有一個前提是，當營利單位該年度總收入達到 10 萬美元或是等值貨幣，以及非營利單位例如教育、政府單位等，該年度總預算達到 10 萬美元或等值貨幣者，將不能持續使用 Unity 的免費版本去做任何的行為，Unity 也將於下一個年度不再繼續提供免費版本給該單位使用，該單位必須購買專業版才可以繼續使用 Unity 所提供的所有服務，若是不願購買專業版，則必須刪除所有 Unity 有關的檔案以及已發布的作品以及下架等；至於已經購買過專業版的使用者或是任何單位，Unity 也不會額外再次收取任何費用。

　　Unity Technologies 公司在販售 Unity 專業版的售價是 1500 美元或一個月 75 美元，如果需要使用到 iOS 或 Android 平台的 Uinty 則需要購買相關的附件，同樣也是 1500 美元或 75 美元一個月。而 Team License 則是方便團隊合作開發的附件，使團隊可以通過遠端協作方式，大幅提升開發效率，售價是 500 美元或 20 美元一個月。至於 Windows Phone Pro 或是 BlackBerry Pro 則包含在 Unity 專業版裡，不需要再額外購買。 Unity 目前支持美元、歐元及日幣的付費，因此要購買前須先確認使用的信用卡是否有這三種幣種。

🔍 Unity 專業版產品價格表

產品	售價 (美元)
Unity Pro	$1500 or $75/month
iOS Pro	$1500 or $75/month
Android Pro	$1500 or $75/month
Team License	$500 or $20/month
Windows Phone 8 Pro	Included in Unity Pro
Windows Store Apps Pro	Included in Unity Pro
BlackBerry Pro	Included in Unity Pro

在網址列輸入 https://store.unity3d.com 可開啟專業版購買的網頁。畫面如下

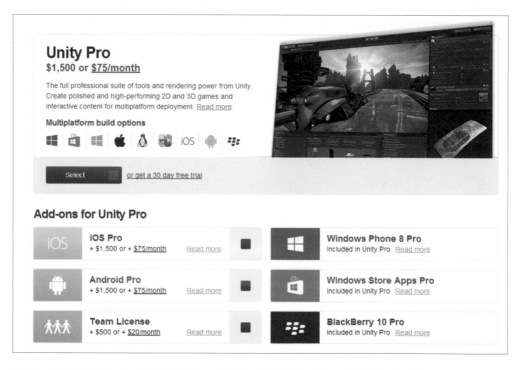

分別可以勾選要購買的專業版本以及付費方式，但需注意的是，若要購買 iOS Pro、Android Pro 或 Team License，則必須先購買 Uinty Pro，才能進行。

▲ 進行美元、歐元或是日幣的切換選項

　　選擇好要購買的商品後，進入結帳畫面，可以在左邊看到所選擇的商品，在右邊可以看到要選擇單月購買或是直接購買的總價格，在下方可以選擇購買的數量，數量改變上方的價格也會跟著改變，注意的是單月購買一次只能購買一份。

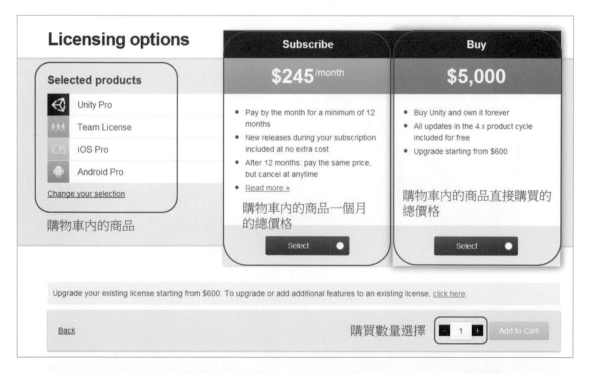

　　選擇好之後就能進入結帳畫面，填好信用卡的資料送出，即完成專業版的購買。

第 01 講

Unity 編輯介面介紹

　　Unity 提供了功能強大、介面友好的 3D 場景編輯器，許多的操作方式可以通過可視化來完成而無須任何編輯過程，Unity 介面具有很大的靈活性和自訂功能，使用者可以依據自身喜好和工作需求來自定介面所顯示的內容，當我們開啓 Unity 後，可以看見如下圖示的 Unity 的操作介面。

　　關於 Unity 介面主要分為 3 大部分，第一部分為在左上方的系統選單、第二部分為在系統選單之下的工具列，至於第三部分則為有不同功能的功能視窗，如下圖所示。

以下我們來細說各部分的功能與功用。

第一部分：系統選單

系統選單，由左至右依序為 File(檔案選單)、Edit(編輯選單)、Assets(資源選單)、GameObject(遊戲物件選單)、Component(元件選單)、Windows(視窗選單) 與及 Help(幫助選單)，我們分別為各位做個簡易的說明，如下圖所示：

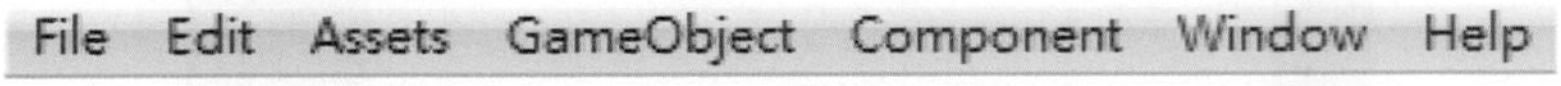

File (檔案選單)：主要有 New Scene(建立新場景)、Open Scene(開啓舊場景)、Save Scene(儲存場景)、Save Scene as…(另存場景)、New Project…(建立新專案)、Open Project…(開啓舊專案)、Save Project(儲存專案)、Build Settings…(發佈遊戲執行黨)、Build & Run(發佈遊戲執行檔並執行遊戲)、Exit(離開 Unity 軟體)，在此共 9 個選項，如下圖所示：

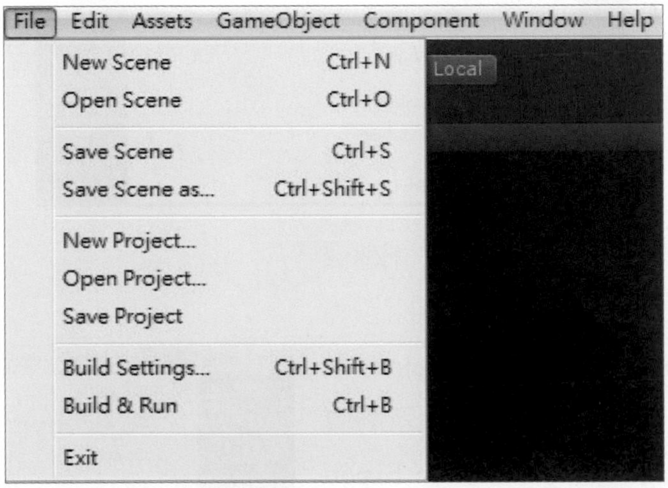

Edit (編輯選單)：主要有 Undo Selection Change(回上一步驟)、Redo(解除回上一步驟)、Cut(剪下)、Copy(複製)、Paste(貼上)、Duplicate(複製並且貼上)、Delete(刪除)、Frame Selected(鏡頭移動至所選取物體前)、Look View to Selected(觀看所選定的物體)、Find(搜尋)、Selected All(選取全部的物件)、Preferences…(偏好設定)、Play(播放)、Pause(暫停)、Step(逐步播放)、Selection(選擇存入或載入物件)、Project Settings(專案參數設定)、Render Setting(渲染參數設定)、Network Emulation(繪圖顯示狀態)、Graphics Emulation(網格狀態)、Snap Settings…(使物件按照數值對齊)，在此共 21 個選項，如下圖所示：

Assets（資源選單）：主要有 Create(創建資源)、Show in Explorer(以檔案總管開啟專案的資料夾)、Open(開啟資源)、Delete(刪除資源)、Import New Asset…(匯入新的資源)、Import Package(匯入資源包)、Export Package…(匯 出 資 源 包)、Find References In Scene(場 景 中 搜 尋 參 考 物 件)、Select Dependencies(選 擇 與 物 件 相 關 的 資 源)、Refresh(重 新 整 理)、Reimport(重 新 匯 入 資源)、Reimport All(重 新 匯 入 所 有 資 源)、Sync MonoDevelop Project(與 MonoDevelop 程式編輯器同步)，在此共 13 個選項，如右圖：

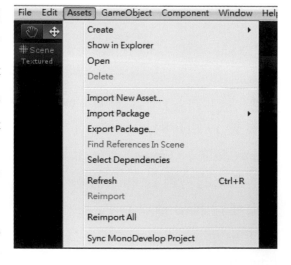

GameObject（遊戲物件選單）：主要有 Create Empty(創建一個空物件)、Create Other(創建其他物件)、Center On Children(將子物件參考點移至父物件中心點)、Make Parent(新建父子關係)、Clear Parent(取消父子關係)、Apply Changes To Prefab(應用當前變更到預製物件上)、Break Prefab Instance(打斷預製物與當前物件的連結)、Move To View(移動物體至視窗的中心點)、Align With View(移動遊戲視窗)、Align View to Selected(移動鏡頭並對齊物體)，在此共 10 個選項，如下圖所示：

Component（元件選單）：主要有 Add(添加元件)、Mesh(網格元件)、Effects(粒子元件)、Physics(物理元件)、Physics2D(2D 物理元件)、Navigation(導航網格元件)、Audio(音頻元件)、Rendering(渲染設定元件)、Miscellaneous(其他常用工具元件)、Scripts(程式腳本元件)、Character(腳色元件)、Camera-Control(鏡頭控制元件)，在此共 12 個選項，如下圖所示：

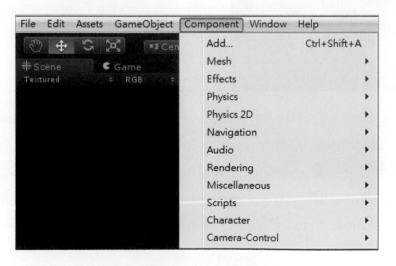

Window（視窗選單）：主要有 Next Window(顯示下一個視窗)、Previous Window(顯示上一個視窗)、Layouts(視窗配置模式)、Scene(場景視窗)、Game(遊戲視窗)、Inspector(屬性視窗)、Hierarrchy(階層視窗)、Project(專案視窗)、Animation(動畫編輯視窗)、Profiler(粒子特效視窗)、Asset Store(資源商店)、Version Control(控制版本視窗)、Animator(動畫製作視窗)、Sprite Editor(Sprite 編輯視窗)、Sprite Packer【Developer Preview】 (Sprite 包裝機)、Lightmapping(光影貼圖視窗)、Occlusion Culling(場景遮蔽分析視窗)、Navigation(導航網格)、Console(控制台視窗)，在此共 19 個選項，如下圖所示：

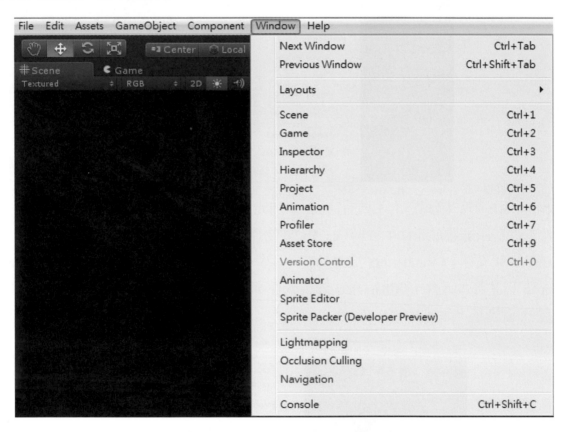

Help（幫助選單）：主要有 About Unity…(關於 Unity)、Manage License…(管理授權許可)、Unity Manual(Unity 手冊)、Reference Manual (參考手冊)、Scripting Reference (腳本參考手冊)、Unity Forum(Unity 論壇)、Unity Answers(Unity 問答)、Unity Feedback(Unity 回饋)、Welcome Screan(Unity 歡迎畫面)、Check for Updates(檢測新版軟體)、Release Notes(軟體發行說明)、Report a Bug(錯誤回報)，在此共 12 個選項，如下圖所示：

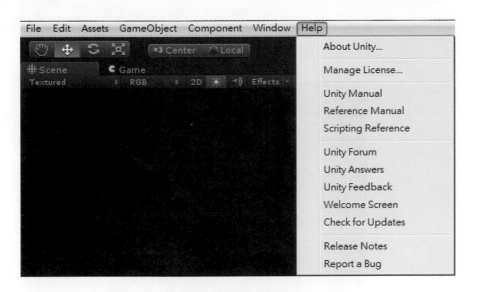

第二部分：工具列

　　有關工具列，由左至右依序為變換工具、群組物件中心與物件座標、播放控制、圖層選單、視窗排列選單，如下圖所示：

Trandform（變換工具）　：主要應用於場景視窗，用來控制和操作場景與及遊戲物件，由左至右分別為 Hand(手形工具)、Translate(位移工具)、Rotate(旋轉工具) 與及 Scale(縮放工具)。

　　Hand（手形工具）：快捷鍵為 Q，可以平移整個場景視窗。

　　Translate（位移工具）：快捷鍵為 W，可使遊戲物件依三維座標軸移動，其中紅色為沿 X 軸移動、綠色為沿 Y 軸移動、藍色為沿 Z 軸移動，如下圖所示：

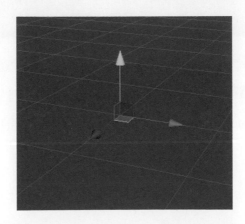

Rotate（旋轉工具）：快捷鍵為 E，可使遊戲物件按任意角度旋轉，其中紅色為沿 X 軸旋轉、綠色為沿 Y 軸旋轉、藍色為沿 Z 軸旋轉，如下圖所示：

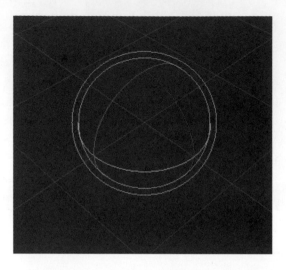

Scale（縮放工具）：快捷鍵為 R，可使遊戲物件依三維座標軸縮放，其中紅色為沿 X 軸縮放、綠色為沿 Y 軸縮放、藍色為沿 Z 軸縮放，如下圖所示：

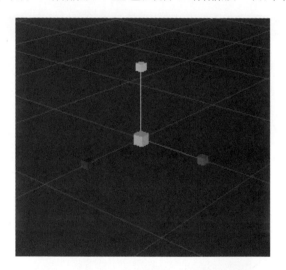

Center　Local　群組物件中心與物件座標：主要應用於遊戲物件上，用於切換遊戲物件中心座標位置和遊戲物件的座標狀態。

群組物件中心：分為 Center(中心) 與 Pivot(軸心)。

Center Center (中心)：當同時選擇 2 個遊戲物件時，座標位置會在兩物件中心位置，如下圖所示：

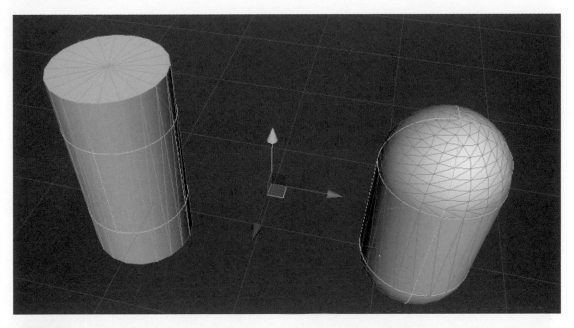

Pivot Pivot (軸心)：當同時選擇 2 個遊戲物件時，座標位置會在座落於最後所選取的物件上，如下圖所示：

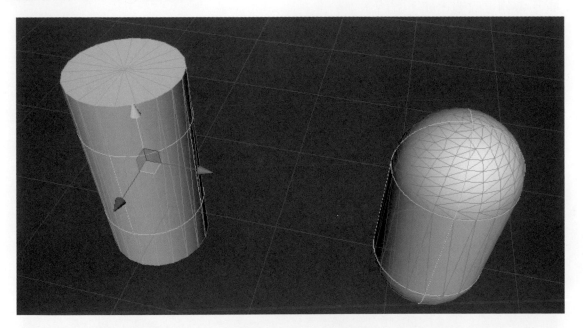

物件座標：分為 Local(本體座標) 與 Global(世界座標)。

🔒 Local Local（本體座標）：使用變換工具在所選取的遊戲物件上時，物件的座標位置會隨之改變，如下圖所示：

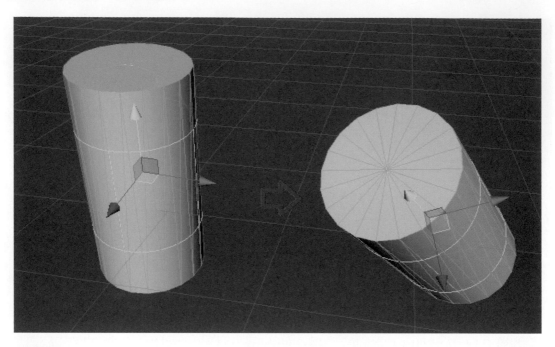

🌐 Global Global（世界座標）：使用變換工具在所選取的遊戲物件上時，物件的座標位置不會隨之改變，如下圖所示：

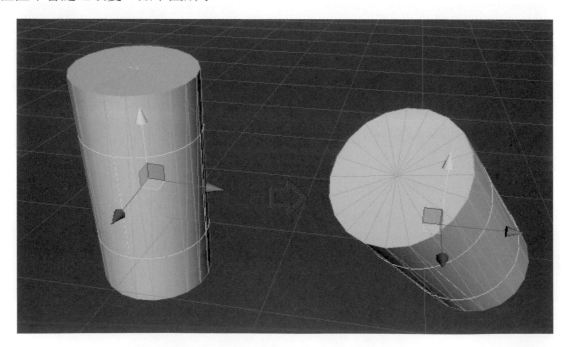

▶ ▮▮ ▶▮ 播放控制：主要為分為 Play(播放)、Pause(暫停)、Step(逐步播放)。

▶ Play (播放)：執行目前的遊戲專案。

▮▮ Pause (暫停)：暫停目前正在執行的遊戲專案。

▶▮ Step (逐步播放)：逐步播放目前正在執行的遊戲專案，。

Layers ▼ 圖層選單：顯示在場景視窗中個物件的層級，主要分為 Everything(顯示所有遊戲物件)、Nothing(不顯示任何遊戲物件)、Default(顯示沒有任何控制的遊戲物件)、TransparentFX(顯示透明的遊戲物件)、Ignore Raycast(顯示沒處理光影投射的遊戲物件)、Water(顯示水物件)、Edit Layers…(編輯圖層)，如下圖所示：

Layout ▼ 視窗排列選單：使用者可以用來切換視窗配置方式，或是自訂編排視窗位置，主要分為 2 by 3(2 個橫向視窗和 3 個縱向視窗)、4 split(4 個視窗)、Default(預設視窗配置)、Tall(高屏視窗)、Wide(寬屏視窗)、Save Layout…(儲存自製視窗配置模式)、Delete Layout…(刪除視窗配置模式)、Revert Factory Settings…(恢復預設配置模式)，在此共 8 個選項，如下圖所示：

2by3 (2 個橫向視窗和 3 個縱向視窗)：顯示 Scene 視窗、Game 視窗、Hierarchy 視窗、Project 視窗與 Inspector 視窗，如下圖所示：

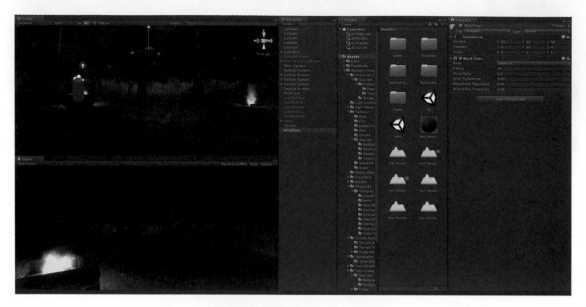

4 split (4 個視窗)：顯示 Scene 視窗、Hierarchy 視窗、Project 視窗與 Inspector 視窗，如下圖所示：

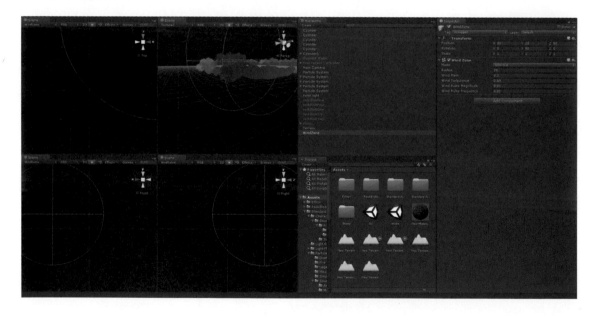

Default（預設視窗配置）：顯示 Scene 視窗、Game 視窗、Hierarchy 視窗、Project 視窗、Console 視窗與 Inspector 視窗，如下圖所示：

Tall（高屏視窗）：顯示 Scene 視窗、Game 視窗、Hierarchy 視窗、Project 視窗與 Inspector 視窗，如下圖所示：

Wide（寬屏視窗）：顯示 Scene 視窗、Game 視窗、Hierarchy 視窗、Project 視窗與 Inspector 視窗，如下圖所示：

第三部分：視窗功能介紹

　　當我們開啟 Unity 後所看見的所有視窗，每個視窗功能各不相同，而主要都有 Scene 視窗、Game 視窗、Hierarchy 視窗、Project 視窗與 Inspector 視窗這五個視窗，除了預設的視窗外，亦可點選系統選單的 Windows 去添加所需要的其他功能視窗，以下我們簡易介紹常用的這五個視窗功能內容，如下圖所示：

有關第一項 Scene 視窗 (場景視窗)：場景視窗是 Unity 常用的視窗之一，遊戲場景中所有用到的地形、光源、模型、粒子特效、音效、物件與攝影機都會顯示在此視窗，在此可以通過可視化的方式對遊戲物件進行操作或是移動，如下圖所示：

在滑鼠與鍵盤上的快速操作技巧上有以下的使用方式：

Alt + 滑鼠左鍵：旋轉場景視角。

Alt + 滑鼠右鍵：縮放場景視角。

Alt + 滑鼠中鍵：平移場景視角。

滑鼠右鍵 + WASD 鍵：第一人稱操作方式檢視場景。

點選遊戲物件 + F 鍵：將遊戲物件顯示在視窗中。

View Cube (視圖軸向控制器)：點擊 View Cube 中的方向軸，可將場景視角切換至該軸向的正交視圖，亦可點選在 View Cube 下方的文字切換場景視角爲 Persp(透視模式) 或是 Iso(等距模式)，如下圖所示：

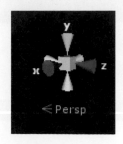

我們以下面圖示來觀察此兩種模式的差異：

Persp（透視模式）：

Iso（等距模式）：

場景視窗工具列：由左至右可分為繪圖模式、渲染模式、場景效果顯示、遊戲
物件標示、搜尋欄，如下圖所示：

`Textured` 繪圖模式：可以切換場景物體的顯示模式，主要分為 Textured(紋理模式)、Wireframe(網格線框模式)、Textured Wire(紋理加網格線框模式)、Render Paths(渲染路徑模式) 與 Lightmap Resolution(光罩貼圖模式)，在此共 5 個選項，我們分別以不同的選項效果來看此功能，如下圖所示：

Textured(紋理模式)：

Wireframe (網格線框模式)：

Textured Wire (紋理加網格線框模式)：

Render Paths (渲染路徑模式)：

Lightmap Resolution (光罩貼圖模式)：

`RGB` 渲染模式：可以選擇遊戲物件的渲染模式，主要分為 RGB(三原色)、Alpha(阿爾法)、Overdraw(半透明) 與 Mipmaps(MIP 映像圖)，在此共 4 個選項，下面的圖示可以顯示這 4 種模式的差異：

RGB (三原色)：

Alpha (阿爾法)：

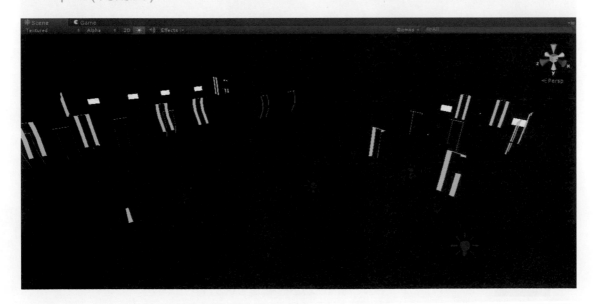

Overdraw（半透明）：

Mipmaps (MIP 映像圖)：

2D ☀ ◀)) Effects ▾ 場景效果顯示：切換場景中 2D 模式與及遊戲物件的效果開啓或關閉。

Gizmos ▾ 遊戲物件標示：可以顯示或是隱藏遊戲物件的圖示。

搜尋欄：搜尋遊戲物件，搜尋到的遊戲物件會以帶有顏色的方式顯示，而其他的遊戲物件會以灰色來顯示，利用搜尋欄我們搜尋出石頭模型，而場景其他的物件就呈灰色顯示，此功能當場景物件很多時，是很方便來搜尋特定物件，如下圖所示：

有關第二項 Game 視窗 (遊戲視窗)：為遊戲的預覽視窗，點擊播放鈕後，Game 視窗會進行遊戲的預覽，如下圖所示：

遊戲顯示工具列：由左至右可分為螢幕比例、全螢幕、相關資訊與遊戲物件標示，如下圖所示：

`Free Aspect` 螢幕比例：調整螢幕顯示的比例，主要有 Free Aspect(寬螢幕)、5:4、4:3、3:2、16:10、16:9 與及 Web(960x600)。

`Maximize on Play` 全螢幕：點擊播放鈕後，將 Game 視窗擴大至整個 Unity 介面。

`Stats` 相關資訊：可在遊戲視窗中顯示相關資訊，包括遊戲執行速度 (FPS)、Draw Call 數量、模型的面數、渲染的圖檔使用量、以及記憶體的使用量、多人連線資訊…等。

`Gizmos` 遊戲物件標示：可以顯示或是隱藏遊戲物件的圖示。

有關第三項 Hierarchy 視窗 (階層視窗)：在 Hierarchy 視窗中，包含了目前 Scene 視窗的所有遊戲物件，而所有遊戲物件會依照字母順序來排列，由於在此視窗中允許相同檔名的遊戲物件存在，所以良好的命名規範在此視窗為有著很重要的意義。

在視窗中能以快捷方式迅速提供建立 Parenting(父子關係)，能使對大量遊戲物件中的移動與編輯變得更為方便，如下圖所示：

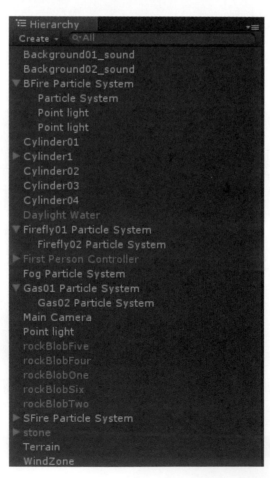

`Create` 創建：在此創建與在系統選單的 GameObject 選單一樣功能。

`Q·All` 搜尋：搜尋在 Hierarchy 視窗中的遊戲元件

有關第四項 Project 視窗 (專案視窗)：為整個遊戲專案的檔案總管，包含腳本、紋理與及外部匯入的模型等所有的資料文件，如下圖所示：

`Create` 創建：在此創建與在系統選單的 Assets 選單一樣功能。

搜尋：搜尋在 Project 視窗中的遊戲文件。

依類型搜索：能依照文件的類型進行搜索。

依標籤搜索：如有在 Inspector 視窗替遊戲物件設置標籤，便能在此依照標籤搜尋遊戲物件。

儲存搜尋結果：可以將搜尋的結果儲存，以方便下次搜尋時使用。

有關第五項 Inspector 視窗 (屬性視窗)：為顯示在場景中所選擇的遊戲物件的內容，包括遊戲物件的標籤、座標位置與其他組件，如下圖所示：

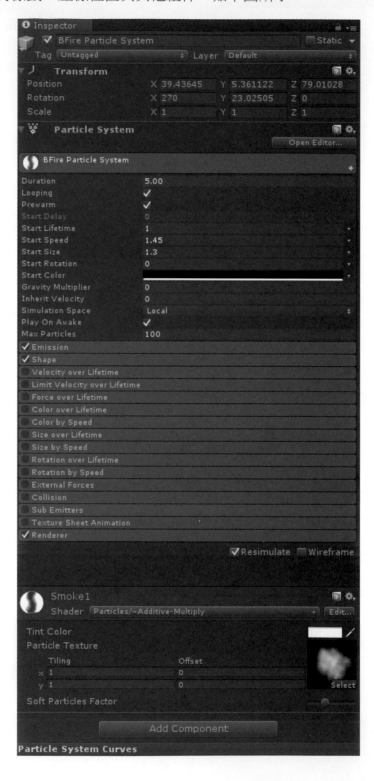

Transform (轉換) 組件：所有的遊戲物件都帶有的一個組件，內有 Position(位置)、Rotation(旋轉)、Scale(縮放) 參數，為該遊戲物件存在於 Scene 視窗中的位置，如下圖所示：

幫助：點擊此按鈕可以觀看這個組件的相關內容。

設定：當參數設置上出了問題，可以點擊此按鈕並選 Reset 便可將參數重置至默認值。

添加元件：與系統選單的 Assets 選單中的 Add 功能相同，用以替遊戲物件添加元件。

第 02 講
創建遊戲基本地形

作品簡介

　　場景的設計對一款遊戲來說非常重要，它是整個遊戲的門面及特色，也是玩家對遊戲的首要印象。使用 Unity 對遊戲中場景的地形地貌提供很好的編輯工具，便遊戲創作者。在作品中，我們先創造了一個被高低起伏的山谷圍繞的場景，場景中間的部分則創造出月世界的光禿尖銳地形，在光禿尖銳地形旁邊種植樹木和植入草叢。利用 Unity 燈光的功能在場景上方打上燈光，讓場景上的地形和樹木感受太陽光的照射而產生影子，使場景的層次更爲明顯，最後再放入第一人稱控制器，讓我們可以在自己所創造的遊戲場景中可以任意地走動。這個作品將介紹如何利用 Unity 所提供的地形編輯器及光源的設置來創造出一個遊戲中常見的基本場景。

學習重點

本範例主要的學習重點

重點一：建立遊戲專案。

重點二：使用地形編輯器建立遊戲場景地形。

重點三：建立光源與第一人稱控制器。

重點一　建立遊戲專案

任何作品利用 Unity 來創作的開始都是先建立專案，透過專案的建立方式，在相同專案底下可以彼此共享資源。對已經建立的專案在專案的視窗可以查詢專案名稱以及專案存放的路徑。如何創造一個新的專案，首先點擊系統選單的 File 選單，選取 New Project，如右圖所示：

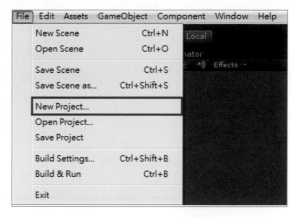

點選 New Project 後會彈出 Unity–Project Wizard 視窗，此時有兩個選項，分別為 Open Project 及 Create New Project，對於已經建立的專案可點選 Open Project 並選擇專案名稱以及專案存放的路徑即可。若我們要新增專案，此時先點選 Create New Project 中的 Browse…的選項，如下圖所示：

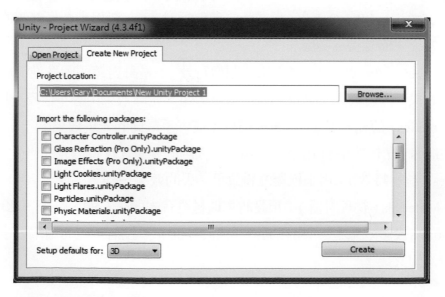

　　當我們點選 Browse…選項時，會彈出一個選擇資料夾存放路徑的視窗，在此視窗可點左上方新增資料夾按鈕，如此會建立新的資料夾，若新的專案名稱為 NewScene，我們可將此新建立的資料夾命名為 NewScene，然後按下選擇資料夾，如此我們就建立了名為 NewScene 的專案的存放路徑，如下圖所示：

　　在資料夾存放路徑的下方區塊是資源包選項，也就是在 Import the following packages：的選項內容，這些資源包的選項內容包括有：

✦ Character Controller (角色控制器)：角色控制相關腳本，包括第一人稱控制器與第三人稱控制器。

✦ Glass Refraction【Pro Only】(專業版的玻璃折射)：一般用來製作真實的玻璃或是水晶的效果，僅支援專業版。

✦ Image Effects【Pro Only】(專業版的圖像特效)：是針對鏡頭圖像進行處理，有動態模糊效果、黑白效果、HDR 效果、景深效果、光輝效果…等，但僅支援專業版。

✦ Light Cookies (燈光投影)：用來模擬日光燈、手電筒的光斑效果。

✦ Light Flares (光暈效果)：用來模擬鏡頭對太陽的光暈、夜晚燈光的光暈效果…等。

✦ Particles (粒子特效)：用來模擬煙霧效果、火的效果…等。

✦ Physic Materials (物理材質)：預設的物理材質有木頭、石頭、金屬、冰塊…等。

✦ Projectors (投影效果)：可用在高低起伏的地面上，投射角色的簡單影子，不需要及時燈光的支援。

✦ Scripts (腳本)：一些常用的程式腳本，例如：鏡頭跟隨腳本、滑鼠旋轉腳本、網格整合腳本…等。

Skyboxes (天空盒)：包括夜晚、白天、陰天等天空盒素材。

Standard Assets(Mobile) (移動平台的標準資源包)：包括適合移動平台的材質資源，以及適合觸控螢幕的控制。

Terrain Assets (地形)：地形製作的資源，包括材質貼圖、樹木、草…等。

Tessellation Shaders(DX11) (曲面細分的著色器)：曲面細分的著色器。

Toon Shading (卡通效果)：卡通效果的著色器，可做出描邊效果。

✦ Tree Creator (造樹工具)：可以自製各種樹木，用於地形系統上。

Water【Basic】(基本版的水資源)：可以快速建立水面的效果。

Water【Pro Only】(專業版的水資源)：除了可以快速建立水面的效果外，還可以模擬出真實的水面折射、反射效果。

　　在此 17 個資源包選項，由於我們只先使用其中的部分，所以先點選 Character Controller(角色控制器)、Terrain Assets(地形)，最後按下 Create 新專案便建立完成了，如下圖示：

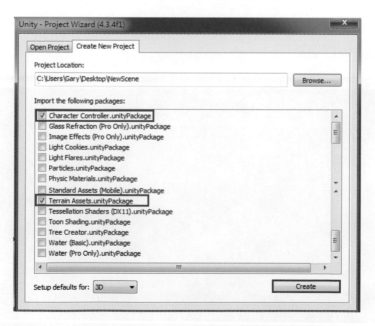

　　按下 Create 後，Unity 會自動重新開啟並將所選的資源包匯入其中，此時我們所要的新專案及建立完成。

重點二   使用地形編輯器建立遊戲場景地形

　　遊戲的場景地形可以從外部製作完成再匯入 Unity 來使用，也可以利用 Unity 中的 Terrain Assets(地形編輯器) 來製作遊戲場景所需要的地形。首先點擊系統選單的 GameObject 選單，選取 Create Other 中的 Terrain，如下圖所示：

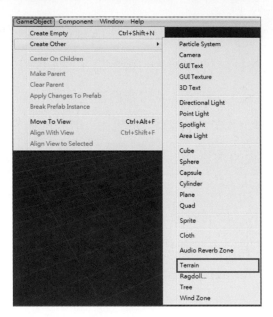

　　我們便可以在 Scene 視窗看見新建立的空白地形和在 Inspector 視窗中看見與此地形相關的參數，如下圖所示：

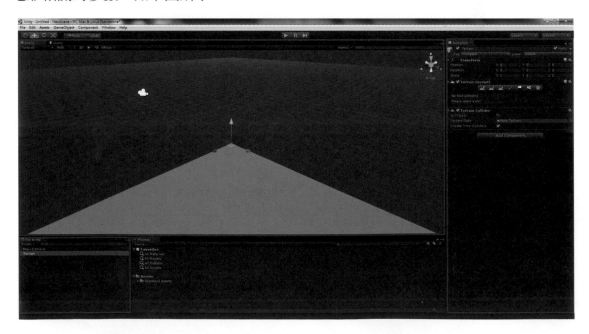

在 Inspector 視窗中會看到地形所有的組件，有可以調整 Position(位置)、Rotation(旋轉)、Scale(縮放) 的 Transform 組件外，還有可以對地形做繪製的 Terrain(Script) 組件和讓地形有碰撞器的 Terrain Collider 組件，如下圖所示：

而主要對地形做繪製的工具，是在 Terrain(Script) 之中的筆刷工具列，由左至右依序為凹凸地形、繪製高度、平滑地形、材質繪製、種植樹木、繪製細節、設定，如下圖所示：

在此筆刷工具列共有 7 個選項，效果與使用方式分別說明如下：

凹凸地形：使用筆刷繪製地形時，可以使地形產生突起效果，或是按住 Shift 鍵使地形有凹陷的效果。使用凹凸地形筆刷工具，所能調整 Brushes(筆刷形狀)、Brush Size (筆刷大小) 和 Opacity(筆刷強度)，當我們以筆刷形狀為 　　、筆刷大小為 100 和筆刷強度為 100，來對我們的地形做繪製時，能有如下圖的效果。

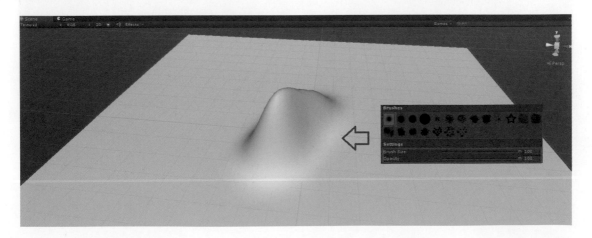

　　如果發現在使用此工具在繪製過程中有造成繪製出來的結果不如預期，例如：繪製出來地形過高，我們能再以一樣的筆刷形狀、大小、強度的數值，在繪製過程中多按一個 Shift 鍵，就能使地形下陷，如下圖所示：

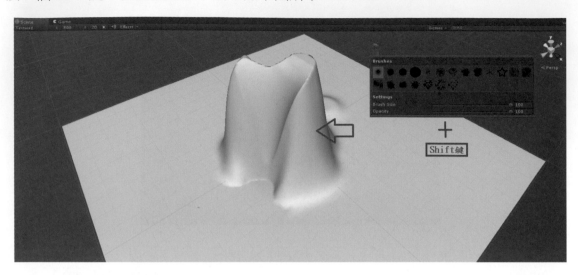

繪製高度：使用筆刷繪製地形時，可以使定地形同起高度為調整的 Height 參數。在使用繪製高度的筆刷工具時，比起凹凸地形筆刷工具則多一個 Height 的參數，當我們以 1 組 Height 參數為 300 與及 1 組 Height 參數為 600 來繪製地形會有如下圖的變化。

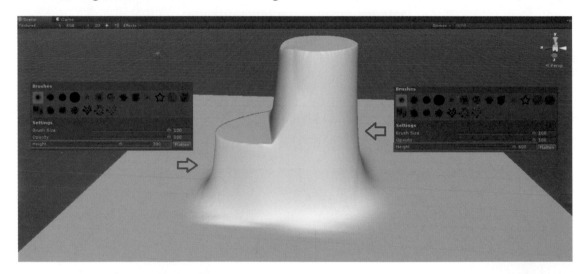

平滑地形：使用筆刷繪製地形時，會使地形較為平滑。當我們場景中有變化的地形之後，會發現有些地形會出現鋸齒狀的情形，如下圖紅色方框內。

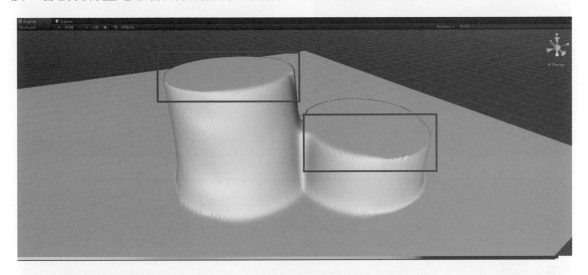

這個時候我們就可以使用平滑地形筆刷工具，來讓我們方框內的地形能夠平滑，調整成如下圖的參數就能夠可以讓原先鋸齒創地形能平滑許多，如下圖所示：

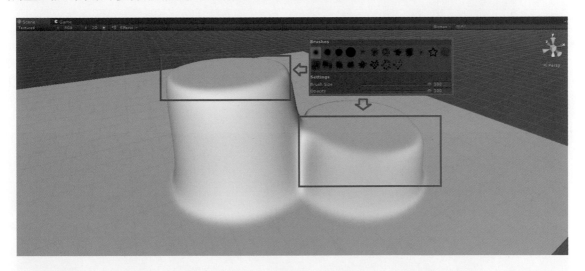

材質繪製：可在場景加入材質貼圖，此場景有植被、沙地等真實效果。使用過前 3 個筆刷工具之後，便可以使用材質繪製筆刷工具來替我們的場景增加材質貼圖，首先點擊 Edit Textures…的選項並選 Add Texture…的選項，之後便會出現 Add Terrain Texture 的視窗，再點擊 Texture 中的 Select 便會再跳出 Select Texture 2D 的視窗，在此視窗點選名為 Grass(Hill) 的材質，最後在按 Add 即可完成場景的第一層貼圖，如下圖所示：

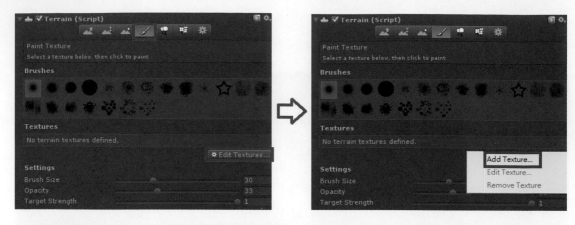

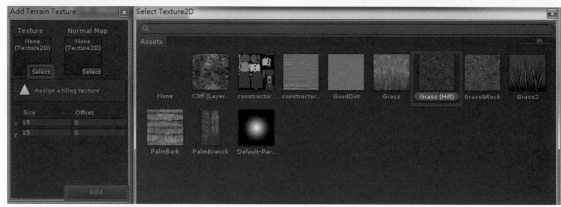

　　新增第一個材質貼圖完成時，Unity 會將第一個材質貼圖自動覆蓋至場景上，如下圖所示：

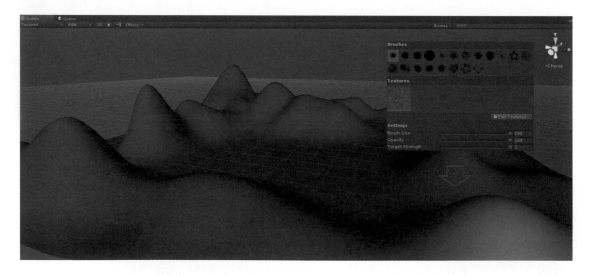

　　當添加 2 個材質貼圖時，我們可以將 2 個材質以筆刷繪製的方式混和場景中的第一個材質貼圖，所以我們可以選擇好材質貼圖與及修改筆刷的大小和強度，便可以以筆刷方式刷出場景的道路，如下圖所示：

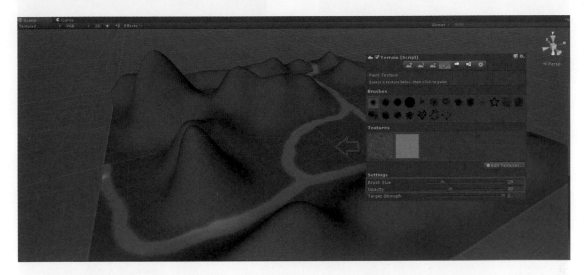

　　由於材質貼圖是以一層一層的方式堆疊而上，所以我們可以再新增一個材質貼圖，然後再以 3 個材質貼圖來混和我們的場景，使場景更為真實，如下圖所示：

種植樹木：可在地形物件上種植樹木。使用種植樹木筆刷工具可用來製造場景中的樹木，首先我們先點擊 Edit Trees…的選項並選 Add Tree，之後便會出現 Add Tree 的視窗，再點擊視窗中 Tree 右手邊的小圓點便會再跳出 Select GameObject 的視窗，在此視窗點選名為 Palm 的樹模型，最後再按 Add 即可，如下圖所示：

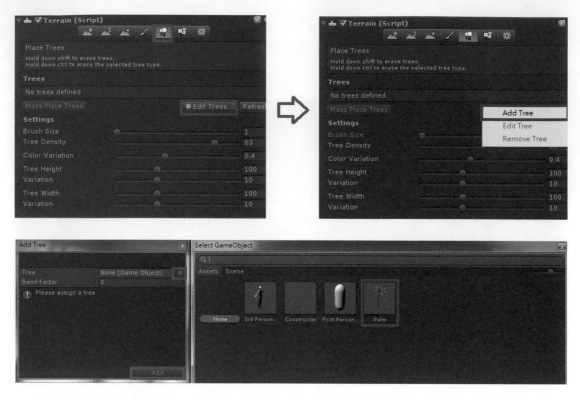

樹的模型 Add 好之後，調整 Bush Size(筆刷大小)、Tree Height(樹的長度)、Tree Width(樹的寬度) 與及 Tree Density(樹的密度) 等參數，便能在場景中用筆刷的方式種出樹木。

繪製細節：用於繪製地形細節，例如加上草叢、岩石等效果。使用繪製細節筆刷工具，來替我們場景中植入草叢，首先點擊 Edit Details…的選項並選 Add Grass Texture，之後便會出現 Add Grass Texture 視窗，先點擊視窗中 Detail Texture 右手邊的小圓點便會再跳出 Select Texture 2D 的視窗，在此視窗點選名為 Grass 的材質，如下圖所示：

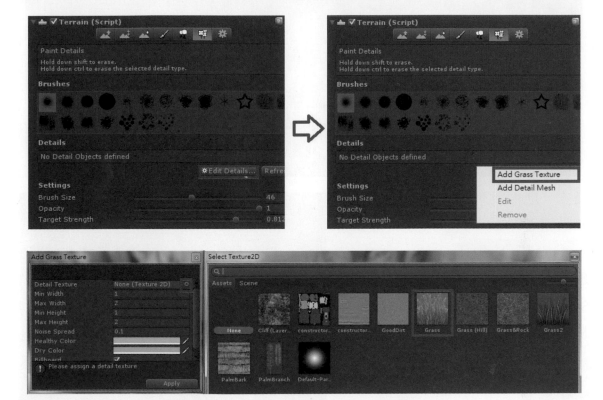

　再調整 Min Width(寬度的最小值)、Max Width(寬度的最大值)、Min Height(高度的最小值)、Max Height(高度的最大值) 等參數，最後在按 Apply 即可，如下圖所示：

　　草的材質 Apply 後，最後在調整 Brush Size(筆刷大小)、Opacity(筆刷強度)、Target Strength(透明度) 等參數，便可在場景中用筆刷刷出草叢，如下圖所示：

設定：地形物件的參數設定。其內參數主要分成 4 大項，分別為 Base Terrain(基 本 地 形)、Tree & Detail Object(樹木物件與細節物件)、Wind Settings(風的設定)、Resolution (解析度)，如右圖所示：

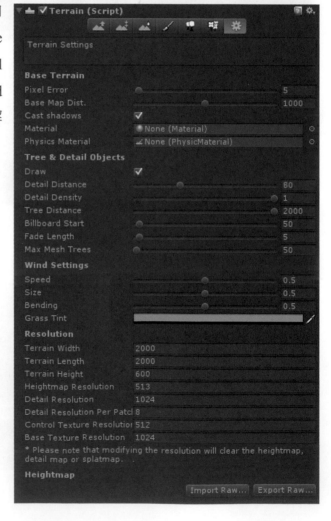

在 Base Terrain 中，有 Pixel Error(地表網格大小誤差值)、Base Map Dist(地表採高解析度貼圖的距離)、Cast shad(是否計算陰影)、Material(材質)、Physics Material(物理材質)，如下圖所示：

在 Tree & Detail Object 中，有 Draw(樹木與質材細節成像)、Detail Distance(細節成像距離)、Detail Density(細節成像密度)、Tree Distance(樹木成像距離)、Billboard Start(看板貼圖成像起始離)、Fade Length(淡出長度)、Max Mesh Trees(樹木最大網格數限制)，如下圖所示：

在 Wind Settings 中，有 Speed(影響草動的風速)、Size(風隊草影響區域的大小)、Bending(草受風力的彎曲度)、Grass Tint(草的基本色調)，如下圖所示：

在 Resolution 中，有 Terrain Width(地形寬度)、Terrain Length(地形長度)、Terrain Height(地形高度)、Heightmap Resolution(高度圖的解析度)、Detail Resolution(細節的解析度)、Detail Resolution Per Patch(每個細節解析度的補丁)、Control Texture Resolution(控制紋理的解析度)、Base Texture Resolution(基本紋理的解析度)，如右圖所示：

地形物件的參數設定，一般維持預設值即可，除非有必要再做設定。

然而在 Terrain Collider 組件中，主要是讓我們的地形擁有碰撞器，以便之後放入第一人稱控制器時，能讓我們的控制器與地形能相互作用，所以維持預設值即可，如下圖所示：

重點三　建立光源與第一人稱控制器

當創建好場景後，我們可以點選在 Hierarchy 視窗中的 Main Camera 物件，Main Camera 是我們的主攝影機，當我們點選其物件時，會發現在 Scene 視窗中的右下角多一個小螢幕，此螢幕便是我們遊戲的第一個畫面，如下圖所示：

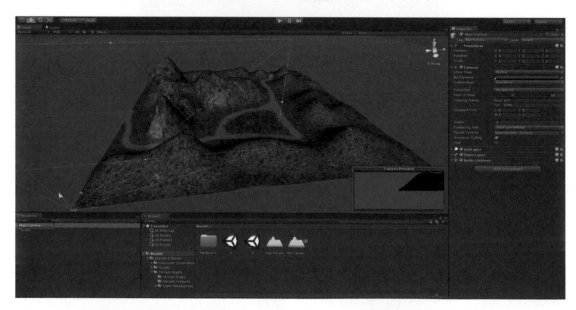

　　調整 Main Camera 的位置，在 Inspector 視窗中將 Main Camera 的位置設定為如下圖所示，以便可以觀看我們遊戲畫面。

　　更改後便可以按在工具列的播放鈕，如下圖所示：

　　按下播放鈕後會發現 Scene 視窗會變更為 Game 視窗，如下圖所示：

　　進入 Game 後，會發現怎麼在創建場景時還沒這麼暗，可是在進入 Game 後場景卻是如此的暗，這是因為我們還沒有替場景打上燈光所造成的結果，那要怎麼幫場景加入燈光呢？首先點擊系統選單的 GameObject 選單，選取 Create Other 中的 Directional Light，如下圖所示：

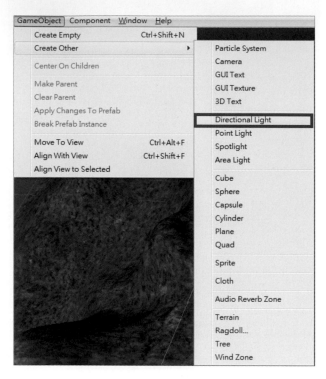

　　由上圖可以看見光有分成 4 種類型，其中有 Directional Light(平行光)、Point Light(點光源)、Spotlight(聚光燈)、Area Light(區域光)，每種類型燈光都有各自適合的地方，由於我們的場景是屬於戶外，所以目前只需要 Directional Light 即可，Create 後我們便會發現在 Hierarchy 視窗中多了一個 Directional Light 物件，如下圖所示：

　　點擊它後，會看見在 Inspector 視窗中除了和地形編輯器一樣有很多的選項，例如：Position(位置)、Rotation(旋轉)、Scale(縮放) 外，還有專屬於光源的參數，包括有 Type(燈光類型)、Color(燈光顏色)、Intensity(光源強度)、Cookie(燈光遮罩)、Cookie Size(遮罩大小)、Shadow Type(影子效果)、Draw Halo(光暈效果)、Flare(光 斑 效 果)、Render Mode(光 源 的 著 色 模 式)、Culling Mask(隱藏遮罩)、Lightmapping(光照貼圖)，如右圖所示：

　　在此先將平行光的 Position 參數與 Rotation 參數調整為如下圖所示：

　　調整好 Position 參數與 Rotation 參數的 X、Y、Z 後，我們的 Scene 視窗會看到加入燈光後的場景，如下圖所示：

　　我們可以看見場景在打過燈光之下，樹木竟然沒有產生影子，所以我們要再加入影子的效果，操作方式點擊燈光的 Inspector 視窗中的 Shadow Type 參數右邊的箭頭，並選 Soft Shadow 即可，如下圖所示：

　　添加樹木影子效果的場景，會讓整個場景多了自然感，如下圖所示：

　　我們再點擊播放鈕，進入遊戲畫面後也會看見整個場景更生動了，至於燈光效果的進一步使用方式，我們在往後的作品還會詳加介紹。

　　Unity 有一個角色人稱控制器的功能，分別有 First Person Controller(第一人稱控制器) 以及的 3rd Person Controller(第三人稱控制器)，以 First Person Controller 來說，Unity 很方便地幫我們寫好控制腳本，使我們能以鍵盤的 W、S、A、D 鍵去控制角色行走，並藉由移動滑鼠來控制我們在場景中的視角，至於 3rd Person Controller 我們會在往後的作品中詳加介紹。

　　在 Project 視窗中在 Standard Assets 中點擊 Character Controllers，我們便可以看到旁邊有個膠囊體的 First Person Controller 與及人形的 3rd Person Controller，如下圖所示：

　　接下來只要將 First Person Controller 拖拉至場景當中即可，如下圖所示：

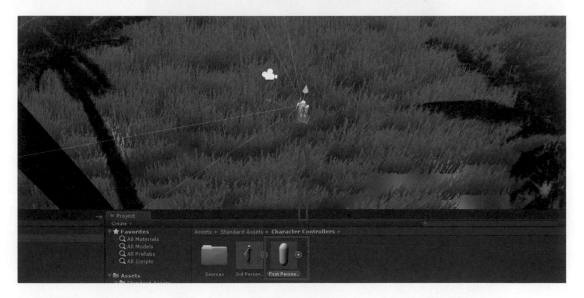

　　點擊在 Hierarchy 視窗中多了一個 First Person Controller 物件，再看 Inspector 視窗中 First Person Controller 所擁有的參數，Position(位置)、Rotation(旋轉)、Scale(縮放) 的 Transform 組件外，還有包括 Slope Limit(斜率限制)、Slope Offset(斜率偏移量)、Skin Width(寬皮)、Min Move Distance(最小移動距離)、Center(中心)、Radius(半徑)、Height(高度) 的 Character Controllers 組件、Mouse Look (Script) 組件、Mouse Motor (Script) 組件、FPSInput Controllers (Script) 組件，而我們主要會做更動的是以 Character Controllers 組件為主，如下圖所示：

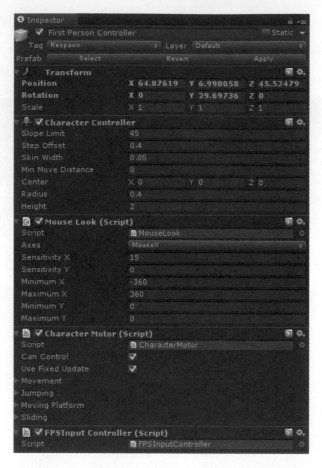

拉至場景後，我們需要注意的是 First Person Controller 要在創建的地形之上，否則在按播放鈕進入 Game 時，會造成 First Person Controller 往下沉並且無法控制外，還會造成整個畫面漆黑一片，所以我們須把第一人稱控制器利用移動工具，將第一人稱控制器沿 Y 軸方向移至地形之上即可，如下圖所示：

　　在移動第一人稱控制器之後，點擊播放鈕進入遊戲畫面，便會發現我們可以移動滑鼠去控制視角並使用鍵盤 A、S、D、W 鍵或是方向鍵行走在創造的場景當中。

範例實作與詳細解說

本範例我們將藉由以下步驟來完成簡述如下：

步驟一　建立新的遊戲專案。

步驟二　使用地形編輯器建立遊戲場景並貼入材質貼圖。

步驟三　在遊戲場景中植樹木與草叢。

步驟四　建立平行光與及將第一人稱控制器拖曳至遊戲場景。

步驟五　遊戲發佈。

一、建立新的遊戲專案

　　開啓 Unity，首先點擊系統選單的 File 選單，選取 New Project，如下圖所示：

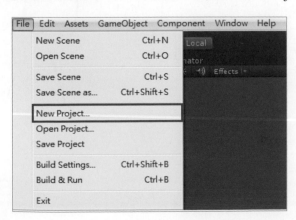

　　點選 New Project 後會彈出 Unity–Project Wizard 視窗，此時有兩個選項，分別為 Open Project 及 Create New Project，由於我們要新增一個新的遊戲專案，此時先點選 Create New Project 中的 Browse…的選項，如下圖所示：

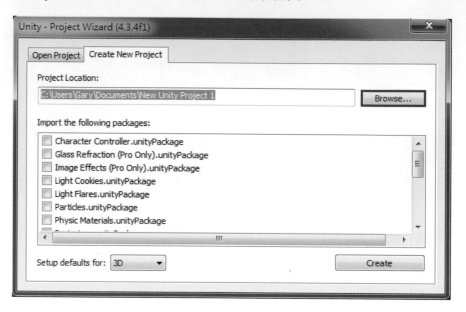

　　當我們點選 Browse…選項時，會彈出一個選擇資料夾存放路徑的視窗，在此視窗可點左上方新增資料夾按鈕，如此會建立新的資料夾，若新的遊戲專案名稱為 NewScene，我們可將此新建立的資料夾命名為 NewScene，然後按下選擇資料夾，如此我們就建立了名為 NewScene 的專案的存放路徑，如下圖所示：

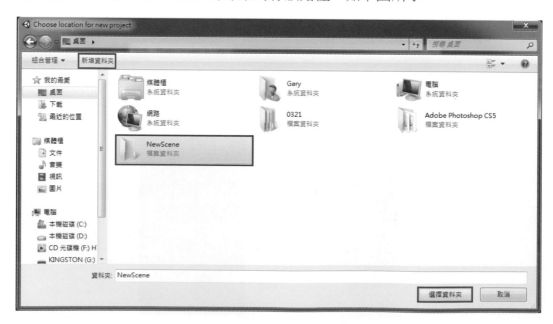

　　由於本範例只需要 Character Controller(角色控制器) 與 Terrain Assets(地形) 的資源包，所以請先點選 Character Controller 與 Terrain Assets，再按下 Create，如此一來新的遊戲專案建立完成了，如下圖示：

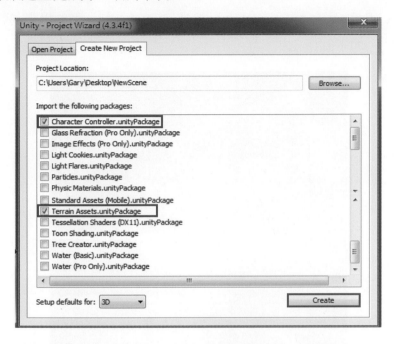

二、使用地形編輯器建立遊戲場景並貼入材質貼圖

　　新的遊戲專案建立完成後，我們必須先創建一個遊戲場景。點擊系統選單的 GameObject 選單，選取 Create Other 中的 Terrain，如右圖所示：

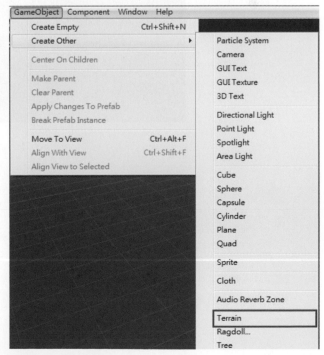

　　由於我們目標是要建立一個四周環繞著有高低起伏的峽谷地形，峽谷地形的中央有著月世界的地形，對於新創建的地形，系統默認的地形長寬為 2000x2000(公尺)，而 2000x2000(公尺) 的大小對於本範例而言是相當的大，所以我們先點選在 Hierarchy 視窗中的 Terrain 物件，然後再 Inspector 視窗中將為長寬設定為 200x200(公尺)，如下圖所示：

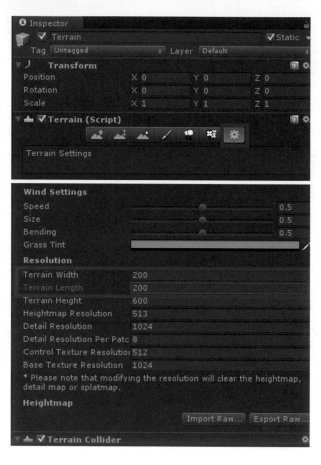

設定完成遊戲地形長寬為 200x200(公尺) 後，便可以開始使用筆刷工具來繪製我們所需要的地形，首先我們先點選凹凸地形筆刷工具 ，在以下圖示的筆刷形狀為 、筆刷大小為 100 與及筆刷強度為 100 等參數數值，便可在 Scene 視窗中來進行峽谷地形編輯。

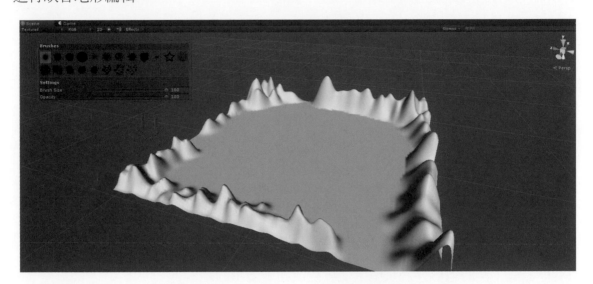

編輯好場景四周的高低峽谷，再以相同的筆刷參數數據，在場景中央繪製出範例所要呈現的月世界地形的雛形，如下圖所示：

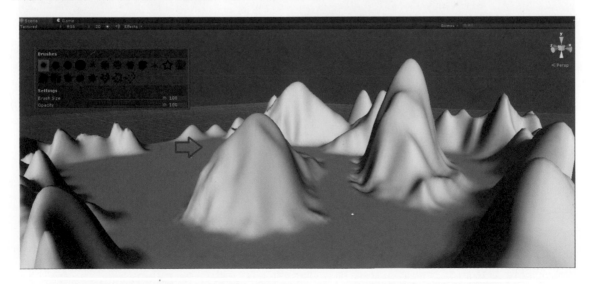

　　我們知曉月世界是由稜稜角角的山脊所組成如荒漠般的地形，並不會是如上圖示所展現的平滑的地形，所以我們要將筆刷大小由原先的 100 調整為 30、筆刷強度由原先的 100 調整為 33，再配合如下圖示的筆刷形狀，來將我們的月世界的雛型地形，雕塑出有稜有角的樣貌，如下圖所示：

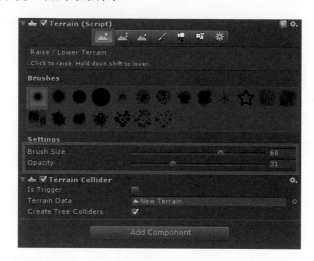

　　而原先平滑的地形經過雕塑，便會變成如下圖示的地貌。

　　在地形編輯完成之後，我們可以使用材質繪製筆刷工具　　　來將先前編輯好的地形添加材質，我們先在地形上添加出植被的效果，首先點擊 Edit Textures…的選項並選 Add Texture…的選項，之後便會出現 Add Terrain Texture 的視窗，再點擊 Texture 中的 Select，便會再跳出 Select Texture 2D 的視窗，在此視窗點選名為 Grass(Hill) 的材質，最後在按 Add 即可完成地形的第一層植被貼圖，如下頁圖所示。

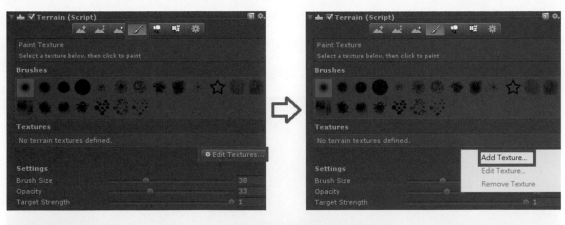

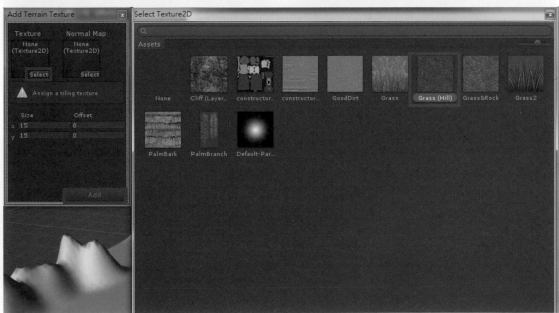

如此一來便可完成地形的第一層植被貼圖，如下圖所示：

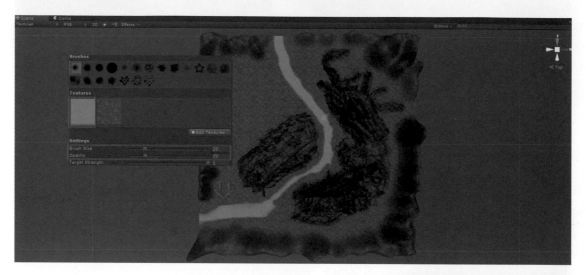

　　第一層貼圖覆蓋在地形上後，我們想在場景中製造出道路的效果，所以我們再以相同的方式增加一個 GoodDirt 的材質，並調整此材質的筆刷形狀為■、筆刷大小為 20 與筆刷透明度為 20，來繪製地形上的道路，如下圖所示：

　　在此建議將 Scene 視窗切換成上視圖來進行會較為方便繪製出道路，切換方法為在 Scene 視窗中的 View Cube(視圖軸向控制器) 點擊一下滑鼠右鍵並選 Top 即可切換，如右圖所示：

　　接下來再新增一個材質來進行月世界地形的繪製，在此我們也使用砂地材質與植被材質來把地形上細部部分繪製的更為自然，例如在地形銜接處先用砂地材質繪製後，再使用植被材質來繪製，如下圖所呈現的效果。

三、在遊戲場景中植樹木與草叢。

　　完成了繪製地形材質之後，我們接著續使用種植樹木筆刷工具來製造場景中的樹木與使用繪製細節筆刷工具來製造場景之中的草叢。

　　首先我們使用先種植樹木筆刷工具 ![] 來製造樹木，點擊 Edit Trees…的選項並選 Add Tree，之後便會出現 Add Tree 的視窗，再點擊視窗中 Tree 右手邊的小圓點便會再跳出 Select GameObject 的視窗，在此視窗點選名為 Palm 的樹模型，最後再按 Add 即可，如下圖所示：

　　樹的模型 Add 好之後，調整 Bush Size(筆刷大小)、Tree Height(樹的長度)、Tree Width(樹的寬度) 以及 Tree Density(樹的密度) 等參數，便能在場景中用筆刷的方式種出樹木。

由於本範例希望將樹木新增至如下圖所示的紅色區塊中的綠色區塊。

　　而在我們得知種植樹木是在所給定的 Bush Size(筆刷大小) 範圍內種植樹木，所以我們將 Bush Size 參數設為 1 便能在如上圖紅色區塊中種出在種植出樹木，如下圖所示。

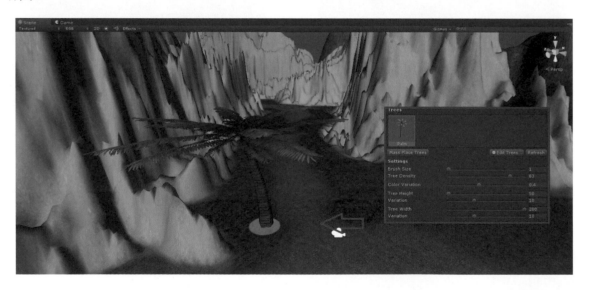

再依相同的方式在種植出其他位置上的樹木，如下圖所示：

　　場景中的樹木種植完成後，我們接續在場景中種植出草叢，首先使用繪製細節
筆刷工具，![icon]，點擊 Edit Details…的選項並選 Add Grass Texture，之後便會出現 Add
Grass Texture 的視窗，先點擊視窗中 Detail Texture 右手邊的小圓點便會再跳出 Select
Texture 2D 的視窗，在此視窗點選名爲 Grass 的材質，如下圖所示：

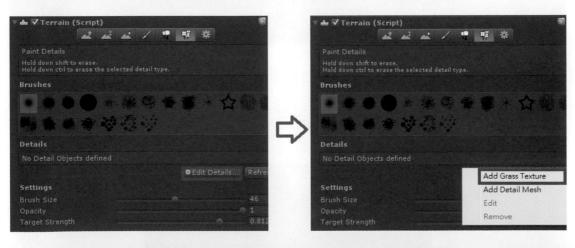

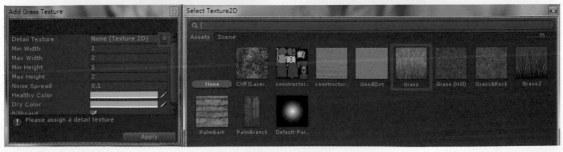

草的貼圖選擇好後再調整 Min Width(寬度的最小值) 為 0.05、Max Width(寬度的最大值) 為 0.5、Min Height(高 度 的 最 小 值) 為 0.05、Max Height(高度的最大值) 為 0.5，最後在按 Apply 即可，如右圖所示：

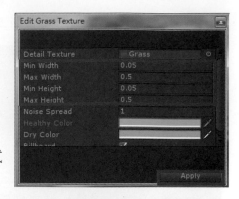

草的材質 Apply 後，便可在場景中以筆刷方式刷出草叢，最後場景如下圖所示。

四、建立平行光以及將第一人稱控制器拖曳至遊戲場景。

當場景創建完成後，我們先調整 Main Camera 的位置，在 Inspector 視窗中將 Main Camera 的位置設定為如下圖所示。

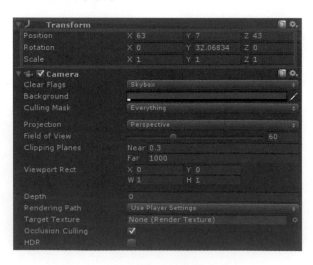

我們調整 Main Camera 的位置後
再替場景打上燈光效果，點擊系統選
單 的 GameObject 選單，選取 Create
Other 中的 Directional Light，如右圖
所示：

Create 後 我 們 便 會 發 現 在
Hierarchy 視窗中多了一個 Directional
Light 物件，如下圖所示：

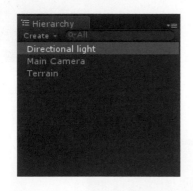

點擊它後，在此我們將平行光的 Position 參數調整成 X 為 70.58596、Y 為
6.779879、Z 為 46.0503 以及把 Rotation 參數調整成 X 為 50、Y 為 -30、Z 為 0，如下
圖所示：

　　調整好 Position 參數與 Rotation 參數的 X、Y、Z 後，我們的 Scene 視窗會看到加入燈光後的場景，如下圖所示：

　　在場景在打完燈光後，我們要再加入影子的效果，操作方式點擊燈光的 Inspector 視窗中的 Shadow Type 參數右邊的箭頭，並選 Soft Shadow 即可，如下圖所示：

添加過影子效果的場景，會讓整個場景多了自然感，如下圖所示：

在此我們在點擊播放鈕，進入遊戲畫面看加入影子效果後，整個場景更為自然許多，最後我們再將 First Person Controller(第一人稱控制器) 放置場景中，本範例便可完成，在 Project 視窗中點擊在 Standard Assets 中的 Character Controllers，再將 First Person Controller 拖拉至場景當中即可，如下圖所示：

　　將 First Person Controller 拉至場景後，利用移動工具，將第一人稱控制器沿 Y 軸方向移至地形之上即可，如下圖所示：

　　如此一來，我們便可按播放鈕，進入遊戲畫面享受自己創造中來的場景當中。

五、遊戲發佈

　　當遊戲製作完成之後，我們可以將本範例發佈成網頁版遊戲，首先我們先將製作完成的遊戲存檔，首先點擊系統選單的 File 選單，後選取 Save Scene，如下圖所示：

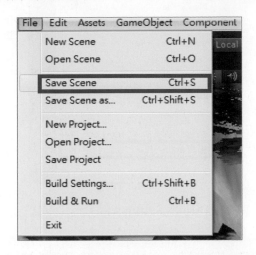

　　當選取 Save Scene 後會跳出一個 Save Scene 視窗，我們將場景存在 Assets 資料夾內，並將要儲存的場景命名為 Scene01，最後在點擊存檔的選項即可，如下圖所示：

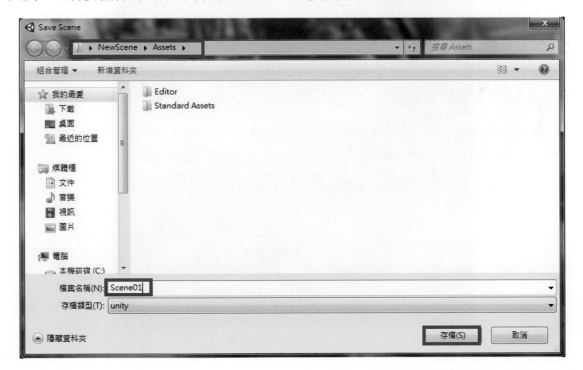

　　場景儲存完成後，我們可接續將遊戲發佈，首先點擊系統選單的 File 選單，後選取 Build & Run，如下圖所示：

　　選取 Build & Run 後會跳出 Build Settings 的視窗，如下圖所示：

由於我們是要發佈成網頁版，所以在這邊我們點選 Web Player，再點擊 Add Current，Scenes In Build 的方框便會出現我們場景的檔案名稱後，再點選 Build And Run 的選項，如下圖所示：

在點擊 Build And Run 的選項後，選擇我們發佈檔要存檔的位置，我們要存在一個名為 Release 的資料夾，後按下選擇資料夾，如下圖所示：

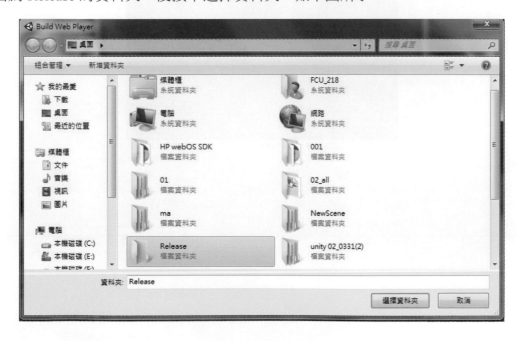

存檔完成後，Unity 便會開始將我們的遊戲以網頁的模式開啟，如果網頁沒有安裝 Unity Player 時，則再下載即可，最後我們可以在 Release 的資料夾點擊 Release 的檔案，亦可以開啟遊戲，如下圖所示：

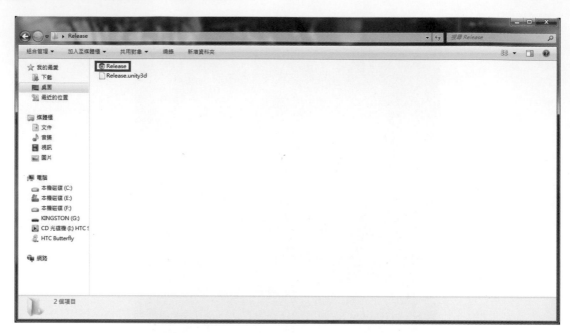

第 03 講

遊戲場景中不同風貌的設置

作品簡介

　　我們討論了地形、內建樹木、光源的形成，接著我們要討論的是如何建立不一樣的樹木，以及風和天空盒的運用，如此就可使場景有不同的風貌。資源包裡內建的樹木有一般常見的樹木以及棕櫚樹兩種，當我們創建高山或是比較低海拔的地形時，所呈現的樹木不一定和內建的樹木相同，例如：創建一個針葉樹林或是不一樣季節的場景時，就無法使用內建的樹木達到我們想要的效果。因此，我們要來學習如何建造不同類型的樹木並配合著風和天空盒的效果來呈現出不一樣的場景。這個場景中我們將建立櫻花樹、楓葉樹、矮樹叢和茂密的樹木。

📖 學習重點

本範例主要的學習重點

重點一：外部圖片資源的匯入。

重點二：建立地形上的樹木及風。

重點三：建立天空盒改變天空的樣式。

重點一　外部圖片資源的匯入

在 Unity 中，圖片是非常重要的資源，無論是模型材質或是 GUI 紋理都需要用到圖片資源。我們要來談將圖片資源匯入到 Unity 的流程、要求，以及發布不同平台的相關設置。

Unity 支援的圖像文件格式包括 TIFF、PSD、TGA、JPG、PNG、GIF、BMP、IFF、PICT、DDS 等。其中 PSD 格式的圖片包含多個圖層，當我們把 PSD 格式圖片匯入 Unity 後 Unity 會自動合併顯示圖層，且不會破壞 PSD 原始文件的結構。

為了優化運行效率，幾乎所有的遊戲引擎中，圖片的像素尺寸都是需要注意的。像素指的是一張圖片裡組成圖片的圖像元素，是一個方格狀，這裡建議的圖片像素尺寸都是 2 的整數次冪，也就是我們的圖片的長跟寬要由 2 的整數次冪個像素組成，有 32、64、128、256、512、1024 等以此類推，而在 Unity 裡最小像素要求大於或等於 32，最大像素必須小於或等於 4096。至於圖片的長寬大小不需要一致，例如 512×1024 像素、256×64 像素都是可以使用的。關於像素的問題，用一張圖片來舉例，同樣大小的圖片，一個是由 32×32 像素，也就是長跟寬分別有 32 個像素組成的，一個是由 1024×1024 像素，也就是長跟寬分別有 1024 個像素組成的，我們可以發現 32×32 像素比 1024×1024 像素還要來的模糊，如下圖所示：

32×32 像素

1024×1024 像素

　　所以通常我們會找像素比較高的圖片來貼圖紋理會更細膩。在此注意，Unity 也支援非 2 的次冪尺寸圖片，對於非 2 的次冪尺寸圖片 Unity 會將其圖片轉化為一個非壓縮的 RGBA 32 位元格式，但是這樣會降低加載速度，並增大遊戲發布包的文件大小。

　　匯入圖片資源以供 Unity 使用的方式有二種，先在網路上或是電腦裡找到想要的圖片，存成 Unity 可以支援的格式放在桌面或是資料夾裡，第一種匯入方式是將想要的圖片資源用拖拉的方式拉進 Project 視窗的 Assets 文件夾，第二種匯入方式是直接點選左上方的 Assets 在點選 Import New Asset … 來新增圖片資源，如下圖所示：

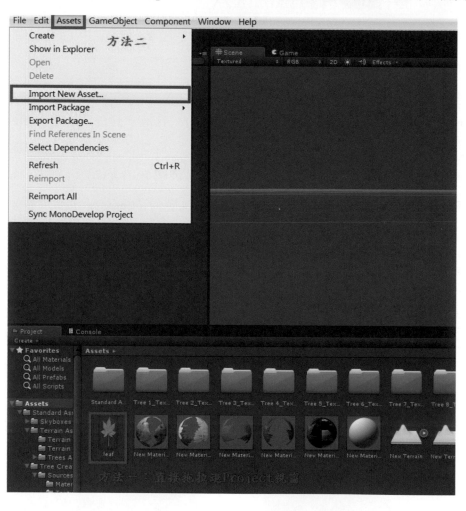

當我們匯入圖片後可以在 Inspector 視窗看到很多有關圖片的內容參數，如下圖所示：

Unity 是一款可以跨平台發佈遊戲的引擎，單純就圖片資源來說，在不同的平台硬體環境中使用還是有一定區別的，我們可以在 Texture Type(紋理類型) 選擇圖片資源用途。如果為不同平台手動製作或修改相對尺寸的圖片資源，會非常不方便，所以 Unity 為使用者提供了專門的解決方案，可以在項目中將同一張圖片紋理依據不同的平台直接進行相關的設置，且效率非常高。例如普通紋理、法線貼圖、GUI 圖片等等類型。如何提高效率，我們可以點選 Texture Type(紋理類型) 我們可以看到有九種類型，分別為 Texture(紋理)、Normal map(法線貼圖)、GUI(圖形用戶界面)、Sprite(精靈)、Cursor(圖標文件)、Reflection(反射)、Cookie(作用於光源的 Cookie)、Lightmap(光照貼圖)、Advanced(高級)，如下圖所示：

由於本範例會使用到的類型只有第一種 Texture(紋理)，而剩下的八種類型也有許多相似的地方，所以這裡就只有討論 Texture(紋理) 的基本設定。

　　有關 Texture(紋理) 的參數，是所有類型紋理最常用的設置，分別的細部參數有 Alpha from Grayscale(依據灰階度產生 Alpha)、Alpha Is Transparency(Alpha 是透明度)、Wrap Mode(循環模式)、Filter Mode(過濾模式)、Aniso Level(各向異性級別) 五個參數，如下圖所示：

　　第一個參數 Alpha from Grayscale(依據灰階度產生 Alpha) 的意思是指系統會依據圖像本身的灰階度產生一個 Alpha 透明度通道。

　　第二個參數 Alpha Is Transparency(Alpha 是透明度) 的意思是指系統會依據圖像本身的透明度產生一個 Alpha 透明度通道。

　　第三個參數 Wrap Mode(循環模式) 是用來控制紋理平鋪時的樣式，有 Repeat(重複)、Clamp(截斷) 兩種方式可供選擇，如下圖所示：

　　這個選項在使用天空盒時才會有明顯的差異，選擇 Repeat(重複) 該紋理會以重複平鋪的方式映射在遊戲物件上，所以我們會很明顯看到邊緣的接縫。選擇 Clamp(截斷) 該紋理會以拉伸紋理的邊緣的方式映射在遊戲物件上，所以我們不會看到邊緣的接縫，如下圖所示：

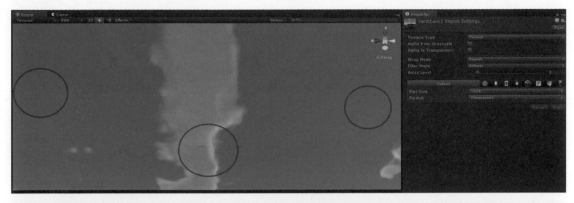

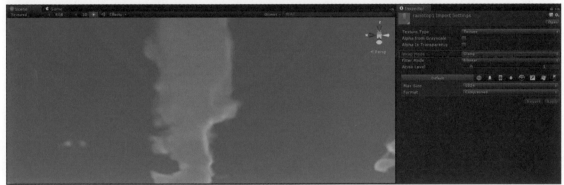

　　第四個參數 Filter Mode(過濾模式) 是用來控制紋理通過三維變換拉伸時的計算過濾方式，有 Point(點)、Billnear(雙線性)、Trilinear(三線性) 三種方式可供選擇，如下圖所示：

Point(點)：是一種較簡單材質圖像插值的處理方式。這種處理方式速度比較快，但材質的品質較差，有可能會出現馬賽克現象。

Billnear(雙線性)：是一種較好的材質圖像插值的處理方式，會先找出最接近圖元的四個圖素，然後在它們之間做插值計算，最後產生的結果才會被貼到圖元的位置上，且不會看到馬賽克。這種處理方式較適用於有一定景深的靜態圖片，也就是清晰度較高的圖片，不過無法提供最佳品質也不適用於移動的遊戲物件。

Trilinear(三線性)：是一種更複雜材質圖像插值處理方式，會用到相當多的材質貼圖，而每張的大小恰好會是另一張的四分之一。例如有一張材質影像有 512×512 個圖素，第二張就會是 256×256 個像素，以此類推。憑藉這些多重解析度的材質影像，當遇到景深較大的圖片，也就是清晰度較高的圖片時，可以提供最高的貼圖品質，且會去除材質的閃爍效果。對於需要動態物體或景深很大的場景應用方面而言，選用此種方式會獲得最佳的效果。

　　我們以 Point(點) 和 Billnear(雙線性) 來比較之間的差異，同一張圖分別點選 Point(點) 和 Billnear(雙線性)，我們會發現 Point(點) 會很明顯的有一格一格的方塊，整張圖片就沒有那麼細膩，而 Billnear(雙線性) 不會有明顯的方塊，畫面也比 Point(點) 細膩，如下圖所示：

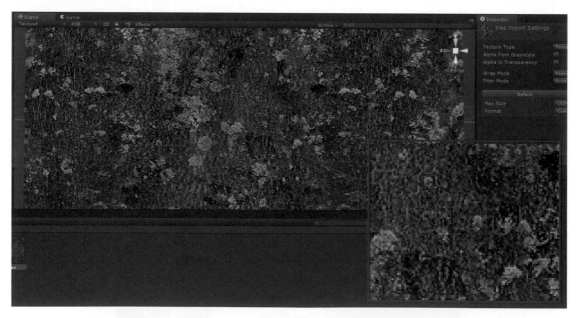

Point(點)

　　了解這些方式，我們可以匯入所需的圖案使創建樹木時能有更多的貼圖樣式選擇。

重點二　建立地形上的樹木及風

　　前面的範例我們談到地形的建立，Unity 也提供樹木的建立方式讓我們可以在地形上建立不同類型的樹木，使遊戲場景有豐富的變化。如果我們想要建立樹木可以從 GameObject 裡點 Create Other，再點選 Tree 的功能選項，此時，在遊戲場景會看見一根樹幹和一個黃色圈圈，此黃色圈圈代表著整棵樹可生長的範圍，如下圖所示：

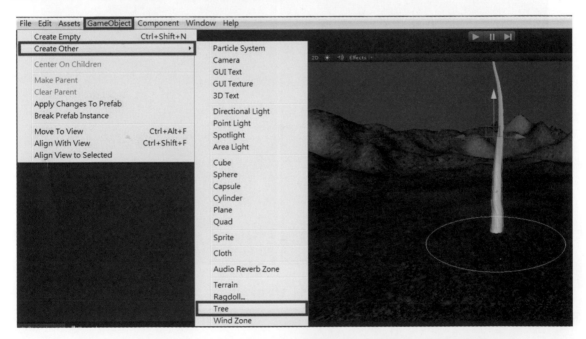

　　我們可以在 Inspector 視窗看到這棵樹的階層群組結構，此視窗在圈起的樹木主幹中可以看到一個眼睛符號，這是顯示開啟或是關閉點選群組的開關，同時在顯示樹的階層結構功能下方右側有四顆按鈕，由左至右分別為新增樹葉群組、新增枝幹群組、複製物件、刪除物件，如右圖所示：

點選 Inspector 視窗的主幹圖示我們會看到很多的參數來設定主幹的生長方式，如下圖所示：

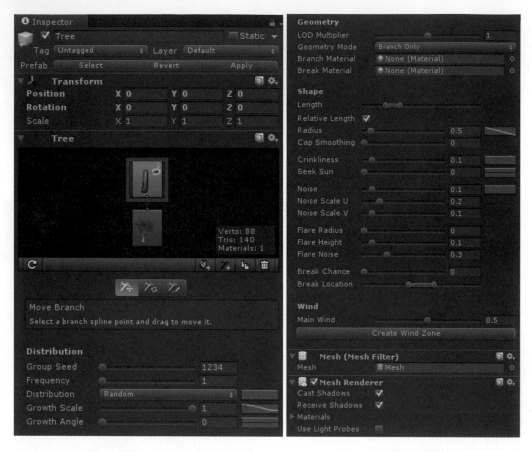

主幹群組的參數分為四大項，有 Distribution(分配)、Geometry(幾何)、Shape(形狀)、Wind(風力)。

有關 Distribution(分配) 的參數，是用來調整主幹的形態，細部參數可再分為 Group seed(隨機參數)、Frequency(數量)、Distribution(分配)、Growth Scale(生長比例)、Growth Angle(生長角度) 五個細項，如下圖所示：

以細部分項 Distribution(分配) 為例，點下 Distribution 我們可以看到有 Random(隨機)、Alternate(交叉)、Opposite、(對立面)、Whorled(輪生) 四種樹型選項，如下圖所示：

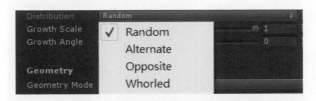

除了第一個 Random 是隨機生長，剩下三種的樹型如下圖所示：

Alternate(交叉)

Opposite(對立面)

Whorled(輪生)

有關 Geometry(幾何) 的參數，主要是用來調整主幹的材質，細部參數可再分為 LOD Multiplier(LOD 乘數)、Geometry Mode (幾何模式)、Branch Material(分枝材質)、Break Material(切斷材質) 四個細項，如下圖所示：

以細部分項 Branch Material 為例，我們可以在這個選項的決定此群組的材質。

有關 Shape(形狀) 的參數，是細部調整主幹的形狀，細部參數可再分為 Length(長度)、Ralative Length(相對長度)、Radius(半徑)、Cap Smoothing(平滑)、Crinkliness(扭曲)、Seek sun(向光生長)、Noise(聲音)、Noise Scale U(聲音規模 U)、Noise Scale V(聲音規模 V)、Flare Radius(褶半徑)、Flare Height(褶高度)、Flare Noise(褶噪波)、Break Chance(切斷機會)、Break Location(切斷位置) 十四個細項，如右圖所示：

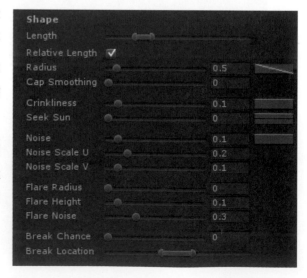

　　以細部分項 Flare Radius、Flare Height 和 Flare Noise 為例，這些參數是用來調整樹根樣貌。Flare Radius 用來決定樹根的皺褶半徑，Flare Height 用來決定皺褶的生長範圍，Flare Noise 則用來決定樹根皺褶的變化，如下圖所示：

Flare Radius=0

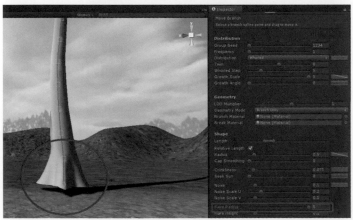

Flare Radius=5

Flare Height=0

Flare Height=1

Flare Noise=0

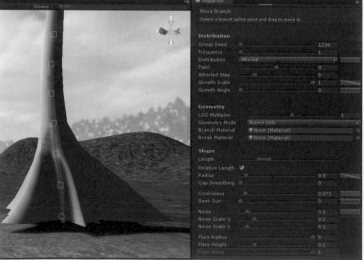

Flare Noise=1

有關 Wind(風力) 的參數，是調整枝幹受風力的影響，細部參數可再分為 Main Wind(主要風)、Main Turbulence(主要亂流) 二個細項，如下圖所示：

以細部分項 Main Wind 為例，我們可以利用此參數來調整此枝幹受到風力時的影響，數據越小，受到風力影響就越小。

設定好主幹群組的參數後，我們可以來新增樹的物件。

我們可以把樹的物件分為枝幹群組和樹葉群組二種，稱為群組的原因是因為我們可以用參數來快速產生很多數量的物件也就是，同時長出一群的枝幹或是一群的樹葉，利用這兩種群組，就可以來建立樹木。

如何在樹幹上新增枝幹群組，首先在樹木主幹上點擊，接著按新增枝幹群組的按鈕 ，在樹的階層群組結構圖會出現一個枝幹的結構圖示，點選此枝幹結構圖示，我們可以從 Inspector 視窗看到很多的參數來設定枝幹的生長方式，如下圖所示：

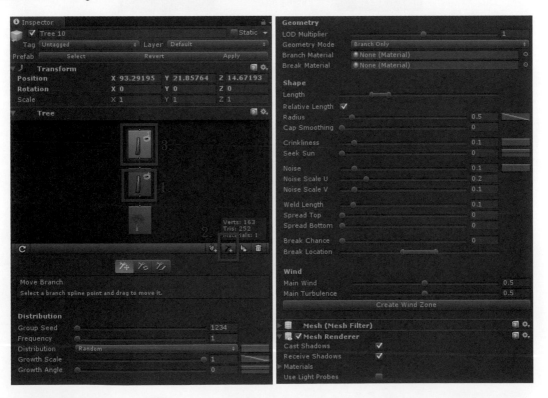

枝幹群組的參數分為四大項，有 Distribution(分配)、Geometry(幾何)、Shape(形狀)、Wind(風力)。

有關 Distribution(分配) 的參數，是用來調整枝幹的形態，細部參數可再分為 Group seed(隨機參數)、Frequency(數量)、Distribution(分配)、Growth Scale(生長比例)、Growth Angle(生長角度) 五個細項，如下圖所示：

以細部分項 Distribution(分配) 為例，點下 Distribution 我們可以看到有 Random(隨機)、Alternate(交叉)、Opposite、(對立面)、Whorled(輪生) 四種樹型選項，如下圖所示：

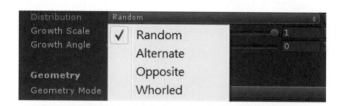

除了第一個 Random 是隨機生長，剩下三種的樹型如下圖所示：

Alternate(交叉)

Opposite(對立面)

Whorled(輪生)

　　有關 Geometry(幾何) 的參數，主要是用來調整枝幹的材質，細部參數可再分為 LOD Multiplier(LOD 乘數)、Geometry Mode (幾何模式)、Branch Material(分枝材質)、Break Material(切斷材質) 四個細項，如下圖所示：

以細部分項 Branch Material 為例，我們可以在這個選項的決定此群組的材質。

有關 Shape(形狀) 的參數，是細部調整枝幹的形狀，細部參數可再分為 Length(長度)、Ralative Length(相對長度)、Radius(半徑)、Cap Smoothing(平滑)、Crinkliness(扭曲)、Seek sun(向光生長)、Noise(聲音)、Noise Scale U(聲音規模 U)、Noise Scale V(聲音規模 V)、Weld Length(焊接長度)、Spread Top(頂部蔓延)、Spread Bottom(底部蔓延)、Break Chance(切斷機會)、Break Location(切斷位置) 十四個細項，如下圖所示：

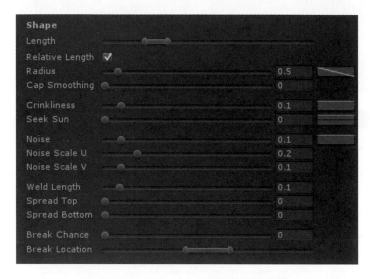

以細部分項 Crinkliness 為例，我們可以利用此參數來使我們的枝幹彎曲，如下圖所示：

Crinkliness=0

Crinkliness=1

有關 Wind(風力) 的參數，是調整枝幹受風力的影響，細部參數可再分為 Main Wind(主要風)、Main Turbulence(主要亂流) 二個細項，如下圖所示：

以細部分項 Main Wind 為例，我們可以利用此參數來調整此枝幹受到風力時的影響，數據越小，受到風力影響就越小。

設定好新增枝幹群組的參數後，在樹木主幹上的枝幹群組就會出現所設定的枝幹分佈。依照自己的喜好調整參數來讓我們的樹更豐富，在新增枝幹群組時，除了一層一層加以外，也可以同一層加多個群組讓樹型變化更多樣，如下圖所示：

建立好了所需的枝幹群組，就可以為枝幹上添加樹葉，我們首先點選想要加樹葉的枝幹群組，接著按新增樹葉群組的按鈕 🍃₊，在樹的階層群組結構圖會出現一個樹葉的結構圖示，點選此樹葉結構圖示，我們可以從 Inspector 視窗看到很多的參數來設定樹葉的生長方式，如下圖所示：

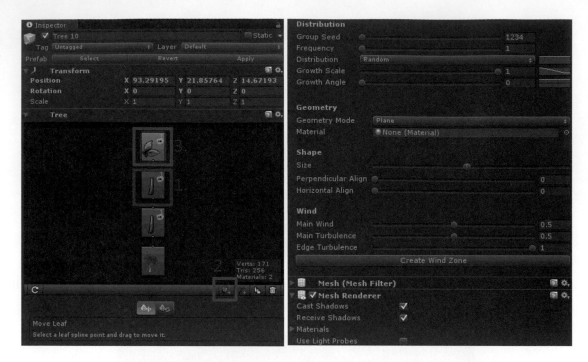

樹葉群組的參數分為四大項，有 Distribution(分配)、Geometry(幾何)、Shape(形狀)、Wind(風力)。

有關 Distribution(分配) 的參數，是用來調整樹葉的生長形態，細部參數可再分為 Group seed(隨機參數)、Frequency(數量)、Distribution(分配)、Growth Scale(生長比例)、Growth Angle(生長角度) 五個細項，如下圖所示：

以細部分項 Distribution(分配) 為例，點下 Distribution 我們可以看到有 Random(隨機)、Alternate(交叉)、Opposite、(對立面)、Whorled(輪生) 四種樹葉生長方式的選項，如下圖所示：

除了第一個 Random 是隨機生長，剩下三種的樹葉生長的方式如下圖所示：

Alternate(交叉)

Opposite(對立面)

Whorled(輪生)

有關 Geometry(幾何) 的參數，主要是用來調整樹葉的材質，細部參數可再分為 Geometry Mode(幾何模式)、Material(材質) 二個細項，如下圖所示：

以細部分項 Geometry Mode 為例，我們可以將葉子本身的形狀分為 Plane(水平面)、Cross(十字交叉)、Tricross(三面交叉)、Billboard(直立)、Me11sh(網狀) 五種，如下圖所示：

我們可以利用此參數來讓我們的葉子更多變，讓我們在貼材質時使葉子看起來更豐富，除了最後一個 Mesh(網狀) 我們無法看到他的形狀外，其他四種可以明確的看出葉子的形狀，如下圖所示：

Plane(水平面)

Cross(十字交叉)

Tricross(三面交叉)

Billboard(直立)

Mesh(網狀)

有關 Shape(形狀) 的參數，是用來細部調整樹葉的形狀，細部參數可再分為 Size(樹葉大小)、Perpendicular Align(垂直對齊)、Horizontal Align(水平對齊) 三個細項，如下圖所示：

以細部分項 Perpendicular Align 和 Horizontal Align 為例，當 Perpendicular Align 設為 1 時，樹葉就會對 x 軸做垂直對齊，當 Horizontal Align 設為 1 時，樹葉就會對 x 軸做平行對齊，如下圖所示：

Perpendicular Align=1

Horizontal Align=1

有關 Wind(風力) 的參數，是調整樹葉受風力的影響，細部參數可再分為 Main Wind(主 要 風)、Main Turbulence(主要亂流)、Edge Turbulence(邊緣亂流) 三個細項，如右圖所示：

以細部分項 Main Wind 為例，我們可以利用此參數來調整此樹葉受到風力時的影響，數據越小，受到風力影響就越小。

設定好新增樹葉群組後，我們只要點選想要加入樹葉群組的枝幹群組，再點選新增樹葉群組按鈕即可，此時就會在枝幹群組中建立樹葉群組了。依照自己的喜好調整參數來讓我們的樹更豐富，除了一層一層加以外，也可以同一層加多個群組讓樹型變化更多樣，如下圖所示：

　　當我們都生長完後,可以修剪我們的樹木來調整形狀,只要點選想要修剪的群組便會出現此群組的所有枝葉,並點選想要修剪的地方。我們可以運用在 Inspector 視窗裡看到的三個變形工具按鈕,由左至右分別是移動、旋轉、以及手繪來進行修剪,如下圖所示:

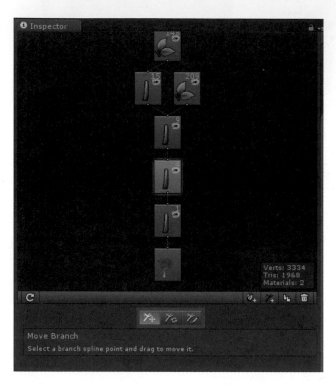

　　當我們想要刪除枝葉時,只需要點選想刪除的枝葉按 Delete 即可,如下圖所示:

　　開始進行修剪時，沒有辦法再調整我們的參數，系統會在 Inspector 視窗中出現一個按鈕 "Convert to procedural group … ", 意思是指 " 你已經變更了，按下此按鈕，可恢復到自動生成模式，而之前的變更會被還原 "，所以進行修剪前要先調好我們的參數，如下圖所示：

　　調整完後，我們將枝幹群組和樹葉群組貼上材質球。在 Inspector 視窗裡點選想要貼材質的群組，往下拉可以看到 Branch Material 右邊有一個小圓點，如下圖所示：

點下去會出現材質預覽視窗，選擇想要的材質球後系統就會幫我們運算出來，如下圖所示：

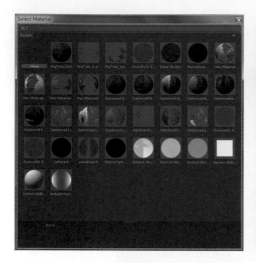 

完成一棵樹時，要注意我們的三角面數最好不要超過 9000 以上才能保持最佳效能。當面數過高時可以從群組裡的參數調整才不會使系統無法快速顯示我們要的效果而當機，如下圖所示：

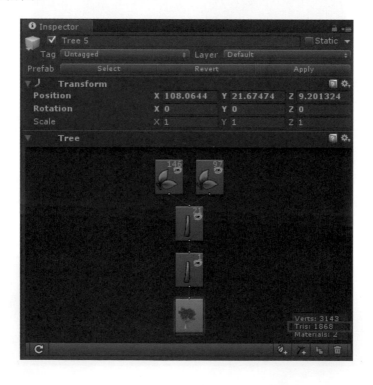

　　了解樹木的建立後，我們來對整個場景建立風力，使樹木受風的作用會依風的設定產生作用並且顯現，如何設定場景中的風，從 GameObject 裡點選 Create Other 再點選 Wind Zone 的功能選項。

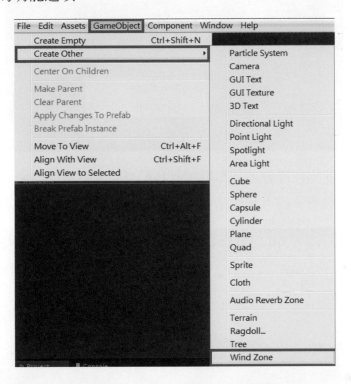

　　我們可以從 Inspector 視窗看到很多的參數，如下圖所示：

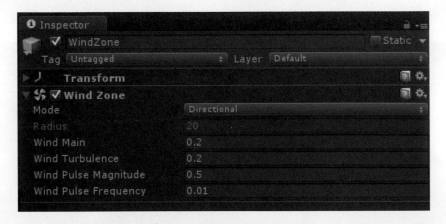

　　這些參數主要用來調整遊戲場景裡的樹木受風力影響的變化，參數分別為 Mode(型態)、Radius(風的範圍)、Wind Main(風力)、Wind Turbulence(亂流大小)、Wind Pulse Magnitude(搖曳幅度)、Wind Pulse Frequency(搖曳的頻率) 等六項參數。

　　以 Mode 參數為例，可再分為 Directional(方向風)、Spherical(區域風) 二個細項，如下圖所示：

　　方向風是所有的物件都會受到影響，且我們可以決定風的方向。區域風則是所設定的範圍內會受到影響，如下圖所示：

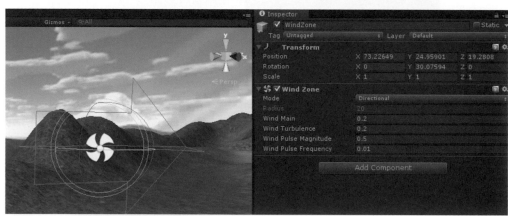

方向風

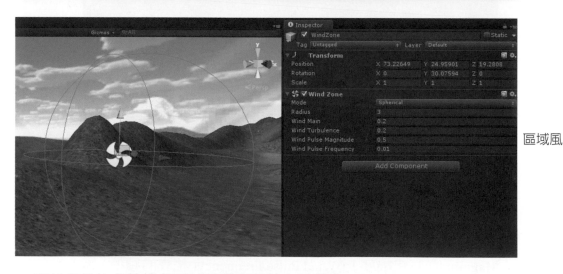

區域風

　　至於其他的參數讀者可以依場景設計自行調整。

重點三　建立天空盒改變天空的樣式

Unity 中的天空盒實際上是一種使用了特殊類型 shader 的材質，該種類型材質可以籠罩在整個遊戲場景之外，並根據材質中指定的紋理類比出類似遠景、天空等的效果，可使遊戲場景看起來更真實。

我們可以在 Project 視窗的 Assets 文件夾匯入 Shyboxes 來建立內建的天空盒，首先在 Project 視窗的 Assets 文件夾中按滑鼠右鍵叫出功能選項，選擇 Import Package，再選擇 Shyboxes，如下圖所示：

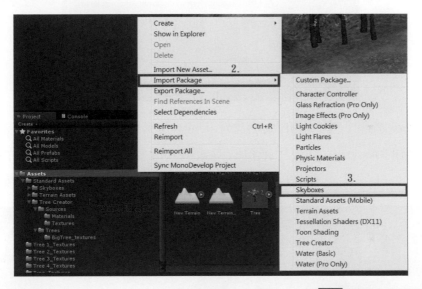

從 Edit 裡點選 Render Settings 的功能選項，如右圖所示：

在 Inspector 視窗裡可以看到 Skybox Material，在右邊的小圓點就可選擇內建有的天空材質，如下圖所示：

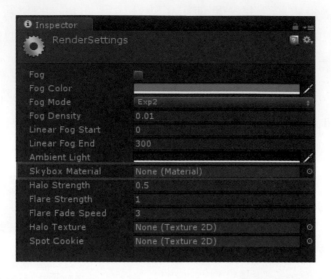

除了 skybox 資源包中提供的天空盒外，Unity 還支援使用者自製天空盒材質。首先在 Project 視窗的 Assets 文件夾用拖拉的方式匯入想要的天空的六張圖片紋理，分為前、後、左、右、上、下，這部分一般在取得天空盒的圖片時都會被標明，如下圖所示：

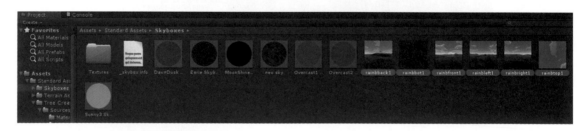

了解之後在 Project 視窗的 Assets 文件夾新增一個材質球，如下圖所示：

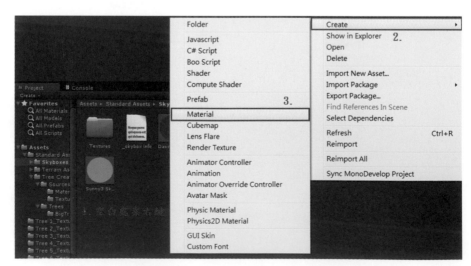

　　我們會在 Inspector 視窗看到 select 讓我們貼材質，但是開啓時的材質球在建立天空盒時只能放置一張圖片，不能將六張圖片放置在同一個材質球上，如下圖所示：

　　因此在 Inspector 視窗的 Shower 點選 RenderFX 再點選 Skybox 的功能選項，Inspector 視窗就會變成六張圖片的天空盒材質球，如下圖所示：

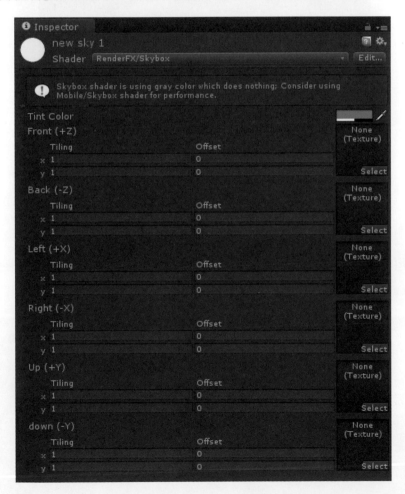

　　點選 Inspector 視窗裡的 select 將相對應位置的貼圖貼上也就是區分出前、後、左、右、上、下位置，如下圖所示：

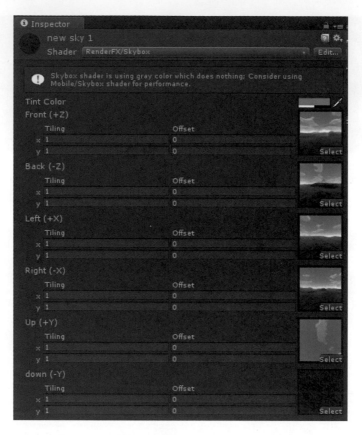

　　如此我們就可以選擇自己創建的天空盒了。

　　創建的新的天空盒時若圖片原始圖像沒有仔細設計過，會發現每張圖的邊緣會有明顯的接縫，這是由於 Wrap Mode 的 Repeat(重複) 設置方式造成的, 如下圖所示：

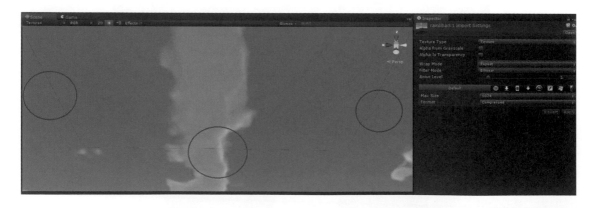

　　此時可以用以下方式來修正，選擇一張天空盒材質所用的紋理，在 Inspector 視窗中, 將該紋理的 Repeat(重複) 設置為 Clamp(截斷) 且按一下 Apply, 重複上一步操作、

將其五張紋理的迴圈模式都設為 Clamp 方式，如此就可以將天空盒的接縫完美呈現，使其天空盒完整。

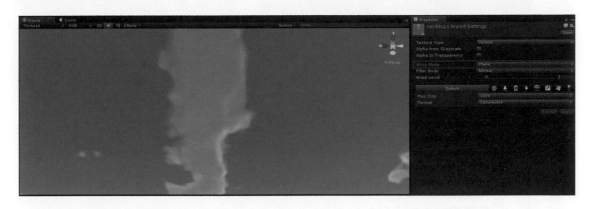

我們可以在 http://www.3delyvisions.com/skf1.htm 這個網址裡找到許多不同的天空盒圖片來使用。

範例實作與詳細解說

本範例我們將藉由以下五個步驟來完成，簡述如下：

步驟一　建立遊戲新專案
步驟二　新增天空盒
步驟三　建立遊戲地形、光源
步驟四　建立樹木
步驟五　新增風力
步驟六　建立第一人稱控制器

一、建立遊戲新專案

首先我們打開 Unity，並點下 File 再點選 New Project 的功能選項，如右圖所示：

File	Edit	Assets	GameObject	Comp
New Scene				Ctrl+N
Open Scene				Ctrl+O
Save Scene				Ctrl+S
Save Scene as...				Ctrl+Shift+S
New Project...				
Open Project...				
Save Project				
Build Settings...				Ctrl+Shift+B
Build & Run				Ctrl+B
Exit				

接著點選 Create New Project 然後點選 Browse…來開啓資料夾。

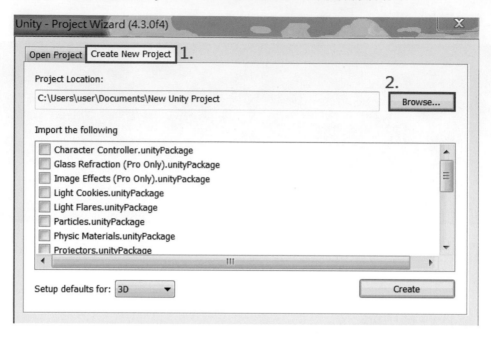

選擇想要存放的位置新增一個資料夾並用英文命名，再點下選擇資料夾，並按下 Create 就會開啓新專案。

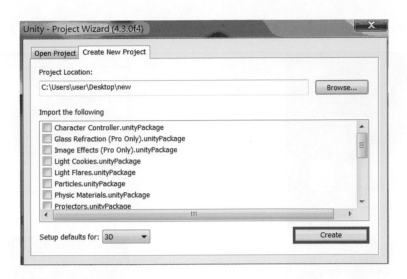

按下 Create 後，Unity 會自動重新開啓，此時我們所要的新專案即建立完成。

二、新增天空盒

我們先匯入想要的天空盒再來決定地形的樣貌，因爲地形是沒辦法轉動的，先創建天空盒可以方便我們決定之後想要的天空盒畫面。

首先在 Project 視窗的 Assets 文件夾用拖拉的方式匯入想要的天空的六張圖片紋理，分爲前、後、左、右、上、下，如下圖所示：

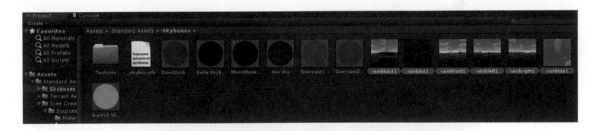

將其六張紋理的 Repeat 設置爲 Clamp 且按一下 Apply，如下圖所示：

好了之後在 Project 視窗的 Assets 文件夾新增一個材質球，方法如下圖所示：

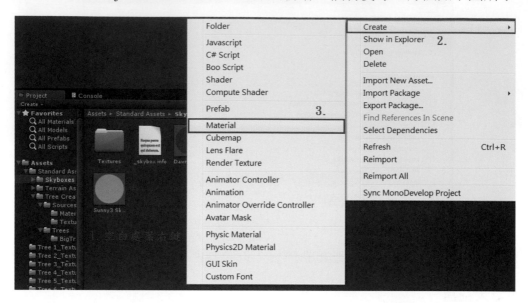

　　點選剛剛新增的材質球後在 Inspector 視窗的 Shower 點選 RenderFX 再點選 Skybox 的功能選項，Inspector 視窗就會變成可放置六張圖片的天空盒材質球，如下圖所示：

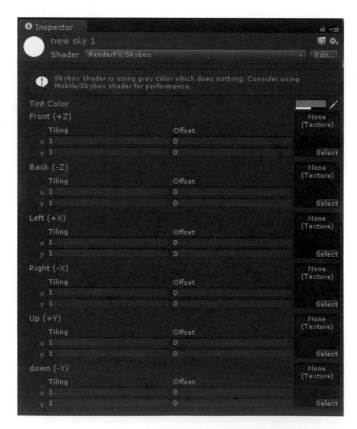

之後點選 Inspector 視窗裡的 select 將相對應名字的貼圖貼上，如下圖所示：

從左上方 Edit 裡點選 Render Settings 的功能選項，在 Inspector 視窗裡可以看到 Skybox Material，在右邊的小圓點就可選擇此天空材質。

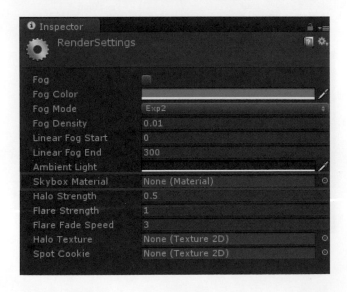

三、建立遊戲地形、光源

　　首先在 Project 視窗的 Assets 文件夾匯入 Terrain Assets（地形）的資源包，方法如下圖所示：

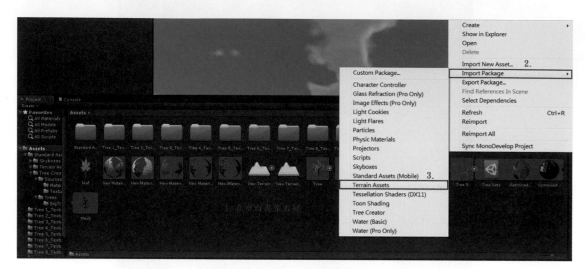

　　從 GameObject 裡點 Create Other 再點選 Terrain 的功能選項來創建地形，如下圖所示：

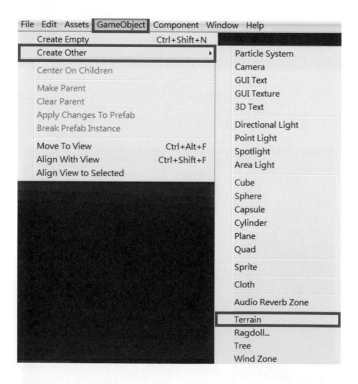

我們可以在 Scene 視窗看到建立的地形，如下圖所示：

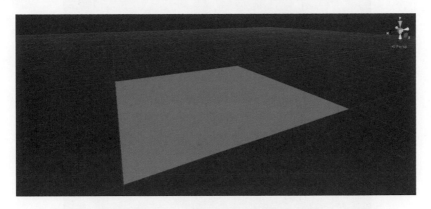

在 Inspector 視窗中的 Terrain Settings 裡將長寬設定為 100 ✕ 100(公尺) 並且配合著天空盒移到可以銜接的地方，參數如下。

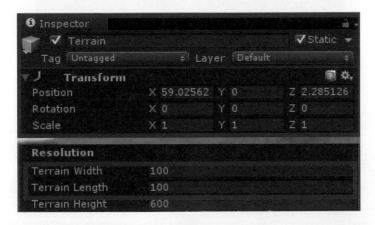

接著我們利用上一講所提到的方法編輯我們的地形，由於要清楚看到我們的地形，這裡建立一個平行光，建立方式和參數如下：

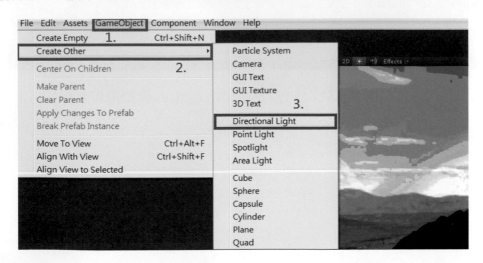

好了之後我們就會得到下面這張圖

我們可以直接打開 Lesson03 裡的 Lesson03(practice) 練習檔專案得到這個場景。

四、建立樹木

這個場景我們製作了四種樹。用櫻花樹為例，首先，從 GameObject 裡點 Create Other 再點選 Tree 的功能選項，如下圖所示：

點選樹幹，調整 Length、Radius 為 0.78，以及 Crinkliness 為 0.241 的參數，如下圖所示：

接著新增枝幹群組，並且調整 Frequency 爲 4、Distribution 爲 Alternate、Growth Angle 爲 0.745、Length、Radius 爲 1.59 以及 Crinkliness 爲 0.303 的參數，如下圖所示：

再新增枝幹群組，調整 Group Seed 爲 62555、Frequency 爲 4、Distribution 爲 Alternate、Growth Angle 爲 0.617、Length 以及 Crinkliness 爲 0.336 的參數，如下圖所示：

新增枝幹群組，調整 Frequency 為 8、Distribution 為 Alternate、Growth Angle 為 0.425、Length 以及 Crinkliness 為 0.434 的參數，如下圖所示：

再新增枝幹群組，調整 Frequency 為 3、Growth Angle 為 0.784、Length、Radius 為 1.21 以及 Crinkliness 為 0.402 的參數，如下圖所示：

好了之後在第一層枝幹群組新增樹葉群組，調整 Frequency 為 50、Distribution 為 Alternate 以及 Size 的參數，如下圖所示：

接著第二層枝幹群組加上樹葉群組，調整 Frequency 為 50、Distribution 為 Alternate、Size，以及 Perpendicular Align 為 0.39 的參數，如下圖所示：

接著第三層枝幹群組加上樹葉群組，調整 Frequency 為 40、Distribution 為 Alternate、Size、以及 Perpendicular Align 為 0.321 的參數，如下圖所示：

接著第四層枝幹群組加上樹葉群組，調整 Frequency 為 30、Distribution 為 Alternate、Size、以及 Horizontal Align 為 0.187 的參數，如下圖所示：

　　建好之後，我們要貼上材質，首先把櫻花和枝幹的材質用拖拉的方式放入 Project 視窗的 Assets 文件夾，並且在 Project 視窗的 Assets 文件夾新增兩個材質球，方法如下。

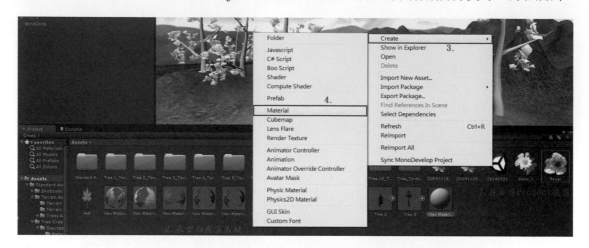

　　把櫻花的圖改成去背材質，方法如下圖所示：

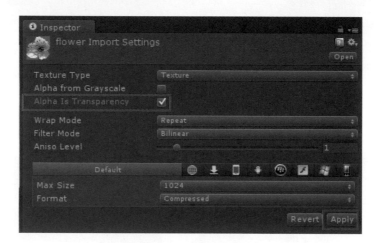

　　點選材質球的 select 選曲我們拖拉進來的貼圖，如下圖所示：

接著把材質貼上我們的櫻花樹，新材質要先按 Apply 後才可使用。

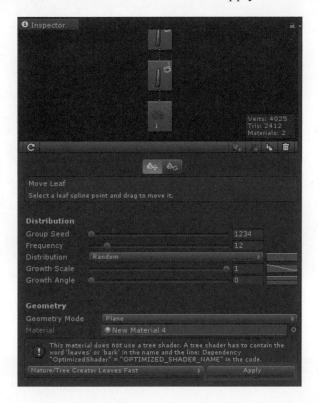

所有材質貼好後我們的櫻花樹就完成了，用 Unity 創建的櫻花樹和拍攝出來的櫻花樹比較如下圖：

接下來的樹都是依照這樣的方法，改變參數且新增不一樣的材質，我們可以完成更多不一樣的樹，如下圖所示：

　　樹都做好後，可以用複製的方式 (點選想要複製的物件案 Ctrl+D，接著拉動選取的物件即可) 複製多一些樹木來放置在我們的場景裡，如下圖所示：

五、新增風力

　　從 GameObject 裡點選 Create Other 再點選 Wind Zone 的功能選項，如下圖所示：

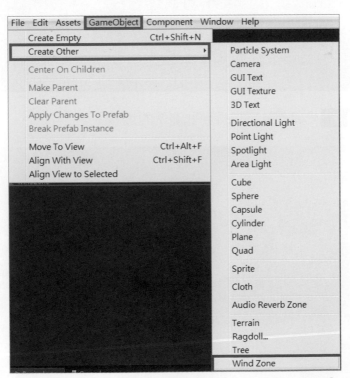

　　這裡我們使用的是方向風，點開 Wind Zone 會在 Inspector 視窗看到 Mode，這邊我們選擇 Directional(方向風)。在 Inspector 視窗來調整方向風的位置以及風的參數，參數如下圖所示：

　　之後我們調整一開始的 Main Camera 來決定我們想要的畫面，位置參數如下。

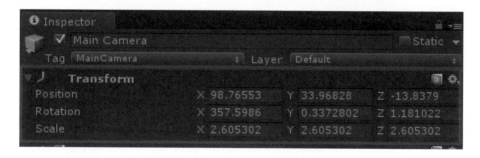

　　按下播放鈕 ▶，我們就可以得到此範例的場景。

六、建立第一人稱控制器

首先在 Project 視窗的 Assets 文件夾匯入 Character Controller(腳色控制器)，方法如下圖所示：

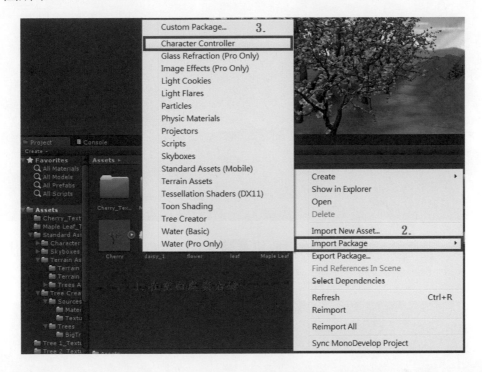

接著在 Project 視窗中點選 Standard Assets 的 Character Controller，再將 First Person Controller 拖拉至場景，如下圖所示：

　　拉至場景後，利用移動工具，將第一人稱控制器沿 Y 軸方向移至地形之上即可，如下圖所示：

　　完成後，我們就可以再按一次播放鈕 ▶ 來進入遊戲畫面享受我們創造出的場景當中。

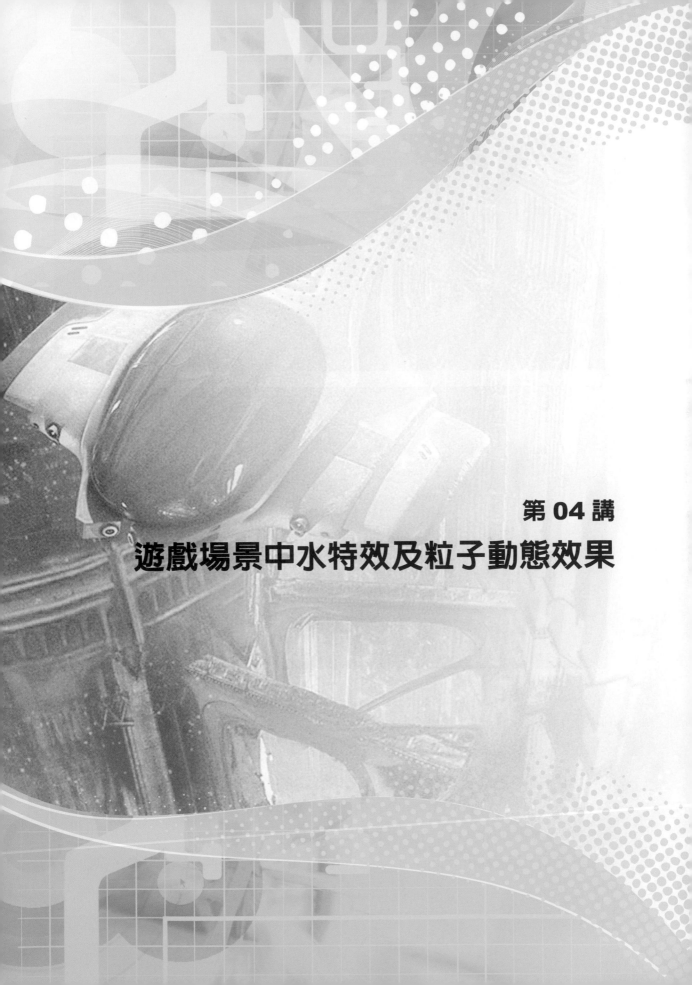

第 04 講
遊戲場景中水特效及粒子動態效果

作品簡介

　　在本範例中，可以看見在昏黑的夜空中飄著細細的雪，白色雪花覆蓋著高低起伏的地形，在地形中我們也種植了一些植物在湖泊邊，而瀑布也氣勢磅礡的從地形的高處流至湖中，從湖泊中能看見因為反射而出現的地形與植物的倒影。

　　當我們開啟範例所提供的檔案，可以看見場景上只有單調的地形與植物，所以為了使場景更加豐富生動，這個範例我們會利用到 Unity 內建的水資源包，我們會先將資源包匯入範例的專案中，在將水的效果添加至地形裡，並調整水效果的大小與一些細部的參數，接著利用 Unity 的粒子系統在場景中製作出一些動態的特效，例如：瀑布與雪花等。

學習重點

本範例主要的學習重點
重點一、在場景中利用水資源包建立水特效
重點二、在場景中建立動態粒子特效

重點一　在場景中利用水資源包建立水特效

　　水效果在遊戲中十分頻繁的使用，包括河流、湖泊、池塘等，都是利用在 Unity 中內建的水效果資源包所創造出來的，當我們將資源包匯入專案後，我們就能將水效果添加至場景中，使場景更加真實與豐富。在 Unity 中有提供的 Water(Basic) 與 Water(Pro Only) 兩種資源包，兩者的差別在於 Water(Pro Only) 能反射或折射週遭的場景，而 Water(Basic) 則不能，不過相對於 Water(Basic)，Water(Pro Only) 對系統資源佔用較多。

　　簡單來說，我們可以想像，如果在場景中添加 Water(Pro Only) 水效果，也就是在場景中添加一塊平面的鏡子，而這塊平面鏡子分為正反兩面，正面像鏡子一樣，對遊戲場景中的天空盒與遊戲對象等進行反射或折射運算並且產生水波蕩漾的水波效果，而反面是沒有反射景物的效果。在此，我們也能調整產生水效果的尺寸大小，並可以同時在場景中放置多個水的區域，不同的水區域會因為位置高低與旋轉角度的不同設置反射出不同的倒影。我們在場景中設置兩個水效果，如下圖所示：

　　我們除了能調整水效果的尺寸大小、數量多寡、位置高低與旋轉角度外，在 Unity 的水效果中，水區域的形狀還可以有多樣的變化。當我們建立好一個有高地起伏的地形，若是想在一個低窪、形狀不規則的地形中添加水的效果，可以利用一個圓形平面的水區域，將水區域擺放至地形中，讓較高的地形掩蓋過多餘的水區域，使水區域能配合不同的地形建造而成，如下圖所示：

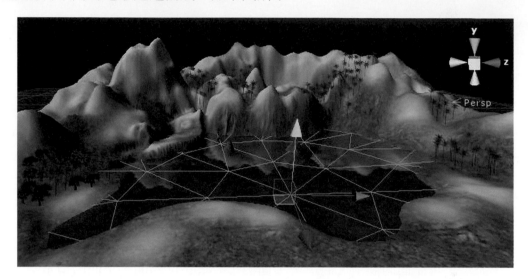

　　或者當我們匯入一個涼亭的模型，我們可以利用圓柱體形狀的水區域，將水區域擺放至涼亭中，製作出反射涼亭內部建築的效果，如下圖所示：

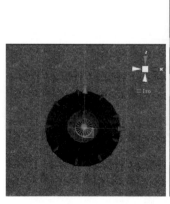 

當我們啓動 Unity 應用程式後，依次在系統選單選擇 Asserts 中 Import Package 的 Water(Basic) 和 Water(Pro Only) 資源包，可將 Water(Basic) 和 Water(Pro Only) 資源包內的所有資源匯入，如下圖所示：

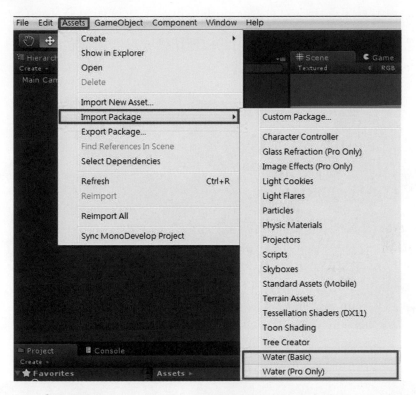

以 Water(Pro Only) 高級的水效果爲例，當資源包被匯入後，資源包中包含了 2 個水的效果，分別是 Daylight Water(白天水效果) 與 Nighttime Water(夜晚水效果)，如下圖所示：

　　Daylight Water(白天水效果) 與 Nighttime Water(夜晚水效果) 分別用於模擬日間的水效果與夜間的水效果，這兩種水效果大部分的參數設置是相同的，只是設定的反射參數不同，由於 Water(Pro Only) 能對遊戲場景中的天空盒與遊戲對象進行反射或折射運算，所以兩種水實際效果並沒有明顯差異，主要是與場景的環境有關，爲了顯示效果，我們可將場景中的天空盒相對的紋理切換成日間與夜晚的效果，並對場景中的光源強度進行調整，如下圖所示：

▲ 日間的水效果

▲ 夜間的水效果

接著我們以 Daylight Water(白天水效果) 為例來說明水效果的細部選項設定，我們點選 Water(Pro Only) 資料夾中的 Daylight Water(白天水效果)，利用滑鼠左鍵將 Daylight Water(白天水效果) 拖曳至場景中，可以看見場景中出現了一塊圓形的平面，如下圖所示：

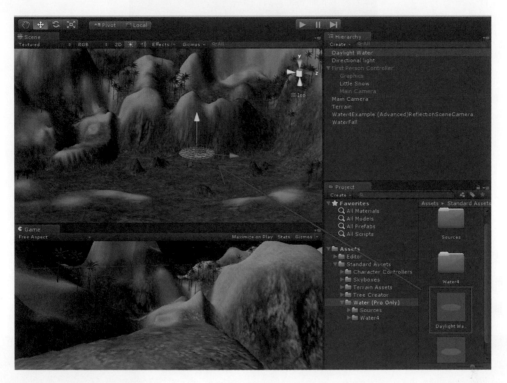

當我們將水效果拖曳至場景上後，可以在右邊的 Inspector 面板中看見 Daylight Water(白天水效果) 的參數設置，包括 Transform、Water Plane Mesh(Mesh Filter)、Mesh Renderer 與 Water(Script) 等四個選項，如下圖所示：

關於第一個 Transform 的選項，我們能在這個選項中調整水效果的基本設置，包括 Position(位置)、Rotation(旋轉) 與 Scale(尺寸) 三個細部設定，如下圖所示：

我們能利用這個選項依照不同的地形在不同的位置添加不同大小形狀的水效果並可以利用旋轉的功能將水面旋轉，製作出不一樣的效果。在場景上添加一個水區域，並旋轉移動水區域位置，如下圖所示：

以下我們介紹在水效果的材質球中幾個比較重要的細部設定，Wave scale 代表波浪法線貼圖的比例，參數越小水波越大，如下圖所示：

▲ 參數大水波小

▲ 參數小水波大

Reflection distort 與 refraction distort 代表波浪法線貼圖扭曲的反射量與折射量，Reflection color 代表折射時水效果所呈現的色調。Normalmap 則代表法線貼圖，以兩張貼圖定義水波的形狀，每張法線貼圖以不同的方向、規模與速度滾動，第二張法線貼圖則為第一張的一半，而 Wave Speed(map1x,y;map2x,y) 則代表水效果水波的速度，map1 為第一張法線貼圖，map2 則為第二張法線貼圖，也就是說，map1 的 x,y 值與 map2 的 x,y 值反差越大，水波的速度越快。以下是我們把 map1 的 x,y 值設定為 100、50 與 map2 的 x,y 值設定為 -100、-50，將反差調大，水波速度加快的情形，如下圖所示：

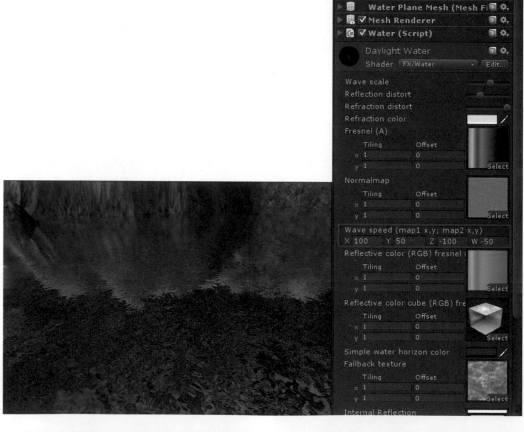

在這邊我們要注意的是，不管在場景上添加了幾塊水的區域，當我們變更材質球中的參數時，另一塊水區域的材質球參數也會跟著改變，這是因為水區域所使用的都是同一顆材質球，因此若是希望在場景中添加各種不同樣式的水區域，我們能自行創建新的水材質球，利用不同的材質球設定不同參數製作出不同的水區域。

關於第四個 Water(Script) 的選項，有一些細部的設定，包括 Script(語法)、Water Mode(水模式)、Disable Pixel Lights(禁用像素燈)、Texture Size(紋理大小)、Clip Plane Offset(剪裁平面偏移)、Reflect Layers(反射層級) 與 Refract Layers(折射層級)，如右圖所示：

在 Script 中可設定水效果的語法， Reflect Layers 與 refract Layers 則代表反射層級與折射層級，我們可以點選 Reflect Layers 或 refract Layers 右邊的三角形選擇水效果想要進行反射或折射的層級。而 Water Mode 代表水效果的模式，可以點選 Water Mode 右邊的三角型選擇水效果的模式，總共有三種模式，包括 Simple(一般)、Reflective(反射)、Refractive(折射)，若是在 Water Mode 中選擇 Simple(一般) 模式，水效果則無法進行反射運算與折射運算，這三種模式的差異，如下圖所示：

▲ Water Mode 為 Simple

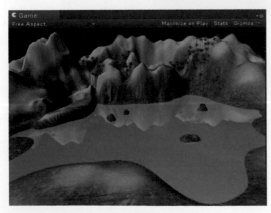

▲ Water Mode 為 Reflective

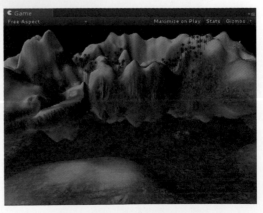

▲ Water Mode 為 Refractive

重點二　在場景中建立動態的效果

　　在遊戲中粒子特效的部分在視覺上佔了很重要的角色，用法也十分廣泛，例如：火把燃燒的火焰、掉落的雪花、一瀉千里的瀑布等等，這些都可以利用 Unity 的 Particle System(粒子系統) 所製作出來，Particle System(粒子系統) 的概念，其實簡單來說就是利用二維的圖片經由不斷重複的生成，進而在三維的空間中產生的動態效果。

　　Unity 的 Particle System(粒子系統) 是做為組件附加到遊戲對象上的，因此若是我們想要在場景中添加一個粒子系統，首先需要在場景中添加一個空物件，再將粒子系統添加到空物件上，因此啟動 Unity 應用程式，在系統選單選擇 GameObject 中的 Creat Empty 選項，點選後可以在場景上看見一個創建好的空物件，如下圖所示：

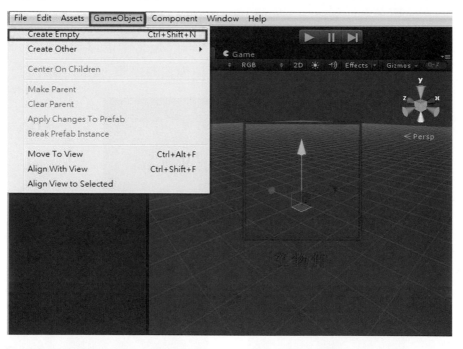

　　接著要為空物件添加上 Particle System(粒子系統)，由於 Unity 的 Particle System(粒子系統) 是由 Ellipsoed Particle(橢球粒子發射器)、Mesh Paticle Emitter(網格粒子發射器)、Particle Animator(粒子動畫器)、Particle Render(粒子渲染器) 與 World Particle Collider(粒子碰撞器) 五個獨立的粒子選項所組成，因此我們先點選新建的空物件，在系統選單選擇 Component 中 Effects 的 Legacy Particles 選項，分別點選五個粒子選項，將五個粒子選項都添加至空物件上，如下圖所示：

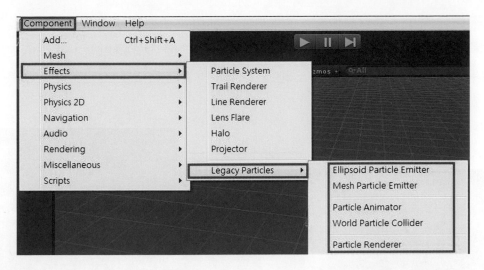

當添加完成後，可以在右邊的 Inspector 面板中看見可以調整的選項中，多出一個 Transform 的選項，因此總計有六項，分別是 Transform、Ellipsoed Particle(橢球粒子發射器)、Mesh Paticle Emitter(網格粒子發射器)、Particle Animator(粒子動畫器)、World Particle Collider(粒子碰撞器) 與 Particle Render(粒子渲染器)，如下圖所示：

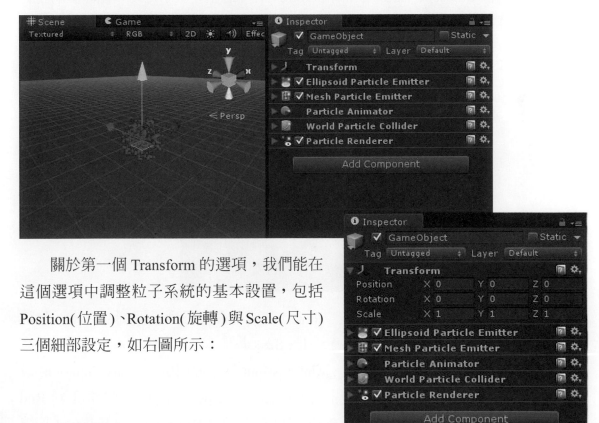

　　關於第一個 Transform 的選項，我們能在這個選項中調整粒子系統的基本設置，包括 Position(位置)、Rotation(旋轉) 與 Scale(尺寸) 三個細部設定，如右圖所示：

　　以下為我們在一個有高低起伏的地形上，利用粒子系統建立了一個瀑布的粒子效果，並利用 Transform 選項中的設定，調整瀑布的位置與旋轉角度，我們依地形設定粒子效果的位置 X 軸為 173.03、Y 軸為 37.466 與 Z 軸為 235.80，而粒子效果的旋轉角度 Y 軸為 69.371，如下圖所示：

　　關於第二個 Ellipsoed Particle(橢球粒子發射器) 選項，表示是以一個球體為發射範圍，在此球體的範圍內隨機處發射粒子，例如燃燒中的火焰，如下圖所示：

　　而在 Ellipsoed Particle(橢球粒子發射器) 選項中，有下列幾個細部設定，包括 Emit(粒子發射)、MinSize(最小尺寸)、Max Size(最大尺寸)、MinEnergy(最小生命週期)、Max Energy(最大生命週期)、MinEmission(最小發射數)、Max Emission(最大發射數)、WorldVelocity(世界座標速度)、Local Velocity(自身座標速度)、Rnd Velocity(隨機速度)、Emitter Velocity Scale(發射器速度比例)、Tangent Velocity(切線速度)、Angular Velocity(角速度)、Rnd Angular Velocity(隨機角速度)、

RndRotation(隨機旋轉)、Simulate In World Space(在世界座標空間中更新粒子運動)、One Shot(單次發射)、Ellipsoid(橢球) 與 Min Emtter Range(最小發射器範圍)，如下圖所示：

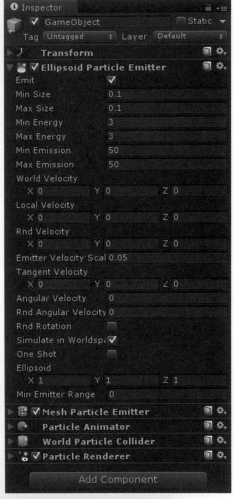

　　透過不同的設定會使粒子有不同的效果，以下我們介紹幾個比較重要的細部設定，Emit 代表是否要讓粒子進行發射，若勾選 Emit 代表此發射器將發射粒子，我們能在 Scene 中看見粒子發射，不勾選 Emit 則無法啟動此粒子發射器，也無法在 Scene 中看見粒子發射，如下圖所示：

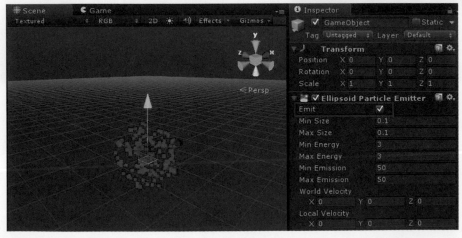

▲ 勾選 Emit

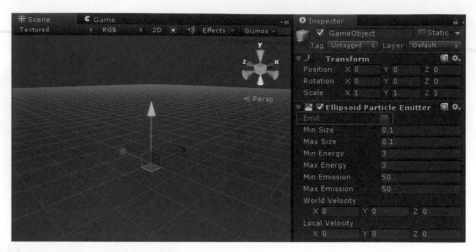

▲ 不勾選 Emit

　　Min Size 與 Max Size 代表當生成粒子時每個粒子的最小與最大尺寸，例如雪花就需要將粒子的尺寸設定為小一點，而 Min Energy 與 Max Energy 代表每個粒子的最小與最大生命週期，以秒為單位，將生命週期設定較長的粒子則可以模擬煙霧緩慢的在空氣中流動的樣子，Min Emission 與 Max Emission 則代表每秒生成粒子的最小與最大數目，以下為我們將粒子的尺寸大小與生命週期設定相同，而粒子生成的數量設定為 10 與 100 的差別，如下圖所示：

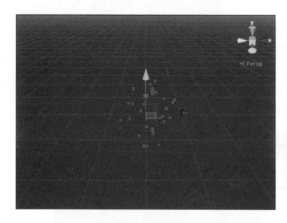

▲ 粒子數量為 10　　　　　　　　　　　　▲ 粒子數量為 100

　　World Velocity 代表粒子在世界座標中沿 X、Y、Z 方向的初始速度，Local Velocity 代表粒子以某個對象為參考基準，沿 X、Y、Z 三軸方向的初始速度，而 Rnd Velocity 則是代表粒子沿 X、Y、Z 方向的隨機速度，若我們將 World Velocity 世界座標中的 Y 軸設定為 2，則粒子則會以初速度為 2 沿著 Y 軸方向移動，如下圖所示：

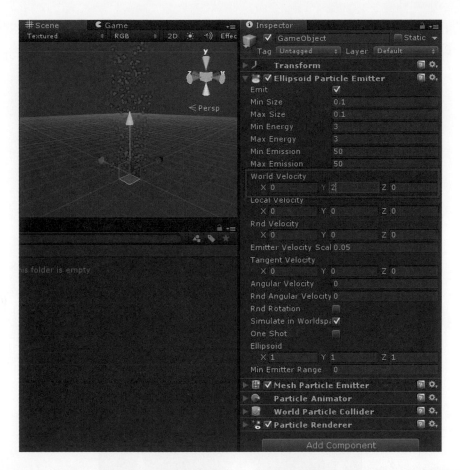

Rnd Rotation 代表粒子是否會隨機轉動，勾選 Rnd Rotation 粒子旋轉選項，粒子
將會以隨機的方向生成，而 Simulate in World Space 則代表啟動在世界座標中更新粒
子的選項，若勾選 Simulate in World Space，則發射器移動時粒子不會移動，反之，
若不勾選 Simulate in World Space，則發射器移動時，粒子會一直跟隨在周圍，如下
圖所示：

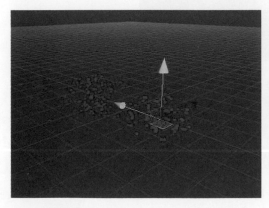

▲ 勾選 Simulate in World Space

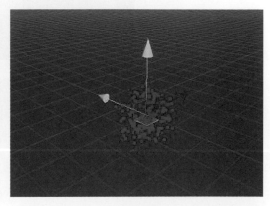

▲ 不勾選 Simulate in World Space

　　最後 Ellipsoid 代表橢圓發射器 X、Y、Z 軸的範圍，粒子會在此範圍內生成，以下我們將橢圓的大小分別設定，X 軸為 10、Y 軸為 2、Z 軸為 5，如下圖所示：

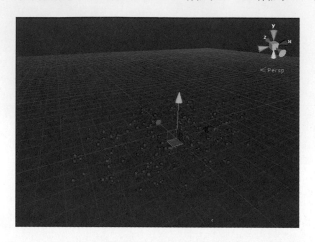

　　關於第三個 Mesh Paticle Emitter(網格粒子發射器) 選項，表示可以以不同形狀的網格為發射範圍，粒子從網格的表面開始發射粒子，例如燃燒的火球，如下圖所示：

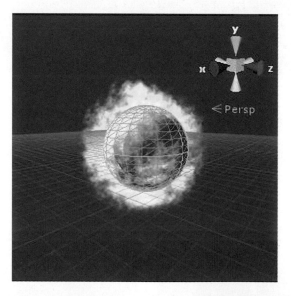

　　而在 Mesh Paticle Emitter(網格粒子發射器) 選項中，有下列幾個細部設定，包括 Emit(粒子發射)、MinSize(最小尺寸)、Max Size(最大尺寸)、MinEnergy(最小生命週期)、Max Energy(最大生命週期)、MinEmission(最小發射數)、Max Emission(最大發射數)、WorldVelocity(世界座標速度)、Local Velocity(自身座標速度)、Rnd Velocity(隨機速度)、Emitter Velocity Scale(發射器速度比例)、Tangent Velocity(切線速度)、Angular Velocity(角速度)、Rnd Angular Velocity(隨機角速度)、

RndRotation(隨機旋轉)、Simulate In World Space(在世界座標空間中更新粒子運動)、One Shot(單次發射)、Interpolate Triangles(差值三角形)、Systematic(系統性)、Min Normal Velocity(最小法線速度) 與 Max Normal Velocity(最大法線速度)，如下圖所示：

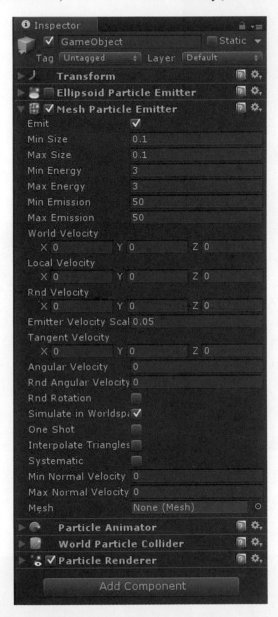

Mesh Paticle Emitter(網格粒子發射器) 與 Ellipsoed Particle(橢球粒子發射器) 大部分的參數設定大致相同，以下我們來介紹一些 Mesh Paticle Emitter(網格粒子發射器) 獨有的細部設定，我們可以利用 Mesh Paticle Emitter(網格粒子發射器) 選項中的 Mesh 細部設定來更改粒子效果網格的形狀，當點擊 Mesh 右側的圓圈，會彈出 Select Mesh 的視窗，在這個視窗中包括 Cube(立方體)、Capsule(膠囊體)、

Cylinder(圓柱體)、Plane(平面)、Sphere(球體)…等多種的網格形狀類型，如下圖所示：

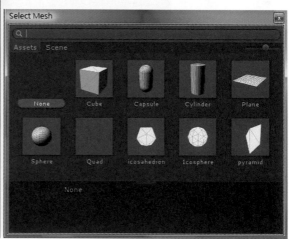

不同的網格粒子發射的初始型態就不同，可以利用這些不同的型態創造出不一樣的粒子效果，以下為我們將發射器設定為 Plane 平面模式，所製作出來的雪花效果，如下圖所示：

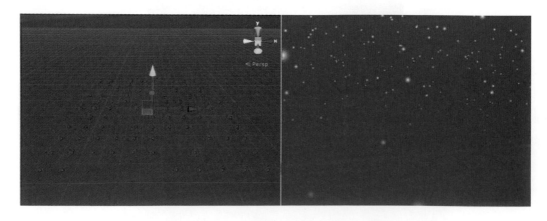

　　Interpolate Triangles 代表為插值三角形，若勾選 Interpolate Triangles 時代表粒子將會在網格的表面任何地方生成，反之，若不勾選 Interpolate Triangles，則粒子僅會在網格的頂點處生成，如下圖所示：

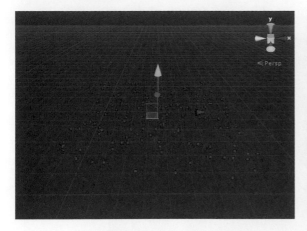

▲ 勾選 Interpolate Triangles　　　　　▲ 不勾選 Interpolate Triangles

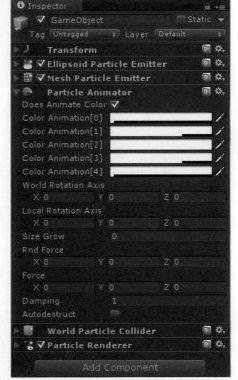

　　關於第四個 Particle Animator(粒子動畫器) 選項，表示可使粒子隨著時間而運動，也可以改變粒子顏色等，若沒有 Particle Animator(粒子動畫器) 則我們在 Scene 場景上看見的粒子則會是靜止不動的。而在 Particle Animator(粒子動畫器) 選項中，有下列幾個細部的設定，包括 Does Animate Color(使 用 顏 色 動 畫)、Color Animation(顏色動畫)、World Rotation Axis(世界坐標旋轉軸)、Local Rotation Axis(自身坐標旋轉軸)、Size Grow(尺寸增長)、Rnd Force(隨機外力)、Force(外 力)、Damping(阻 尼) 與 Autodestruct(自動銷毀)，如右圖所示：

　　以下我們介紹一些比較常用的細部設定，Does Animate Color 代表是否啟用 Color Animation，若勾選 Does Animate Color，則代表粒子在生命週期內會循環變換粒子自身的顏色，我們能在 Color Animation 中選擇粒子循環時的顏色動畫，可以設定五種顏色，以下為我們在 Color Animation 中設定五種顏色，例子顏色的變化情形，如下圖所示：

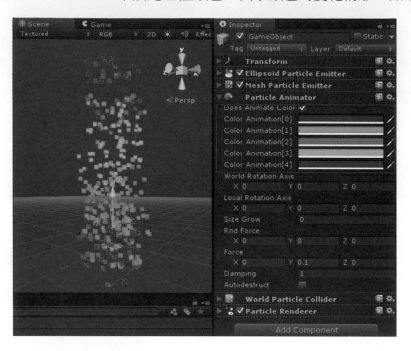

　　Damping 代表為阻尼值，當數值設定為 1 時代表沒有阻尼值，因此粒子的速度不會減慢也不會加速，阻尼值小於 1 時，粒子的速度則會減慢，反之，阻尼值大於 1 時，粒子速度則加快，Autodestruct 代表粒子是否會自動銷毀，而 Force 則代表粒子每一個 frame 都對世界座標中 X、Y、Z 方向施加一個外力，我們將 Force 的 Y 軸參數為負，粒子會向下掉落，反之，若 Force 的 Y 軸參數為正，粒子則會向上飄，如下圖所示：

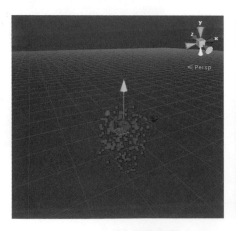
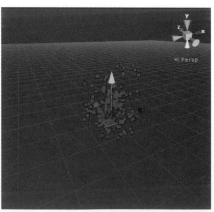

▲ Force Y 軸參數為負　　　　　▲ Force Y 軸參數為正

關於第五個 World Particle Collider(粒子碰撞器) 選項，表示可以設定粒子是否進行碰撞，與粒子碰撞時反彈的強度等。而在 World Particle Collider(粒子碰撞器) 選項中，有下列幾個細部的設定，包括 Bounce Factor(彈性系數)、Collision Energy Loss(碰撞活力損失)、Collides With(碰撞對象)、Send Collision Message(發送碰撞消息) 與 Min Kill Velocity(最小消滅速度)，如下圖所示：

以下我們介紹一些比較常用的細部設定，Bounce Factor 代表粒子的彈性係數，當粒子與場景進行碰撞時，會使粒子加速或減速，參數越大反彈越高，參數為 0 時，粒子則不反彈，而 Collides With 則代表與粒子碰撞的層級，我們可以點選 Collides With 右邊的三角形，選擇要碰撞的層級。以下為 Bounce Factor 設定為 3 時，粒子的反彈情形，如下圖所示：

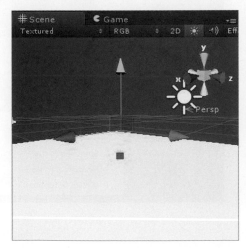
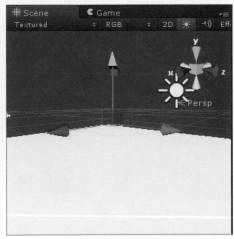

▲ 粒子掉落　　　　　　　　　▲ 粒子反彈

關於第六個 Particle Render(粒子渲染
器) 選項，表示可將粒子渲染出來，沒有
Particle Render(粒子渲染器) 就無法在 scene
場景上看見我們所製作的粒子效果。而在
Particle Render(粒子渲染器) 選項中，有下
列幾個細部的設定，包括 Cast Shadows(投
射陰影)、Receive Shadows(接收陰影)、
Materials(材質)、Use Light Probes(使用光
線探測)、Light Probes Anchor(光線探測錨
點)、Camera Velocity Scale(攝影機速度比
例)、Stretch Particles(粒子伸展)、Length
Scale(長度比例)、Velocity Scale(速度比
例)、Max Particle Size(最大粒子大小) 與
UV Animation(UV 動畫)，如右圖所示：

以下我們介紹一些比較常用的細部設
定，Cast Shadows 代表是否投射陰影，若
勾選 Cast Shadows 代表粒子可產生陰影，
而 Receive Shadows 則代表粒子是否接收陰
影，勾選 Receive Shadows 則代表粒子可接
收陰影，Materials 代表為材質，可將我們
利用圖片製作而成的材質球顯示在粒子身
上，而 Stretch Particles 則是可以選擇粒子
被渲染的方式，包括 Billboard、Stretched、
SortedBillboard、VerticalBillboard 與
HorizontalBillboard，如右圖所示：

　　Billboard 為布告板模式，粒子會面對著攝影機渲染，SortedBillboard 為排序布告板模式，粒子按深度排序，適合使用混合材質時使用，Stretched 為伸展布告板模式，粒子會面向正在運動的方向，HorizontalBillboard 為水平布告板模式，粒子會沿 XY 軸水平對齊，VerticalBillboard 為垂直布告板模式，粒子會沿 XZ 軸水平對齊，如下圖所示：

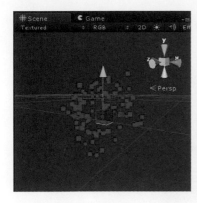
▲ Billboard

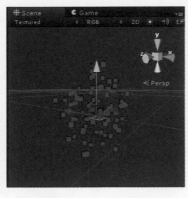
▲ SortedBillboard

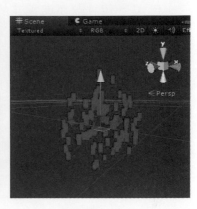
▲ Stretched

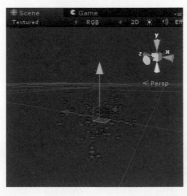
▲ Horizontal Billboard

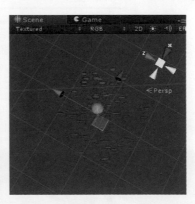
▲ Vertical Billboard

範例實作與詳細解說

本範例我們將藉由以下三個步驟來完成簡述如下：

一、專案的開啟

二、匯入水資源包並為場景添加水的效果

三、為場景建立瀑布與雪花的粒子效果

一、專案的開啟

開啟 Unity 應用程式，在系統選單選擇 File 中的 Open Project，將範例所提供的 Lesson04(practice) 練習檔打開，如下圖所示：

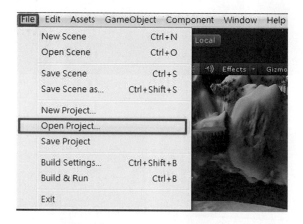

可以看見範例已經替讀者準備好了一個有著高低起伏的地形，如下圖所示：

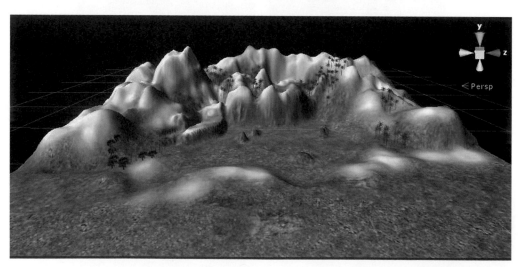

二、匯入水資源包並為場景添加水的效果

接著我們要替這個地型中的湖泊添加水的效果，在系統選單選擇 Assets 中 Import Package 裡的 Water(Pro Only)，將 Unity 內建的水資源包匯入，如下圖所示：

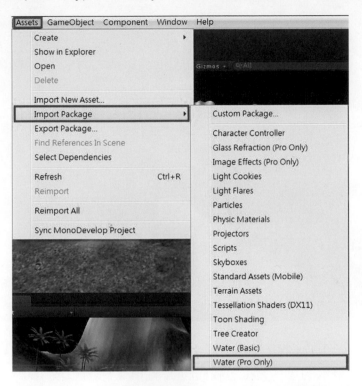

匯入水資源包後，可以發現範例的資料夾中多了一個 Water(Pro Only) 的資料夾，裡面包含了兩種不同的水效果，分別是 Daylight Simple Water(白天水效果) 與 Nighttime Simple Water(夜晚水效果)，如下圖所示：

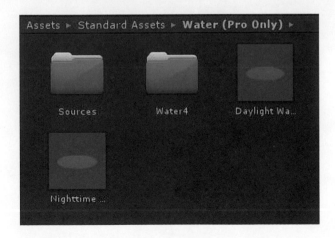

選擇 Daylight Simple Water(白天水效果)，將 Daylight Simple Water(白天水效果)
拉至場景上，如下圖所示：

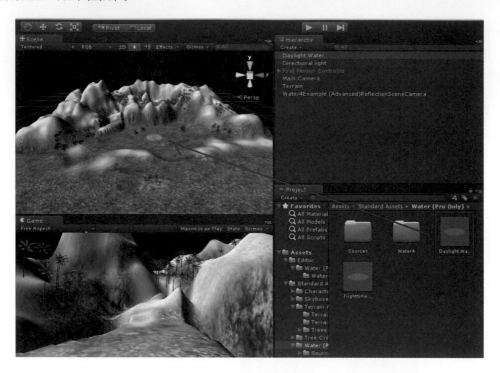

接下來我們要來調整水效果的尺寸，在右邊的 Inspector 面板中 Transform 選項底
下的 Scale 可以調整水的尺寸大小，我們將 X 軸與 Z 軸調整成 160，如下圖所示：

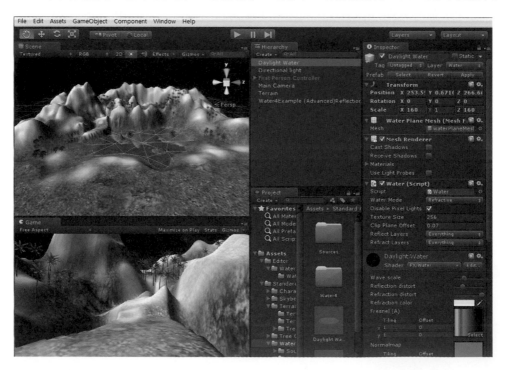

　　再利用左上方的移動工具，將水效果移動至湖泊中適當的位置，或是在右邊 Inspector 面板中 Transform 選項底下的 Position 調整水的位置，將 X 軸設定為 304、Y 軸設定為 7 與 Z 軸設定為 262，如下圖所示：

三、為場景建立瀑布與雪花的粒子效果

　　接著要開始為場景上添加一些動態的粒子效果，在本範例中我們會添加雪花以及瀑布兩種粒子特效，首先我們要先建立瀑布的粒子效果，在系統選單選擇 GameObject 中的 Creat Empty 選項，創建一個空物件，如下圖所示：

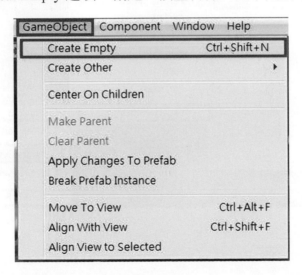

　　我們可以在右邊的 Inspector 面板上方為新創建的空物件命名為 WaterFall，如下圖所示：

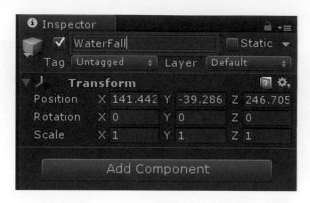

　　然後為 WaterFall 依次添加粒子組件，選擇新建立好的 WaterFall，在系統選單選擇 Component 中 Effects 底下的 Legacy Particles 選項，分別將 Legacy Particles 選項中的 Ellipsoed Particle(橢球粒子發射器)、Particle Animator(粒子動畫器)、Particle Render(粒子渲染器) 三個粒子組件都添加到空物件中，如下圖所示：

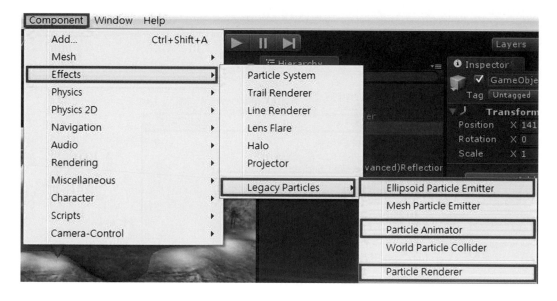

　　將三樣粒子組件都添加至 WaterFall 後，可以在場景上看見預設的粒子效果，如下圖所示：

　　而在右邊的 Inspector 面板中也可以看見我們所添加的三個粒子組件，可以在這裡分別調整粒子組件的參數，製作出想要的粒子效果，如下圖所示：

首先我們在系統選單選擇 Assets 中的 Import New Assets 將瀑布粒子特效所要使用的 foam 圖片匯入資料夾中,如下圖所示:

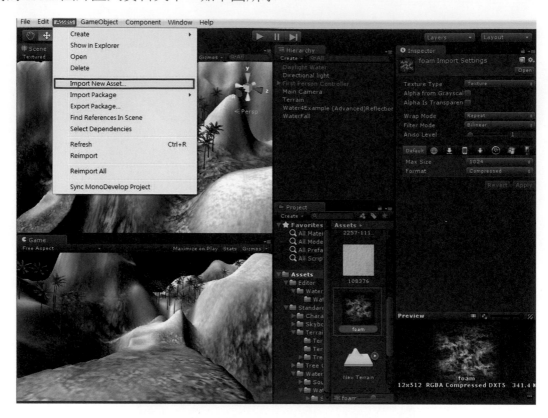

匯入圖片後,這張圖片還沒有辦法被使用,是因為我們必須先建立一顆材質球,再將這張圖片添加至材質球上才能被利用,因此先在系統選單選擇 Assets 中 Create 裡的 Material 選項,如下圖所示:

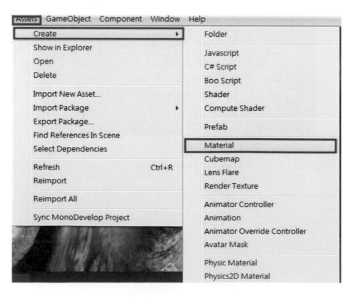

這時會看見資料夾中會多出了一個新的材質球，我們將材質球的名稱命名為 Water Splash，如下圖所示：

當建立好材質球後，點選右邊的 Inspector 面板中的 Select，選擇剛剛匯入的圖片 foam，如下圖所示：

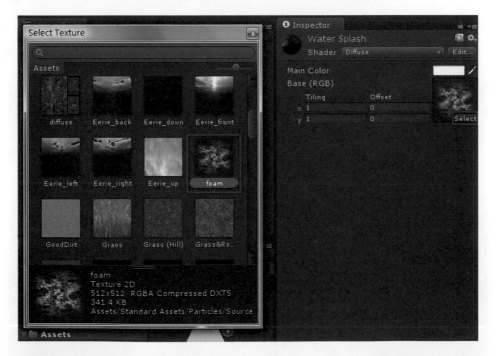

接著我們要選擇材質球貼圖的類型，可以看見現在材質球中圖片黑色的部分是有顏色的，並不是我們所希望的是透明的，因此點選 Shader 右邊的倒三角按鈕，選擇

Particle 中的 Alpha Blended 選項，這樣一來圖片黑色的部分才會變成是透明的，如下圖所示：

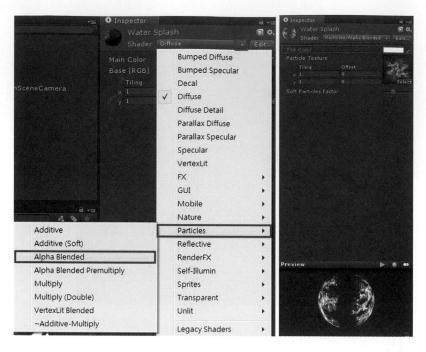

設定好材質球後，接著點選 WaterFall，展開右邊的 Inspector 面板中的 Particle Renderer(粒子渲染器) 選項，再展開底下的 Material 選項，點選 Element0 右邊的圓圈按鈕，選擇剛剛建立好的 Water Splash 材質球，如下圖所示：

　　接著我們要開始調整粒子效果的參數，展開右邊的 Inspector 面板中的 Ellipsoed Particle(橢球粒子發射器) 選項，首先要先在 Ellipsoid 調整球體的尺寸，將 X 軸設定為 4，Y 軸設定為 2，Z 軸設定為 1，如下圖所示：

　　接著再調整粒子的一些基本參數，將粒子的尺寸範圍設定為 5 至 9，再將粒子的生命週期範圍設定為 2 秒至 4 秒，最後再將粒子每秒發射的數量範圍設定為 400 至 600，如下圖所示：

因為我們希望粒子能沿著本身的 Z 軸來做移動，因此在 Local Velocity 將 Z 軸設定為 6，並勾選 Rnd Rotation 選項，讓粒子能隨機的轉動，最後將 Simulate in Worldspace 取消勾選，如下圖所示：

接著展開右邊的 Inspector 面板中的 Particle Animator(粒子動畫器)選項，因為我們希望瀑布的顏色能透明些，因此我們將 Color Animation 中的五種顏色的透明度都調整為 255，如下圖所示：

　　最後我們希望粒子能隨著重力而掉落，所以我們將 Force 選項中的 Y 軸設定為 -9.8，並將粒子的 Damping 選項設定為 0.8，Size Grow 設定為 0.25，如下圖所示：

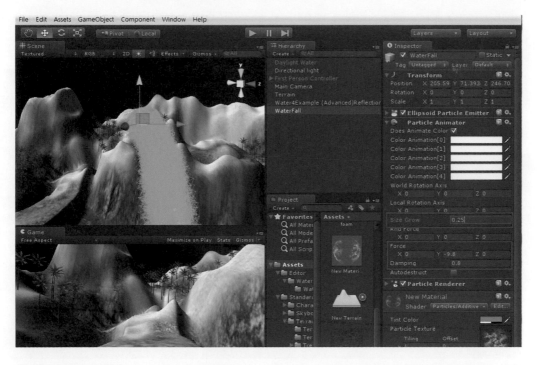

　　最後展開右邊的 Inspector 面板中的 Particle Render(粒子渲染器) 選項，將 Max Particle Size 設定為 1，如下圖所示：

　　將瀑布的參數都設定完成後，在利用左上方的移動工具與選轉工具，將瀑布移動至場景上適當的位置，或是在右邊 Inspector 面板中 Transform 選項底下的 Position 調整瀑布的位置，將 X 軸設定為 173.04、Y 軸設定為 37.467 與 Z 軸設定為 235.805，並且在 Rotation 選項中將 Y 軸設定為 69.372，如下圖所示：

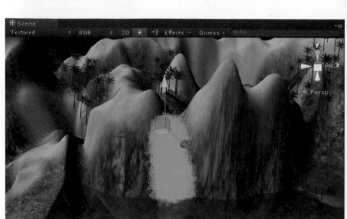

　　接著我們就要來開始製作雪花的粒子特效，一樣在系統選單選擇 GameObject 中的 Creat Empty 選項，創建一個空物件，如下圖所示：

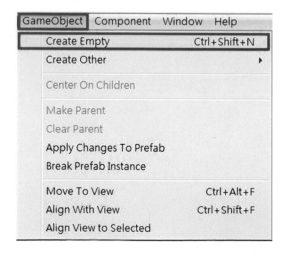

我們可以在右邊的 Inspector 面板上方為新創建的空物件命名為 Little Snow，如下圖所示：

然後為 Little Snow 依次添加粒子組件，選擇新建立好的 little snow，在系統選單選擇 Component 中 Effects 底下的 Legacy Particles 選項，分別將 Legacy Particles 選項中的 Ellipsoed Particle(橢球粒子發射器)、Particle Animator(粒子動畫器)、Particle Render(粒子渲染器) 與 World Particle Collider(粒子碰撞器) 四個粒子組件都添加到空物件中，如下圖所示：

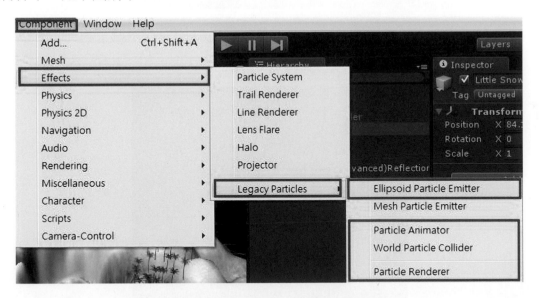

將四樣粒子組件都添加至 Little Snow 後，可以在場景上看見預設的粒子效果，如下圖所示：

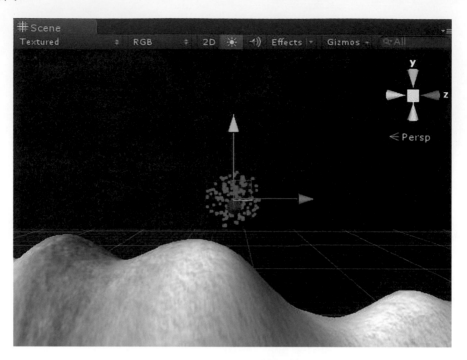

而在右邊的 Inspector 面板中也可以看見我們所添加的四個粒子組件，可以在這裡分別調整粒子組件的參數，製作出我們想要的粒子效果，如下圖所示：

　　首先我們先在系統選單選擇 Assets 中的 Import New Assets 將雪花粒子特效所要使用的 Snowflake 圖片匯入資料夾中，如下圖所示：

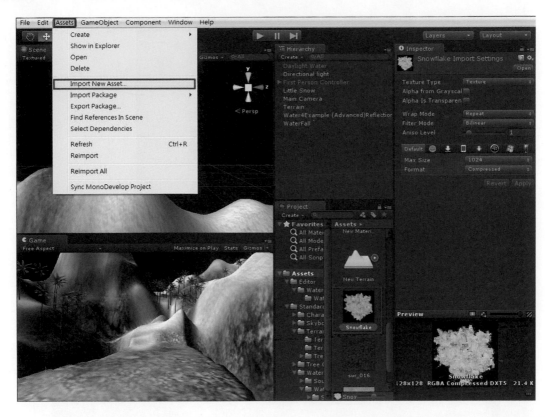

　　匯入圖片後，這張圖片還沒有辦法被使用，是因為我們必須先建立一顆材質球，再將這張圖片添加至材質球上才能被利用，因此先在系統選單選擇 Assets 中 Create 裡的 Material 選項，如下圖所示：

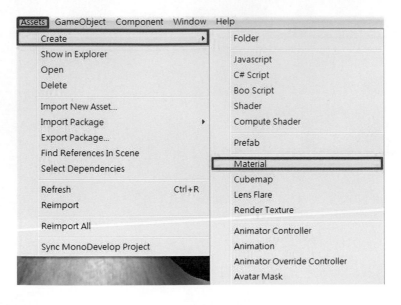

　　這時會看見資料夾中會多出了一個新的材質球，我們將材質球的名稱命名為 Snowflake，如下圖所示：

　　當建立好材質球後，我們點選右邊的 Inspector 面板中的 Select，選擇剛剛匯入的圖片 Snowflake，如下圖所示：

　　接著我們要選擇材質球貼圖的類型，可以看見現在材質球中圖片黑色的部分是有顏色的，並不是我們所希望的是透明的，因此點選 Shader 右邊的倒三角按鈕，選擇

Particle 中的 Additive(soft) 選項，這樣一來圖片黑色的部分才會變成是透明的，如下圖所示：

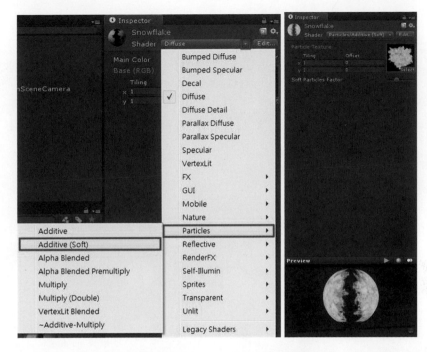

設定好材質球後，點選 Little Snow，展開右邊的 Inspector 面板中的 Particle Renderer(粒子渲染器) 選項，再展開底下的 Material 選項，點選 Element0 右邊的圓圈按鈕，選擇剛剛建立好的 Snowflake 材質球，如下圖所示：

接著我們要開始調整粒子效果的參數，展開右邊的 Inspector 面板中的 Ellipsoed Particle Emitter(橢球粒子發射器) 選項，首先要先在 Ellipsoid 調整球體的尺寸，將 X 軸設定為 10，Y 軸設定為 1，Z 軸設定為 10，如下圖所示：

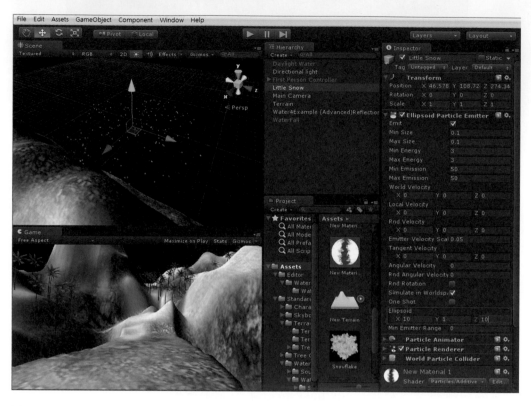

接著再調整粒子的一些基本參數，將粒子的 Size 尺寸範圍設定為 0.05 至 0.15，再將粒子的 Energy 生命週期範圍設定為 5 秒至 10 秒，最後再將 Emission 粒子每秒發射的數量範圍設定為 50 至 100，如下圖所示：

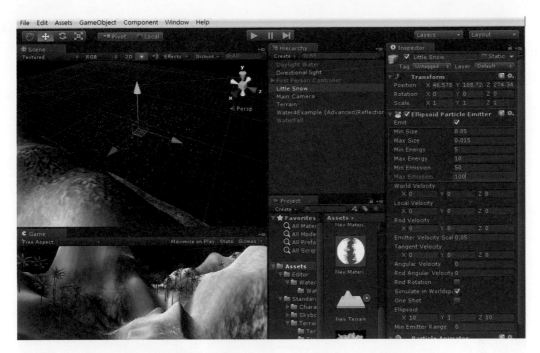

因為我們希望粒子能隨機沿著某個方向來做移動，因此在 Rnd Velocity 選項將 X 軸設定為 2，Y 軸設定為 0.3，Z 軸設定為 2，並將 Angular Velocity 選項設定為 90，而 Rnd Angular Velocity 選項設定為 1，最後勾選 Rnd Rotation 選項，讓粒子能隨機的轉動，如下圖所示：

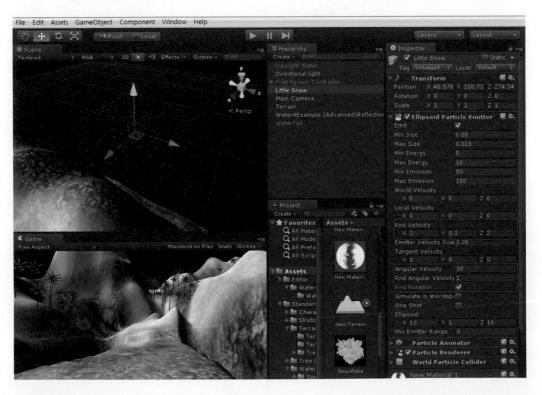

接著展開右邊的 Inspector 面板中的 Particle Animator(粒子動畫器) 選項，因為我們希望雪花的顏色能透明些，因此我們將 Color Animation 中的五種顏色的透明度都調整為 255，如下圖所示：

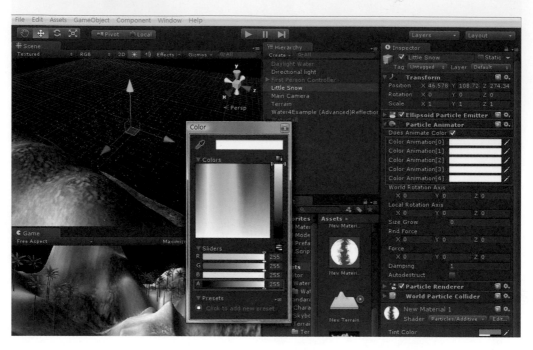

最後我們希望雪花粒子能隨著重力而慢慢掉落，所以我們將 Rnd Force 選項中的 X 軸與 Z 軸設定為 1，並將 Force 選項中的 Y 軸設定為 -0.5，如下圖所示：

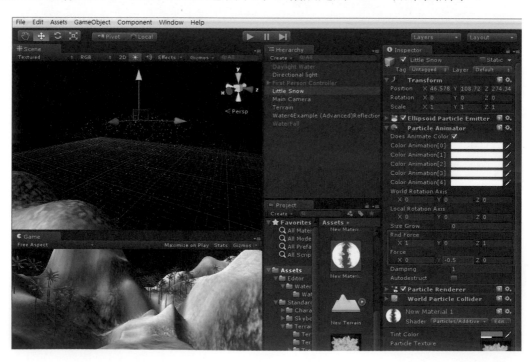

　　將雪花的參數都設定完成後，可以發現目前雪花只涵蓋了場景的一小部分，若是要將雪花覆蓋整個場景，我們需要耗費十分多的資源，因此在這邊利用了一個小方法，在左邊的 Hierarchy 面板中按住滑鼠左鍵將 Little Snow 雪花的粒子特效拉至 First Person Controller 第一人稱控制器上，將雪花當做第一人稱控制器的子物件，在利用左上方的移動工具，將雪花移動至場景上第一人稱控制器上方的位置，並利用右邊 Inspector 面板中 Transform 選項底下的 Position 調整第一人稱控制器的位置，將 Y 軸設定為 18，如下圖所示：

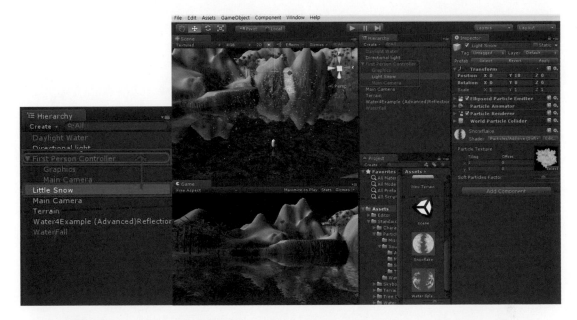

　　本範例即完成，如下圖所示：

第 05 講
遊戲模型的匯入與場景打光

作品簡介

　　本範例主要是介紹如何將在 3ds Max 所完成的模型匯出，使其能夠提供給 Unity 的專案使用，利用此模型建立的遊戲場景，接著如何在此遊戲場景分別來建立區域燈光的效果，使遊戲的場景有變化。

　　首先我們會將靜態的迷宮模型從 3ds Max 匯出，並直接將匯出的檔案存放在 Unity 的專案中，接著再匯出帶有動畫的怪獸模型，再來我們會在 Unity 的場景中放入迷宮模型以及怪獸模型。在迷宮模型中會先在場景中放置一盞平行光源照亮整個迷宮場景，為了讓每層的迷宮有光影的變化，在每一層迷宮的轉角處會放上不同顏色的點光源，使其經過時有不同顏色的視覺效果，其中，我們還會使用兩盞聚光燈，一個照在第二層的怪獸模型上，以凸顯出怪獸角色，另一個則照在箱子上以顯示遊戲的另一個目的安排，在最下層的部分，我們會放入水流動的效果，而在天空的部分我們會放上一個夜晚的天空，當我們將視角往上移動，會看到滿天星光的效果，最後，會加上第一人稱控制器，使我們能夠在整個場景中自由地移動。

學習重點

本範例主要的學習重點

重點一：外部模型匯入 Unity- 以 3ds Max 為例。

重點二：替遊戲場景加上燈光效果。

重點一　　外部模型匯入 Unity- 以 3ds Max 為例

　　在這部份我們將介紹如何將 3ds Max 中所完成的模型輸出到 Unity 中，而模型分為靜態模型及動態模型，靜態模型須將所有的物件合併為同一個物件再匯出，匯出時則要記得勾選 Embed Media，動態模型在匯出時則要注意要記得勾選 Animation。

　　當我們將模型匯到 Unity 時，會自動將模型縮放 0.01，因此建議在 3ds Max 中製作模型時，將單位設定為公分。要如何設定單位呢？首先在 3ds Max 中開啟我們所完成的迷宮模型，在上方的工具列中會看到 Customize(設定)，點擊 Customize(設定)，找到底下的 Units Setup(單位設定)，如下圖所示：

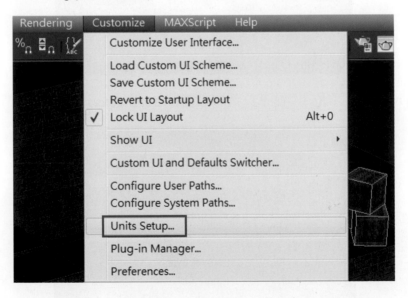

點擊 Units Setup(單位設定) 後會彈出名為 Units Setup(單位設定) 的視窗，如下圖所示，我們可以在此視窗設定模型的單位，一般而言，3ds Max 中預設的單位為 Inches(英吋)。

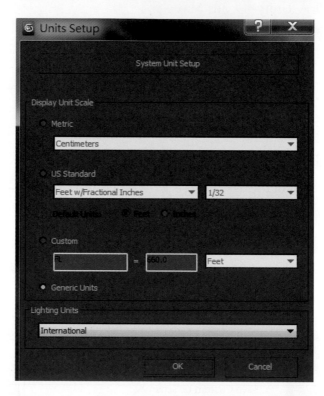

點擊 Metric(測量單位)，在下拉選單中選擇 Centimeters(公分)，如下圖所示：

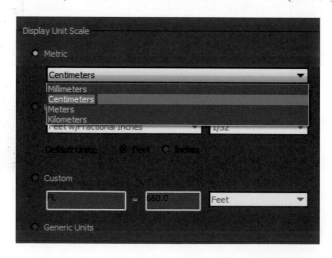

接著，點擊最上方的 System Unit Setup(系統單位設定) 按鈕，會彈出一個名為 System Unit Setup(系統單位設定) 的視窗，在右方的下拉選單中選擇 Centimeters(公分)，並按下 OK，如下圖所示，如此一來，我們便完成了單位的設定。

在匯出模型之前，我們需要先將場景中的所有靜態物件附加在一起，使其成為同一個物件，而我們為大家準備的迷宮模型可選擇名為 maze 的物件，找到下方的 Attach(附加) 按鈕，點擊 Attach(附加) 按鈕旁邊的方形按鈕，如下圖所示：

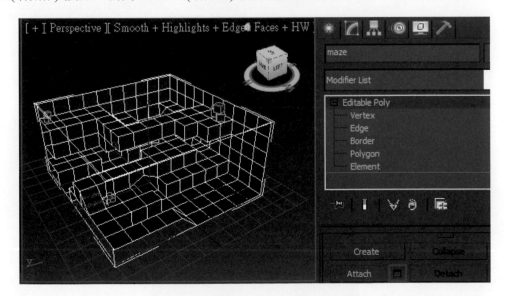

　　點擊 Attach(附加) 按鈕旁邊的方形按鈕後會彈出一個名為 Attach List(附加列表) 的視窗,選擇此視窗中所有的物件,按下右下方的 Attach(附加) 按鈕,如下圖所示,如此便可以將場景中的所有物件合併為同一個物件。

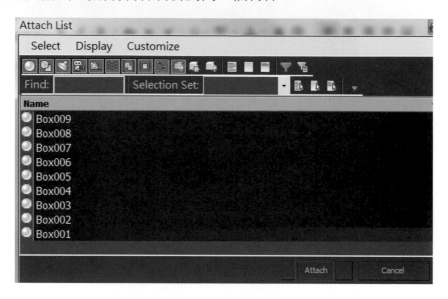

　　為了避免迷宮模型匯出之後會產生問題,我們要先對其迷宮模型做校正的動作,點擊 Utilities 面板,按下 Reset XForm 按鈕,按下此按鈕後,最下方會出現一個 Reset Selected 按鈕,點擊即可,如下圖所示:

　　點選 Hierarchy(階層) 面板，找到 Affect Pivot Only(僅影響軸)，按下此按鈕，加上移動工具，我們可以自行決定模型的中心點，如下圖所示：

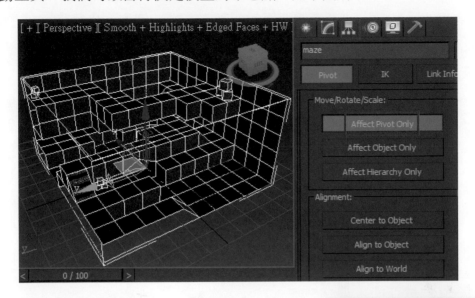

　　利用滑鼠將選單拖曳，在下方我們可以看見 Reset 底下有兩個按鈕，分別為 Transform 以及 Scale，按下此兩個按鈕，我們可以將模型的方向以及縮放都歸零，如下圖所示：

　　點擊左上方圖示，選擇底下的 Export(匯出)，將場景中的迷宮模型匯出，如下圖所示：

　　按下 Export(匯出) 會彈出一個名為 Select File to Export 的視窗，如下圖所示，在此視窗中我們需要選擇匯出檔案的存放路徑，我們可以直接將匯出的檔案存放在 Unity 的專案中，如此一來便不需要再重新匯入一次。例如：我們有一存在的 Unity 專案，此專案建立在 Lesson05 的資料夾中，所以找到名為 Lesson05 的資料夾，點擊此資料夾。

　　開啟名為 Lesson05 的資料夾後，會看到此資料夾中有三個子資料夾，此為 Unity 專案所建立的，分別為 Assets、Library 以及 ProjectSettings，我們要將匯出的模型存放在名為 Assets 資料夾中，點擊 Assets 資料夾，將匯出的檔案命名為 maze，而檔案的類型為 FBX 格式，最後在按下 Save 按鈕，如下圖所示：

按下 Save 按鈕後，3ds Max 還會彈出一個名為 FBX Export 的視窗，如下圖所示：

3ds Max 預設時 Animation 及 Light 的部分會是勾選的狀態，而由於我們場景中沒有燈光及動畫，因此要記得取消勾選，如下圖所示：

　　找到 Embed Media，勾選 Embed Media，若沒有選擇則我們模型上的材質就不會一起匯出，在 Axis Conversion 底下選擇 Y 軸，因為在 Unity 中的軸向為 Y 軸向上，最後按下 OK 即可，如下圖所示：

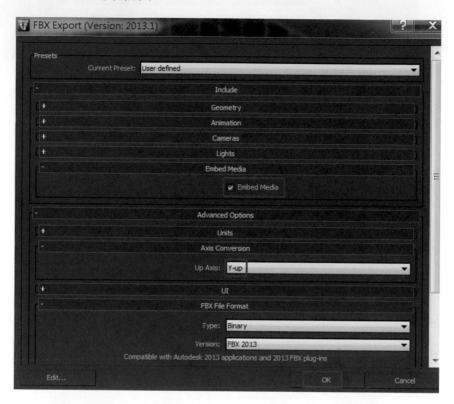

　　下圖為 3ds Max 與 Unity 座標軸的比較。

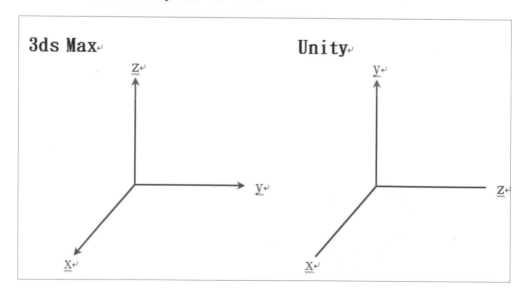

如此我們便將名爲 maze 的迷宮模型匯入至 Unity 的專案中了，如下圖所示：

　　介紹了靜態模型的匯出，若是模型是帶有動畫的又該如何匯出到 Unity 專案中呢？首先在 3ds Max 中開啓名爲 monster 的怪獸模型，按下底下的播放鍵，我們可以看到這個怪獸模型是一個帶有動畫的動態模型，如下圖所示：

　　接著我們要來將此動態模型匯出，與靜態模型匯出的方式相同，點擊左上方圖示，選擇底下的 Export(匯出)，預備將場景中的怪獸模型匯出，在 Select File to Export 的視窗中選擇匯出檔案的存放路徑，將匯出的模型存放在名爲 Lesson05 中的 Assets 資料夾，將匯出的檔案命名爲 monster，而檔案的類型爲 FBX 格式，最後在按下 Save 按鈕，由於此怪獸模型帶有動畫，因此在 FBX Export 的視窗中需要勾選

Animation，勾選 Animation 後會出現 Bake Animation 選項，此選項必須勾選，底下可輸入動畫的開始時間與結束時間，Embed Media 也需要勾選，如下圖所示：

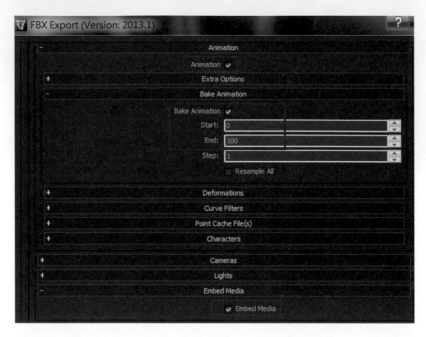

因為在 Unity 中的軸向為 Y 軸向上，所以在 Axis Conversion 底下選擇 Y 軸，最後按下 OK 即可。

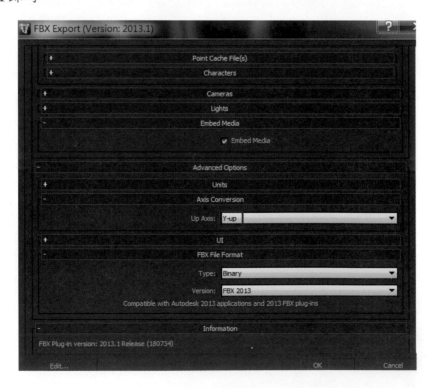

開啓名爲 Lesson05 的專案，可以看到我們已經將名爲 moster 的怪獸模型匯入至此專案中了。

接著我們將迷宮模型以及怪獸模型拖曳至場景中，並將座標設定在世界座標 (0，0，0) 的地方。

我們可以發現到比例有些問題，如下圖所示，我們可以將迷宮模型放大，或是將怪獸模型縮小。

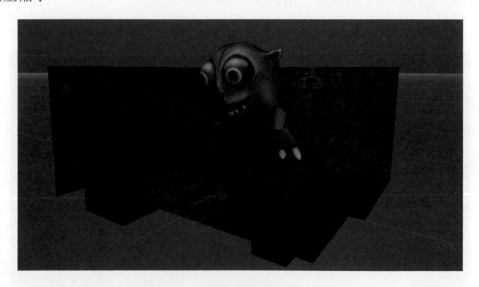

點擊 Project 視窗中名
為 maze 的迷宮模型，我
們可以進入到此模型的內
部進行編輯，如右圖所示：

點擊 Assets 底下名為 maze 的迷宮模
型後會出現 Inspector 面板，在 Scale Factor
的 部 分 輸 入 0.08， 並 勾 選 Generate
Colliders，將此模型設定為碰撞體，並按
下 Apply，如右圖所示：

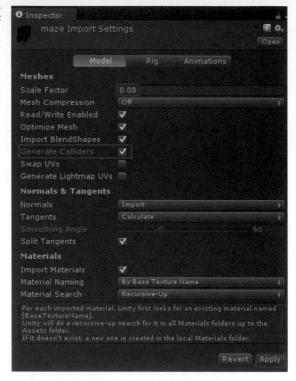

回到場景上我們可以看到，迷宮模型與怪獸模型的比例已經是對的了，如下
圖所示：

　　按下播放鍵後我們會發現怪獸模型是靜止不動的，並沒有播放其本身的動畫，如下圖所示：

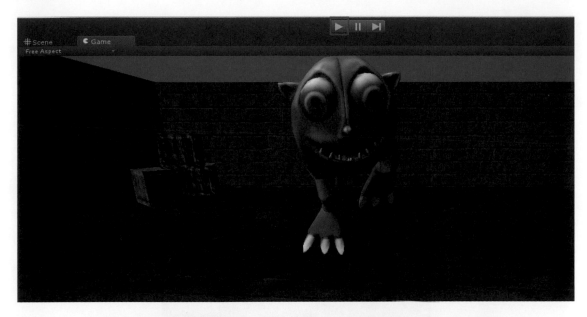

　　這時，我們必須進入到模型的內部進行修改，點擊 Assets 底下名為 monster 的怪獸模型。

　　點擊模型後會出現 Inspector 面板，點選 Rig，在 Animation Type 的部分選擇 Legacy，並按下 Apply，如下圖所示：

點選 Animations，勾選 Animations 底下的 Add Loop Frame，並將 Wrap Modle 改為 Loop，使模型能夠重複撥放動畫，最後按下 Apply，如下圖所示：

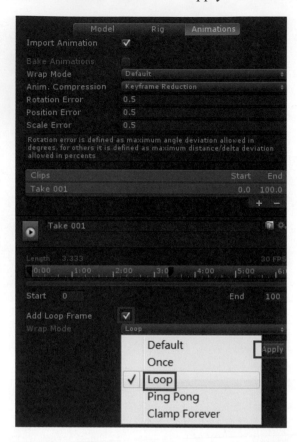

再次按下播放鍵後我們會發現怪獸模型已經有在播放動畫，如下圖所示：

如此動態模型的匯出便完成了。

重點二　替遊戲場景加上燈光效果

光源為場景中重要的一部分，網格模型和材質紋理決定場景的形狀和質感，光源則是決定了環境的明暗、色彩和氛圍，每個場景中可以使用一個以上的光源，合理地使用光源可以創造出完美的視覺效果。若場景中並無任何光源我們可以發現到場景上的模型會顯得非常暗淡，如下圖所示，因此，我們可以為此場景加上幾盞燈光，使其效果更加豐富。

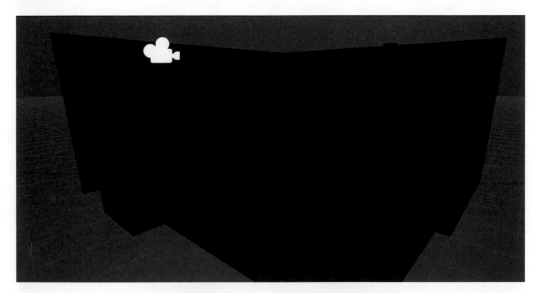

在系統選單選擇 GameObject 底下的 Create Other，在 Unity 中提供了四種光源的類型，包含 Directional Light、Point Light、Spotlight 以及 Area Light，如下圖所示：

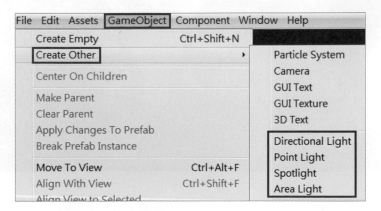

Directional Light 為方向光源，該類型的光源可以被放置在無窮遠的地方，它能夠影響場景中的所有物件，類似於自然界中日光的照明效果，如下圖所示，方向光源是最不耗費圖形處理器資源的光源類型。

Point Light 為點光源，它是一個位置向四面八方，影響其範圍內的所有物件，類似燈泡的照明效果，如下圖所示，點光源的陰影是較耗費圖形處理器資源的光源類型。

Spotlight 為聚光燈，該類型的燈光從一點發出，在一個方向按照一個錐形的範圍照射，處於錐形區域內的對象會受到光線照射，類似射燈的照明效果，如下圖所示，聚光燈是較耗費圖形處理器資源的光源類型。

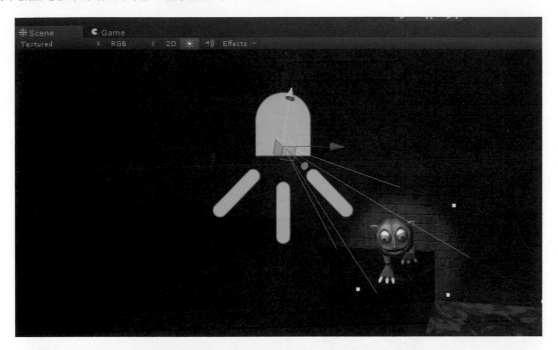

Area Light 為區域光，該類型光源無法應用於即時光照，僅適用於光照貼圖烘焙，如下圖所示，在往後的範例我們再詳加介紹。

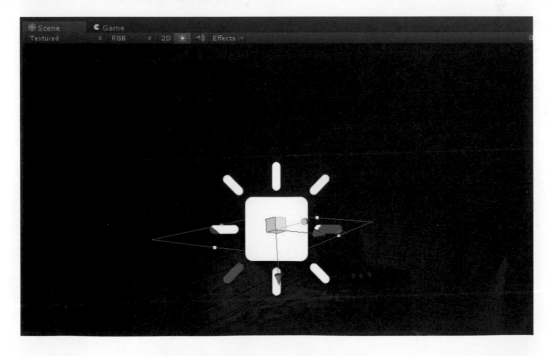

以上四種光源的參數基本上很相似，以點光源為例來介紹說明，進入 Inspector 面板，我們可以編輯燈光的參數設定，包含 Type、Range、Intensity、Cookie、Shadow Type、Draw Halo、Flare、Render Mode、Culling Mask、Lightmapping，如下圖所示：

其詳細解釋依序如下：

✦ Type 的部分可以選擇光源的類型。

✦ Range 用於控制光線從光源對象的中心發射的距離，只有點光源和聚光燈有此參數 Color 用來改變燈光的顏色。

✦ Intensity 用來改變光源的強度。

✦ Cookie 用來替光源指定擁有 Alpha 通道的紋理，使光線在不同地方有不同的亮度。

✦ Shadow Type 可以選擇陰影的類型，包含 No Shadows、Hard Shadows，以及 Soft Shadows。

✦ Draw Halo 為繪製光暈，勾選該選項，光源會開啟光暈效果。

✦ Flare 用來為光源指定鏡頭光暈的效果；Render Mode 用來指定光源的渲染模式，有三種選項可以選擇，包含 Auto、Important 以及 Not Important。

✦ Culling Mask 為剔除遮蔽圖，選中層所關聯的物件將受到光源照射的影響。

✦ Lightmapping 為光照貼圖，用來控制光源對光照貼圖影響的模式，包含 RealtimeOnly、Auto 以及 BakedOnly。

我們在場景上擺上不同的燈光，並設定不同的參數，如此便能夠替遊戲場景添加不同的燈光效果了，如下圖所示：

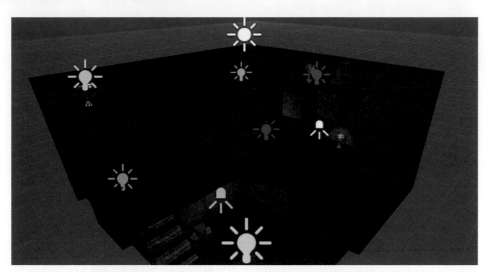

範例實作與詳細解說

本範例我們將藉由以下三個步驟來完成簡述如下：

步驟一　建立遊戲新專案。

步驟二　外部模型匯入。

步驟三　燈光、天空盒以及第一人稱控制器設定。

一、建立遊戲新專案

我們提供一個 Lesson05 的資料夾，資料夾中有四個子資料夾，分別為 maze、monster、Lesson05(practice) 以及 Lesson05(finish)，如下圖所示：在 maze 及 monster 的資料夾中，提供 3ds Max 可使用的 max 檔，以及可以直接讓 Unity 匯入的 fbx 檔，若是沒有 3ds Max 的讀者可以複製 Lesson05(practice) 的資料夾來練習，如此便不需要操作第一個步驟，而第二個步驟中 3ds Max 的部分也不需要操作。

　　開啟 Unity，在製作遊戲前我們需要建立一個專案來放置遊戲中所需要使用的資源，如模型、貼圖…等等。首先我們先來建立一個新專案，在系統選單選擇 File 的 New Project，如下圖所示：

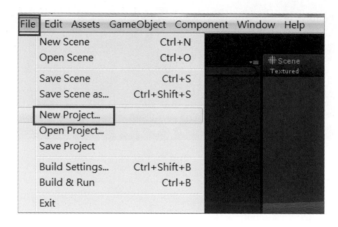

　　按下 New Project 後會彈出名為 Unity-Project Wizard 的視窗，首先點擊右方的 browse 按鈕來選擇資料夾。

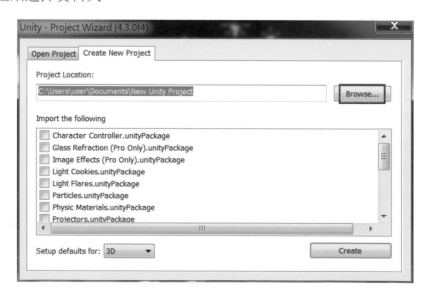

　　在桌面中創造一個新的資料夾，點擊右鍵，新增資料夾，將資料夾的名稱命名為 Lesson05，命名完成後按下下方的選擇資料夾，如下圖所示：

　　選擇 Lesson05 的資料夾後，最後再按下 Creat，如此我們便創造了一個名為 Lesson05 的專案了。

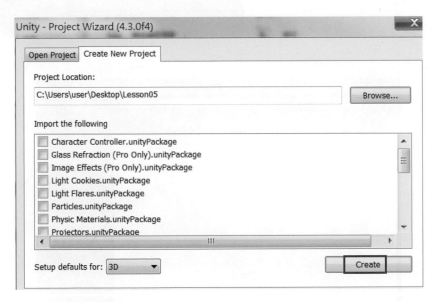

若是讀者要使用我們所提供的練習檔，可以把上方的視窗從 Create New Project 改為 Open Project，並按下 Open Other 找到我們所提供的名為 Lesson05(practice) 的資料夾。

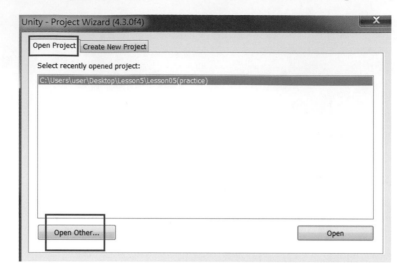

二、外部模型匯入

開啟 3ds Max，找到左上方的 Open File 按鈕，如右圖所示：

在 Open File 的視窗中找到名為 maze 的 max 檔，開啟迷宮模型，如下圖所示：

　　在 3ds Max 開啓迷宮模型，我們可以看到場景中有一些物件，我們需要將場景中所有物件合併爲同一物件，選擇名爲 maze 的物件，找到下方的 Attach(附加) 按鈕，點擊 Attach(附加) 按鈕旁邊的方形按鈕，如下圖所示：

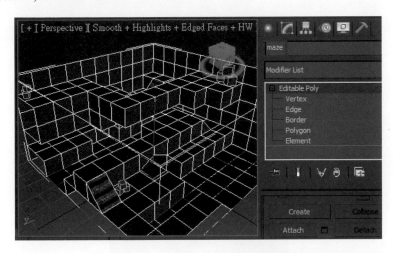

　　點擊 Attach(附加) 按鈕旁邊的方形按鈕後會彈出一個名爲 Attach List(附加列表) 的視窗，選擇此視窗中所有的物件，按下右下方的 Attach(附加) 按鈕，如右圖示，如此我們便可以將場景中的所有物件合併爲同一個物件。

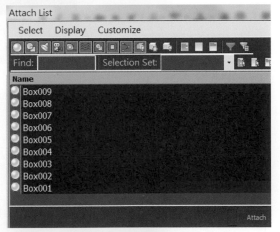

　　爲了防止模型匯出後會產生問題，我們須進行校正的動作，點擊 Utilities(工具) 面板，按下 Reset XForm(修復) 按鈕，按下此按鈕後，最下方會出現一個名爲 Reset Selected(修復選擇) 按鈕，點擊即可，如右圖所示：

接著設定模型的中心位置，點選 Hierarchy(階層) 面板，找到 Affect Pivot Only(僅影響軸)，按下此按鈕，加上移動工具，將中心點移動到 (0，0，0) 的地方，如下圖所示：

利用滑鼠將選單拖曳，找到 Transform(移動) 以及 Scale(縮放)，按下這兩個按鈕，將模型的方向以及縮放歸零。

點擊左上方圖示，選擇底下的 Export，將場景中的迷宮模型匯出。

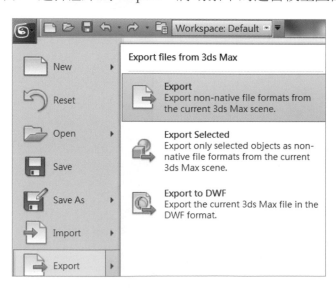

　　按下 Export 會彈出一個名為 Select File to Export 的視窗，如下圖所示，找到名為 Lesson05 的資料夾，點擊此資料夾，直接將檔案存放在 Unity 的專案中。

　　開啟名為 Lesson05 的資料夾後，將匯出的模型存放在名為 Assets 資料夾中，將匯出的檔案命名為 maze，而檔案的類型為 FBX 格式，最後在按下 Save 按鈕，如下圖所示：

按下 Save 按鈕後，會彈出一個名為 FBX Export 的視窗，勾選 Embed Media，在 Axis Conversion 底下選擇 Y 軸，最後按下 OK 即可。

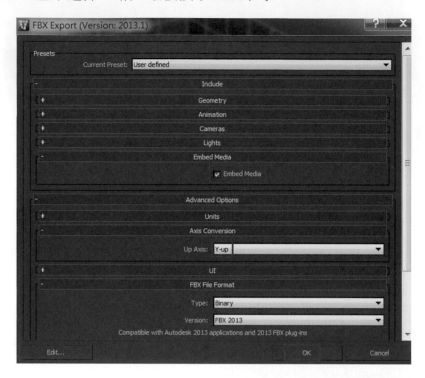

　　在 Unity 中開啟名為 Lesson05 的專案時會彈出名為 NormalMap settings 的視窗時，我們只需要按下下方的 Fix now 按鈕即可。

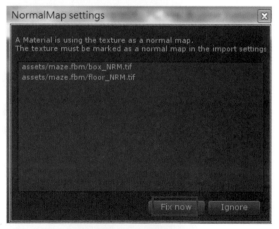

　　如此便可以在 Unity 中下方的 Assets 的面版裡看到名為 maze 的迷宮模型。

　　接著要再匯出另外一個動態模型，在 3ds Max 中開啓怪獸模型，點擊左上方圖示，選擇底下的 Export。

　　按下 Export 會彈出一個名為 Select File to Export 的視窗，如下圖所示，找到名為 Lesson05 的資料夾，點擊此資料夾。

開啟名為 Lesson05 的資料夾後，將匯出的模型存放在名為 Assets 資料夾中，點擊 Assets 資料夾，將匯出的檔案命名為 monster，而檔案的類型為 FBX 格式，最後在按下 Save 按鈕，如下圖所示：

按下 Save 按鈕後，會彈出一個名為 FBX Export 的視窗，由於此怪獸模型帶有動畫，因此需要勾選 Animation，Animation 底下的 Bake Animation 選項也必須勾選，底下可輸入動畫的開始時間與結束時間，Embed Media 也需要勾選，如下圖所示：

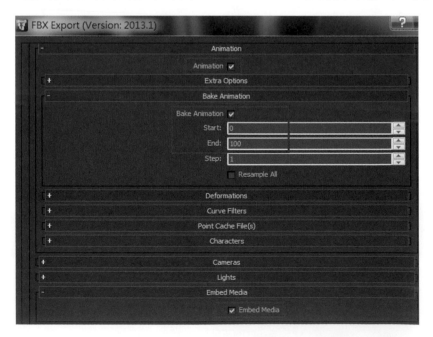

在 Axis Conversion 底下選擇 Y 軸，最後按下 OK 即可。

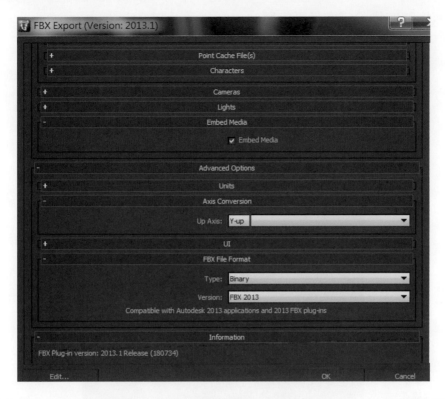

　　開啓名爲 Lesson05 的專案，可以看到我們已經將名爲 moster 的怪獸模型匯入至此專案中了，如下圖所示，若是複製我們所提供的 Lesson05(practice) 資料夾，則從以下步驟開始。

接著利用滑鼠將 Project 視窗中的迷宮模型以及怪獸模型拖曳至場景中，並在 Inspector 面板將座標設定在世界座標 (0，0，0) 的地方。

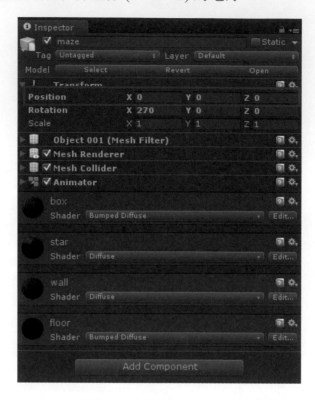

　　我們可以發現到比例有些問題，如下圖所示，可以將迷宮模型放大，或是將怪獸模型縮小。

我們將迷宮模型放大，點擊 Project 視窗中的 maze 的迷宮模型，我們可以進入到此模型的內部進行編輯，如下圖所示：

點擊 Project 視窗中的 maze 的迷宮模型後會出現 Inspector 面板，在 Scale Factor 的部分輸入 0.08，並按下 Apply，如下圖所示：

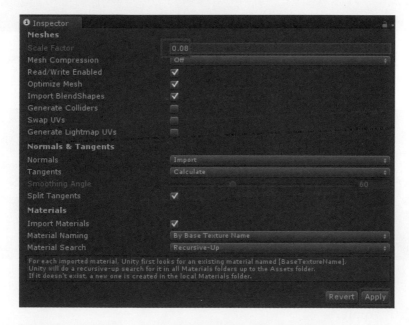

回到場景上我們可以看到，迷宮模型與怪獸模型的比例已經是沒問題了，利用移動工具將怪獸移動世界座標 (-3，3.23，-3) 的位置，並將 Rotation 的 y 軸改為 -90，如下圖所示：

按下播放鍵後我們會發現怪獸模型並沒有播放其動畫。

　　這時我們同樣必須進入到怪獸模型的內部進行修改，點擊 Assets 底下名為 monster 的怪獸模型，如下圖所示：

　　點擊模型後會出現 Inspector 面板，點選 Rig，在 Animation Type 的部分選擇 Legacy，並按下 Apply。

點選 Animations，勾選 Animations 底下的 Add Loop Frame，並將 Wrap Modle 改為 Loop，最後按下 Apply，如下圖所示：

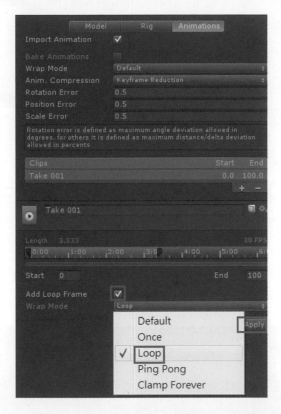

再次按下播放鍵後，我們會發現怪獸模型已經有在播放其動畫，如下圖所示，並且利用複製的方式，按下快捷鍵 Ctrl+D，我們可以複製出三隻怪獸模型，分別放置在 (0，3.23，3)、(1.3，0.83，3.5) 以及 (3.5，0.83，-3) 的位置，並更改 Rotation 中的 y 軸部分，旋轉怪獸模型的方向，依序為 0、0、180。

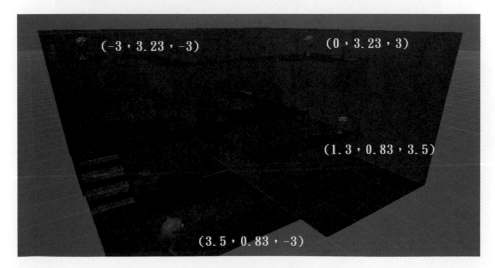

三、燈光、天空盒以及第一人稱控制器設定

若場景中並無任何光源我們可以發現到場景上的模型會顯得非常暗淡，所以我們先在場景中加上一盞平行光源，在系統選單選擇 GameObject 的 Create Other，尋找 Directional Light 選項，如下圖所示：

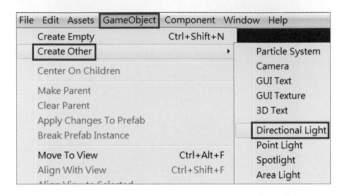

將平行光源放置到 (0，5，0) 的位置，加上平行光源後可以看到遊戲場景的亮度提高了。

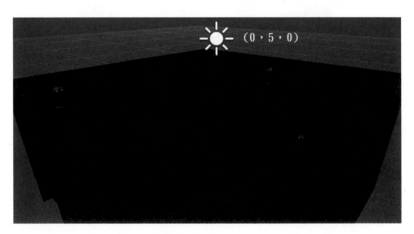

接著我們在場景中創造一些點光源，在系統選單選擇 GameObject 的 Create Other，尋找 Point Light 選項。

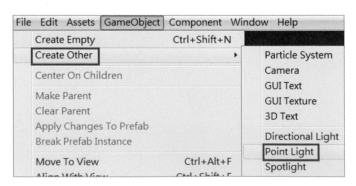

　　如此便能夠在遊戲場景中創造一個點光源，我們可以利用移動工具將燈光放置到我們所想要的位置上，遊戲場景中，放入了六盞點光源，分別在 (-3，4，-3)、(-3.5，3，3)、(0.3，3.5，3)、(-2.5，1，-3)、(-0.2，2，1) 以及 (3，2，-3) 這六個位置。

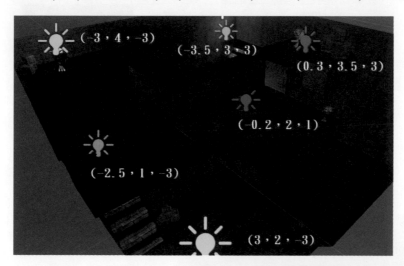

　　進入 Inspector 視窗，可以編輯燈光的設定，如右圖示，我們可以將 (-3，4，-3)、(-3.5，3，3) 以及 (3，2，-3) 的點光源 Range 設定為 3，Intensity 設定為 2；Color 分別設定為淡綠色、綠色以及黃色；(0.3，3.5，3) 的點光源 Range 設定為 1.5，Color 設定為紫色，Intensity 設定為 6；(-2.5，1，-3) 的點光源 Range 設定為 5，Color 設定為橘色，Intensity 設定為 0.5；(-0.2，2，1) 的點光源 Range 設定為 3，Color 設定為藍色，Intensity 設定為 5。

再來，我們試著在場景中創造聚光燈，在系統選單選擇 GameObject 底下的 Create Other，尋找 Spotlight 選項，如下圖所示：

File	Edit	Assets	GameObject	Component	Window	Help

Create Empty　　　　　　　Ctrl+Shift+N

Create Other ▸　　　Particle System
　　　　　　　　　　　　Camera
Center On Children　　　　GUI Text
Make Parent　　　　　　　GUI Texture
Clear Parent　　　　　　　3D Text
Apply Changes To Prefab
Break Prefab Instance　　　Directional Light
　　　　　　　　　　　　Point Light
Move To View　　Ctrl+Alt+F　Spotlight
Align With View　Ctrl+Shift+F　Area Light
Align View to Selected　　　Cube

在遊戲場景中，我們放入兩盞聚光燈，在做設定時，可以先關閉其他燈光效果，其中 Inspector 視窗的設定有兩種，第一種 Position 為 (1，1.5，-2)，Rotation(30，160，0)，Range 為 5，Color 為淡藍色，Intensity 設定為 1；第二種 Position 為 (1，2，2.3)，Rotation(35，0，0)，Range 為，Color 為白色，Intensity 設定為 2，如此我們便能得到如下圖示的效果。

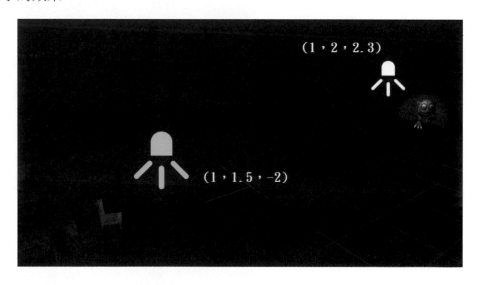

將所有燈光擺入後會得到的結果如下圖所示：

　　接著我們再替這一個遊戲場景加上一個水流動的特效，在系統選單選擇 Asset 的 Import Package，尋找 Water(Pro Only) 選項，將這個資料包匯入到此專案中，如下圖所示：

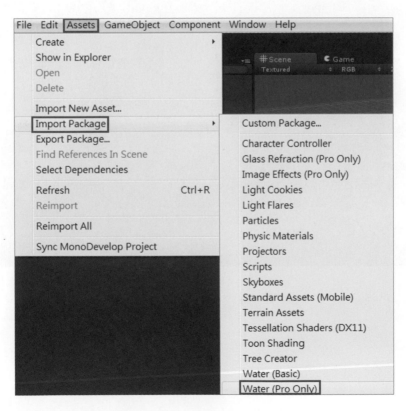

匯入資料包後，點擊 Standard Assets 中的 Water(Pro Only)，將 Water(Pro Only) 中的 Daylight Water 拖曳至場景中，如下圖所示：

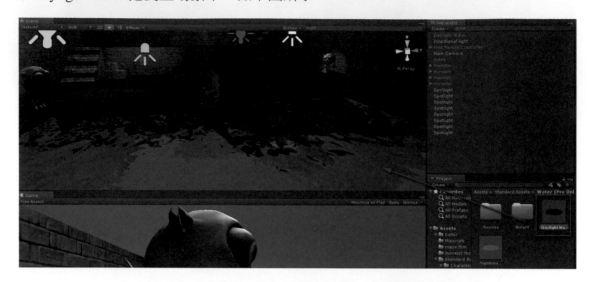

將水的位置放置在世界座標 (0，0.1，0) 的地方，並將縮放數值改為 6。

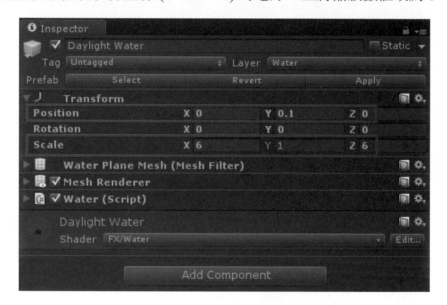

　　接著，匯入天空盒的資料包，在系統選單選擇 Asset 的 Import Package，尋找 Skyboxes 選項，將這個資料包匯入到此專案中。

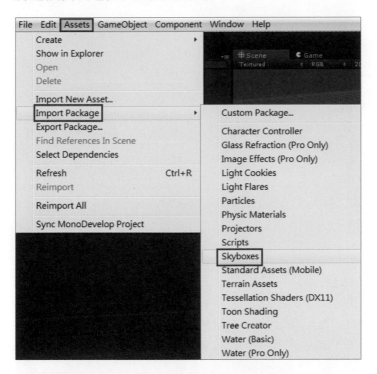

按下系統選單選擇 Edit 中的 Render Settings。

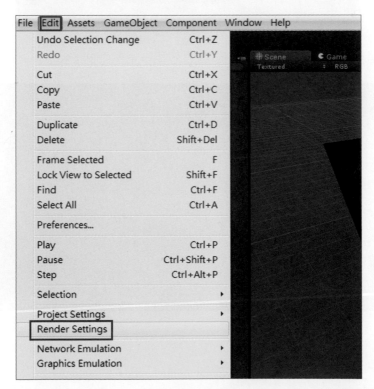

在 Inspector 找到 Skybox Meterial，按下右方圓形圖示按鈕，選擇剛剛所匯入的
天空材質球，我們選擇名為 StarryNight Skybox 的材質球，如下圖所示：

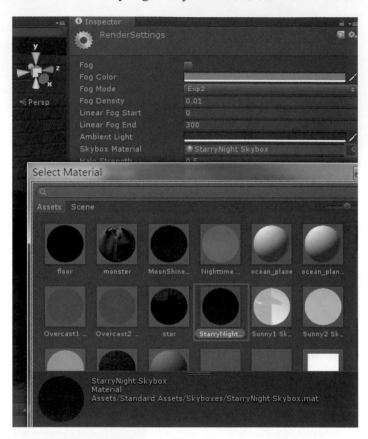

如此便替這個遊戲場景加上夜晚天空的效果，如下圖所示：

　　最後加上第一人稱控制器，使我們能夠自由移動到場景中的每一個地方，在系統選單選擇 Asset 的 Import Package，尋找 Character Controller 選項，將這個資料包匯入到此專案中，如下圖所示：

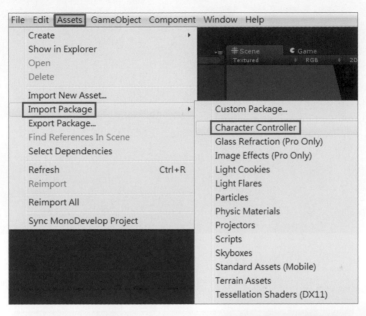

　　在遊戲場景中放入第一人稱控制器之前，我們必須先將迷宮模型本身設定為碰撞體，進入迷宮模型內部，勾選 Generate Colliders，並按下下方 Apply，如此便設定迷宮模型為碰撞體。

匯入資料包後，點擊 Standard Assets 中的 Character Controllers，將 Character Controllers 中的 First Person Controller 拖曳至場景中，如下圖所示：

進入 Inspector 面板，將 Position 設定為 (-3，3.4，-3.5)，由於第一人稱控制器太大，不能夠自由的在遊戲場景中移動，因此我們將 Scale 縮放為 0.2 本範例便製作完成。

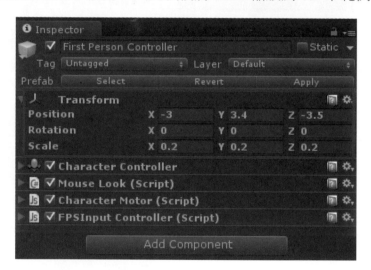

本範例完成如下。

 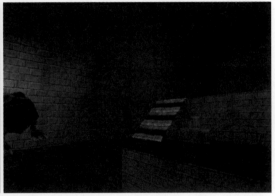

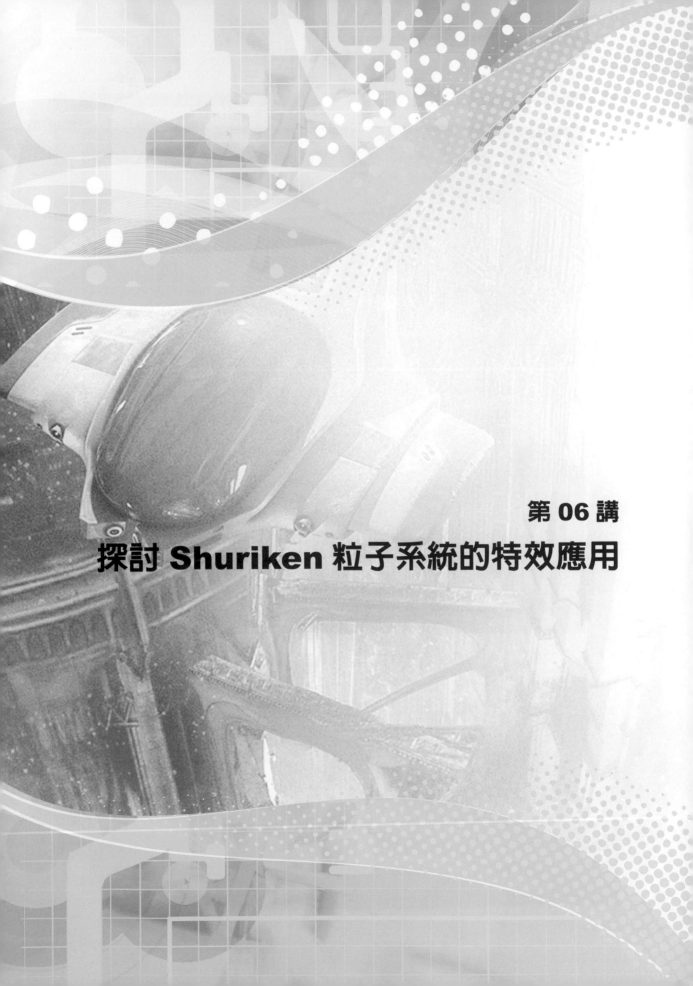

第 06 講

探討 Shuriken 粒子系統的特效應用

作品簡介

　　在本範例中，可以看見我們身在一座四周都長滿了樹木的叢林中，我們可以在叢林中聽見蟲鳴鳥叫的聲音，而帳篷旁的火焰照亮了叢林，當我們走到場景的另一邊，可以發現蟲鳴鳥叫的聲音變小了，取而代之的是詭異陰森的聲音，原來是走到了陰暗恐怖的墓場，在墓場中，雨水從昏黑的夜空中傾盆而下滴落到地面上，白色濃密的煙霧充斥著一部分的墓場，使得氣氛更顯得陰森，而在墓場的另一邊，微微燃燒的火焰照亮了一部分陰暗的場景。

　　當我們開啓範例所提供的檔案，可以看見場景上只有單調的地形，所以爲了使場景更加豐富生動，我們必須在場景中添加一些動態的特效，在這個範例中，我們將會介紹 Unity 中的 Shuriken 粒子系統，並學習如何利用 Shuriken 粒子系統在場景中製作出各式各樣的粒子效果，例如：磅礴的雨水、濃密的煙霧與熊熊的火焰等。

📖 **學習重點**

本範例主要的學習重點

重點一、介紹 Shuriken 粒子系統

重點二、Unity 音頻的匯入與使用

重點一　介紹 Shuriken 粒子系統

　　在第 4 講中我們介紹了利用 Particle System(粒子系統) 建立粒子特效，而在這一講中，我們將要介紹如何利用 Shuriken 粒子系統來製作粒子特效。先前我們有提到 Particle System(粒子系統) 的主要概念是利用二維的圖片經由不斷重複的生成，進而在三維的空間中產生的動態效果，Shuriken 粒子系統的概念也是相同的，而這兩種粒子系統不同的地方在於 Shuriken 粒子系統增加了更多功能，能使粒子效果更加眞實，並且操作管理的方式也更加方便。

　　以下爲我們比較在第 4 講中介紹的粒子系統與 Shuriken 粒子系統添加粒子效果的方式，當我們啓動 Unity 應用程式後，若是要利用先前介紹過的粒子系統添加粒子效果，首先需要在場景中添加一個空物件，再將粒子系統添加到空物件上，因此在系統選單選擇 GameObject 中的 Creat Empty 選項，點選後可以在場景上看見一個創建好的空物件，如下圖所示：

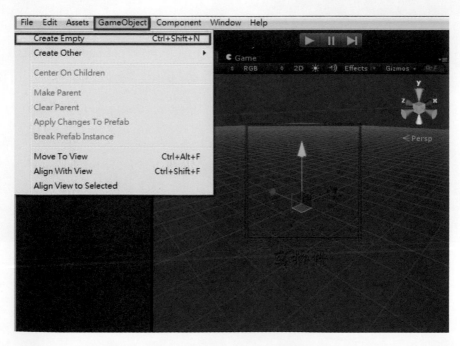

接著，我們要為空物件添加上粒子系統，先點選新建的空物件，在系統選單選擇 Component 中 Effects 的 Legacy Particles 選項，分別點選 Ellipsoed Particle(橢球粒子發射器)、Mesh Paticle Emitter(網格粒子發射器)、Particle Animator(粒子動畫器)、Particle Render(粒子渲染器) 與 World Particle Collider(粒子碰撞器) 五個獨立的粒子選項，將五個粒子選項都添加至空物件上，如下圖所示：

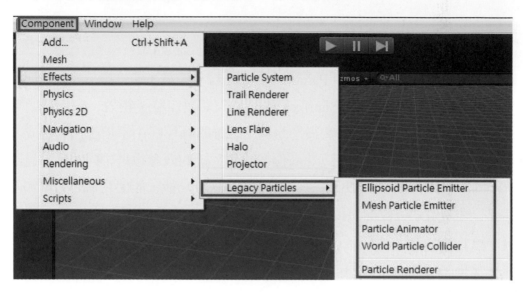

當添加完成後，我們就可以看見右邊的 Inspector 面板中有一些可以調整的選項，因此我們就能利用這些選項來製作我們想要的粒子效果，如下圖所示：

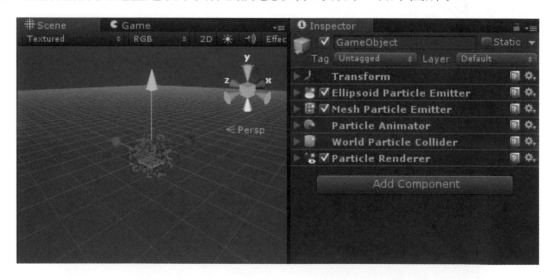

接著，若是我們想要在場景中利用 Shuriken 粒子系統添加一個粒子效果，首先在系統選單選擇 GameObject 中的 Creat Other 裡的 Particle System 選項，點選後可以在場景上看見一個創建好的粒子系統，如下圖所示：

選擇建立好的粒子系統，可以在右邊的 Inspector 面板中看見有兩個可以調整的選項，分別是 Transform 與 Particle System 選項，如下圖所示：

關於第一個 Transform 的選項，我們能在這個選項中調整粒子系統的基本設置，包括 Position(位置)、Rotation(旋轉) 與 Scale(尺寸) 三個細部設定，如下圖所示：

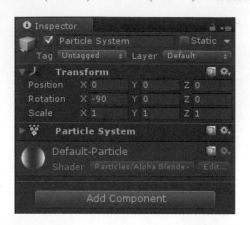

以下為在一個建築物中，利用 Shuriken 粒子系統建立了一個火焰燃燒的粒子效果，並利用 Transform 選項中的設定，調整火焰的位置與旋轉角度，我們依建築物設定粒子效果的位置 X 軸為 -26.59、Y 軸為 1.098 與 Z 軸為 22.305，而粒子效果的旋轉角度 X 軸為 270 度，如下圖所示：

關於第二個 Particle System (粒子系統) 選項，我們可以在這個選項中利用不同的設定，製作出各式各樣的粒子特效。在這裡的 Particle System(粒子系統) 是由 17 個選項所組成的，每個選項都控制著粒子某一方面的特性，分別是 Initial(初始化)、Emission(發射)、Shape(形狀)、Velocity over Lifetime(生命週期速度)、Limit Velocity over Lifetime(生命週期速度限制)、Force over Lifetime(生命週期作用

力)、Color over Lifetime(生命週期顏色)、Color by Speed(顏色速度控制)、Size over Lifetime(生命週期粒子大小)、Size by Speed(粒子大小的速度控制)、Rotation over Lifetime(生命週期旋轉)、Rotation by Speed(旋轉的速度控制)、External Forces(外部作用力)、Collision(碰撞)、Sub Emitters(子發射器)、Texture Sheet Animation (序列幀動畫紋理)、Renderer(粒子渲染器)，如下圖所示：

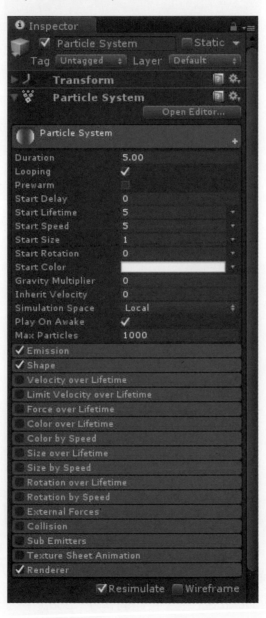

不過當我們建立好一個 Particle System(粒子系統) 後，會發現只有其中四個選項被啓動了，分別是 Initial(初始化)、Emission(發射)、Shape(形狀) 與 Renderer(粒子渲染器)，除了這四個預設的選項外，其他十三個選項並沒有啓動，因此，若是想啓動其他的選項，只要將選項左方的方塊勾選起來就行了，如下圖所示：

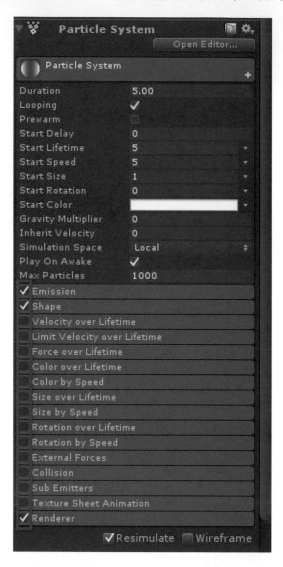

接著我們就來介紹幾個在 Particle System 選項中，比較常用到的選項。在 Initial(初始化) 選項，我們可以調整一些粒子初始化的基本設定。而在此選項中有下列幾個細部設定，包括 Duration(粒子持續時間)、Loop(粒子循環)、Prewarm(粒子預熱)、Start Delay(粒子初始延遲)、Start Lifetime(粒子生命週期)、Start Speed(粒子初始速度)、Start Size(粒子初始大小)、Start Rotation(粒子初始旋轉)、Start Color(粒子初始顏色)、Gravity Mutiplier(重力倍增系數)、Inherit Velocity(粒子

速度繼承)、Simulation Space(模擬坐標系)、Play On Awake(喚醒時播放) 與 Max Particles(最大粒子數)，如下圖所示：

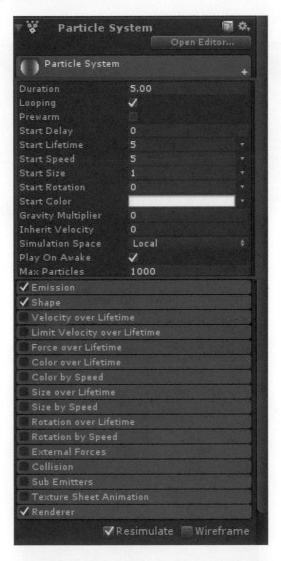

以下我們介紹一些比較常用的細部設定，Duration 代表粒子系統發射粒子的持續時間；Loop 代表粒子系統是否循環播放，當勾選 Loop 則粒子系統將會不斷的循環；Prewarm 代表粒子預熱，若是我們勾選 Prewarm 則粒子系統在遊戲運行初始時就已經發射粒子，看起來就像已經播放了一個粒子週期一樣；Start Lifetime 代表粒子存活的時間，以秒為單位，當生命週期為零時，粒子則消滅；Start Size 代表粒子發射時的初始大小，例如：雨滴就需要將粒子的大小設定小一點，而煙霧的大小則要設定大一些；Max Particles 代表粒子系統發射粒子時的最大數量，當場景中粒子達到最大數量時，發射器會暫時停止發射粒子，直到部分粒子消滅後再開始發射；Gravity

Mutiplier 代表粒子發射時所受重力影響的狀態，預設值為 0，粒子不受重力影響而往上移動，數值越大，粒子發射後掉落的速度越快，反之若數值越小，粒子發射後項上飄的速度越快，如下圖所示：

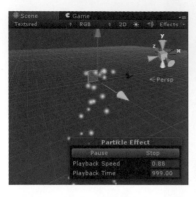 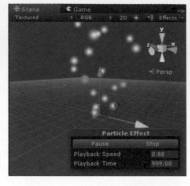 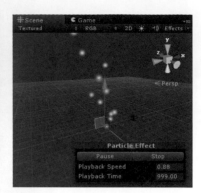

▲ Gravity 為 1　　　　　▲ Gravity 為 0　　　　　▲ Gravity 為 -1

　　在 Emission(發射) 選項，我們可以控制粒子發射的速率，也可以設定在粒子的持續時間內，在某特定的時間生成大量的粒子。而在此選項中有下列幾個細部設定，包括 Rate(發射速率) 與 Bursts(粒子爆發)，如下圖所示：

　　Rate 代表為粒子每秒或每個單位距離所發射的粒子個數，點擊右邊的下三角形按鈕，可以選擇發射數量是由常數還是曲線所控制；Bursts 則代表在粒子持續的時間內，可以設定在某個特定時刻產生大量的粒子，以下為我們點選 Bursts 細部設定右邊的加號，設定當粒子發射時間為三秒時，瞬間發射 30 個粒子，如下圖所示：

　　在 Shape(形狀) 選項，我們可以設定粒子發射器的形狀，並控制粒子的發射位置與方向，如下圖所示：

　　點擊選項中的 Shape 細部設定可選擇粒子發射器的形狀，包括 Sphere(球體發射器)、Hemisphere(半球體發射器)、Cone(錐體發射器)、Box(立方體發射器) 與 Mesh(網格發射器)等五種發射器類型，不同形狀的發射器，所對應的參數也有所差別，如右圖所示：

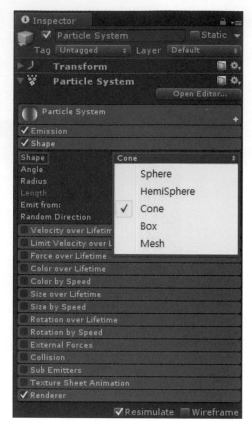

　　以下為我們分別利用 Sphere(球體發射器)、Cone(錐體發射器) 與 Box(立方體發射器) 三種不同形狀的發射器，製做出三種不同的粒子特效，如下圖所示：

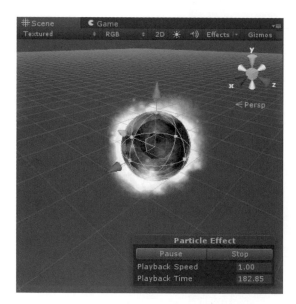

▲ 利用 Sphere(球體發射器) 所製作出的
　火球粒子特效

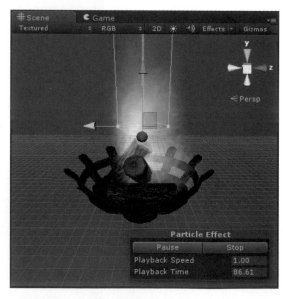

▲ 利用 Cone(錐體發射器) 所製作出
　的火焰粒子特效

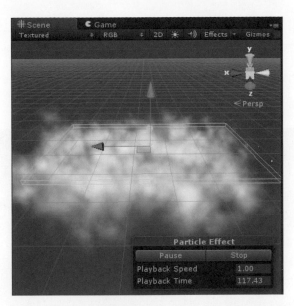

▲ 利用 Box(立方體發射器) 所製作出的煙霧粒子特效

在 Velocity over Lifetime(生命週期速度) 選項，我們可以控制著生命週期內每一個粒子的速度。而在此選項中有下列幾個細部設定，包括 XYZ 與 Space，如下圖所示：

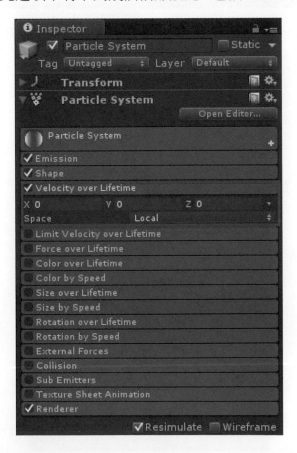

　　XYZ 代表我們可以分別在 X 軸、Y 軸與 Z 軸這三個方向上對粒子的速度進行定義；Space 則代表我們可選擇設定的速度是照著 Local(自身座標) 或是 World(世界座標) 來移動，以下為我們將粒子設定沿著 Local(自身座標) 來做移動，將粒子的 Z 軸設定為 -10，可以看見粒子將會沿著自身座標的 Z 軸往下掉落。

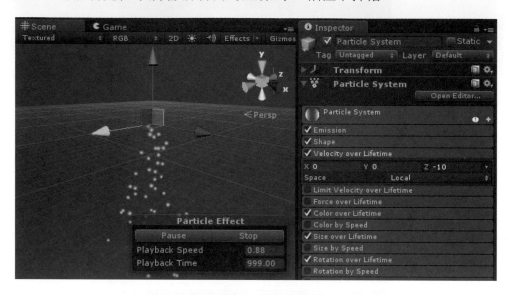

　　在 Color over Lifetime(生命週期顏色) 選項，我們可以利用選項中的 Color 細部設定控制每一個粒子在生命週期中的顏色變化，如下圖所示：

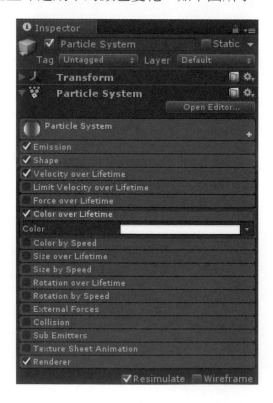

　　當我們點選 Color 細部設定，會彈出一個調整粒子顏色的視窗，將粒子顏色設定好後，可以在場景中看見我們粒子的顏色會隨著設定而變化，粒子生成時是紅色，接著變成綠色，最後再變成藍色，如下圖所示：

　　在 Size over Lifetime(生命週期粒子大小) 選項，我們可以利用選項中的 Size 細部設定控制每一個粒子在生命週期中的粒子大小變化，如下圖所示：

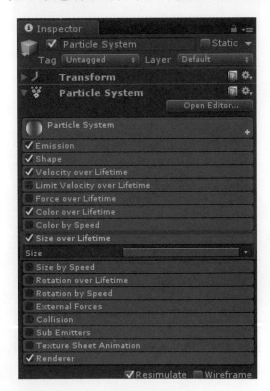

　　當我們點選 Size 細部設定，會彈出一個調整粒子尺寸的視窗，將粒子尺寸設定
好後，可以在場景中看見粒子的尺寸會隨著設定由大而變小。

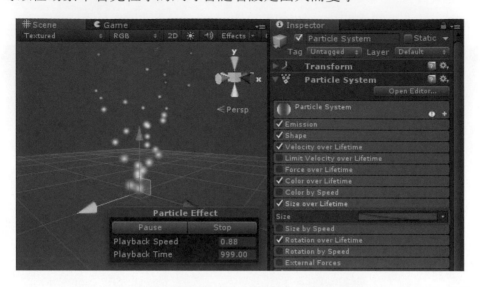

　　在 Rotation over Lifetime(生命週期旋轉) 選項，我們可以利用選項中的 Angular
Velocity(角速度) 細部設定控制每一個粒子在生命週期中的旋轉速度變化，如下圖所示：

　　在 Colliion(碰撞) 選項，我們可以為此粒子系統建立碰撞效果，目前只支援平面
類型的碰撞，當按下選項中的 Planes 細部設定，我們可以選擇碰撞的類型，分別是

Planes(平面碰撞) 或 World(世界碰撞)，不同的類型，所對應的參數也有所差別，如下圖所示：

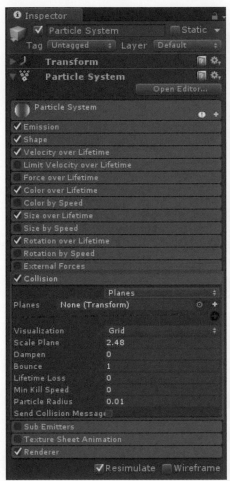
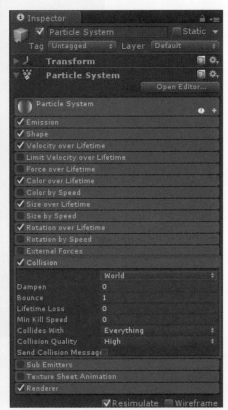

以下為我們將碰撞類型設定為 Planes(平面碰撞)，並點選 Planes 右邊的加號，在場景中添加了兩塊平面，可以看見粒子與兩塊平面會因為碰撞而產生反彈的效果，如右圖所示：

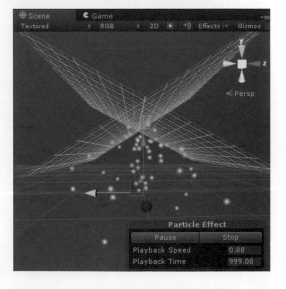

在 Sub Emitters(子發射器) 選項，我們可以利用這個選項中的 Birth(出生)、Death(死亡) 與 Collision(碰撞) 等三項細部設定分別控制粒子在出生、死亡或碰撞時是否生成其他新的粒子，如下圖所示：

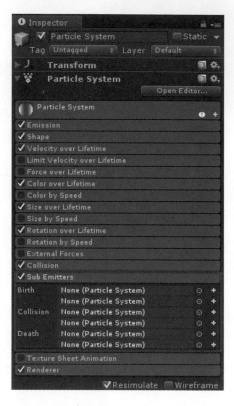

以下為我們點選 Death 細部設定右邊的加號，為粒子添加上一個新的粒子系統，此新粒子系統會為原來粒子系統的子物件，然後我們可以在場景中發現當粒子消滅時，這時會生成新的粒子。

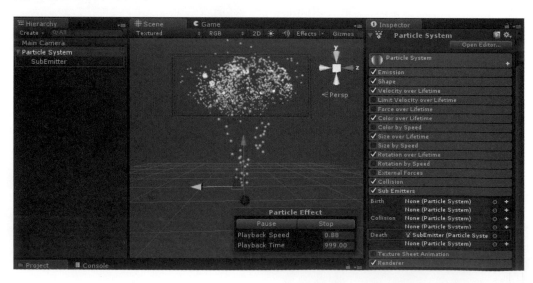

在 Renderer(粒子渲染器) 選項，我們可以利用這個選項將我們製作好的粒子效果渲染出來，沒有粒子渲染器就無法在場景上看見我們所製作的粒子效果。而在此選項中有下列幾個細部設定，包括 Render Mode(渲染模式)、Normal Direction(法線方向)、Material(粒子材質)、Sort Mode(排序模式)、Sorting Fudge(排序矯正)、Cast Shadows(投射陰影)、Receive Shadows(接收陰影) 與 Max Particle Size(最大粒子大小)，如下圖所示：

以下我們介紹一些比較常用的細部設定，Cast Shadows 代表是否投射陰影，若勾選 Cast Shadows，代表粒子可產生陰影；而 Receive Shadows，則代表粒子是否接收陰影，勾選 Receive Shadows 則代表粒子可接收陰影；Materials 代表為材質，可將我們利用圖片製作而成的材質球顯示在粒子身上；而 Render Mode 代表為粒子渲染器的渲染模式，點擊 Render Mode 右側的下三角按鈕，會彈出其他的選項列表，分別為 Billboard(布告板模式)、StretchedBillboard(拉伸布告板模

式)、HorizontalBillboard(水平布告板模式)、VerticalBillboard(垂直布告板模式) 與
Mesh(網格布告板模式)。

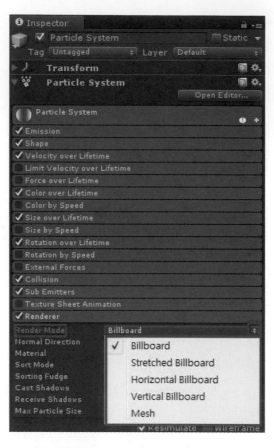

　　Billboard 代表粒子會面對著攝影機渲染；StretchedBillboard 代表粒子會通過參數
值的設定而被伸縮；HorizontalBillboard 代表粒子會沿著 Y 軸對齊；VerticalBillboard
代表粒子會沿 XZ 軸平面對齊；Mesh 則代表粒子將會被用網格的方式所渲染出來，
如下圖所示：

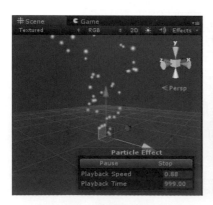

▲ Billboard

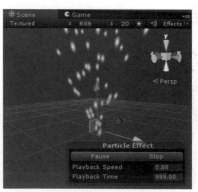

▲ StretchedBillboard

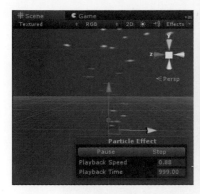
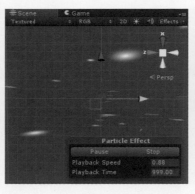
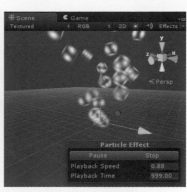

▲ HorizontalBillboard　　　　▲ VerticalBillboard　　　　▲ Mesh

重點二　Unity 音頻的匯入與使用

　　音頻在遊戲中是不可或缺的重要元素，是構成遊戲背景音樂與遊戲音效等內容必須的資源。在 Unity 中支援了大多數的音頻格式，包括 wav、mp3、aiff、ogg、xm、mod、it 與 s3m 等，未經壓縮的音頻格式或是壓縮過的音頻格式都可直接匯入 Unity 中進行使用，不過對於較短的音效可以使用未經壓縮的音頻格式，例如 :wav 或 aiff，雖然未壓縮的音頻數據量會較大，但音質會很好，並且聲音播放時不需要解碼，適合用於遊戲音效；而對於較長的音效建議使用壓縮過的音頻格式，例如 :mp3 或 ogg，壓縮過的音頻數據量會較小，但音質可能會有輕微的損失，播放時需要經過解碼，一般適合用於遊戲背景音效。

　　在 Unity 中，我們匯入的音頻可以分為兩種模式，分別為二維聲音與三維聲音。二維聲音代表不會因為場景中音源擺放的距離遠近，音量而產生改變，不管是在哪個地方音量的大小都是固定的，適合用於遊戲的背景音樂；而三維聲音則代表音頻會因為場景中音源擺放的距離遠近與音頻範圍大小，音量的大小也會產生不同，越靠近聲音越大，反之越遠則聲音越小，我們可以同時在場景中放置多個音頻，利用在不同的區域放置不同的音頻，令場景更加豐富生動，以下為我們在兩個區域中分別添加不同的音頻，圓形的範圍則代表音頻播放的區域。

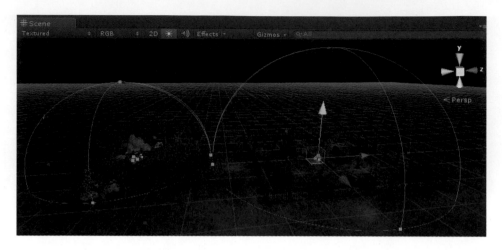

接著我們要來學習如何匯入聲音到場景中，首先先啟動 Unity 應用程式後，若是我們想要匯入一個先前已經準備好，名稱為 music 的音頻資源，在系統選單選擇 Assets 中的 Import New Assets，選擇要匯入的音頻 music，會發現音頻會被匯入至 Assets 資料夾中，如下圖所示：

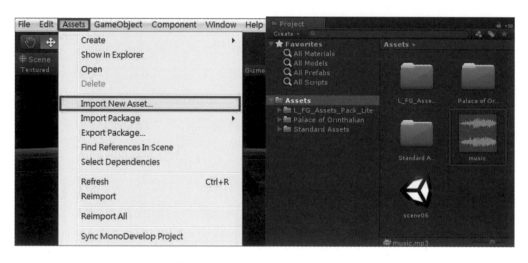

點選 Assets 資料夾中我們匯入的音頻，我們可以進入到此音頻的內部進行編輯，如下圖所示：

可以在右邊的 Inspector 面板中看見我們在音頻內部可進行編輯的幾個選項，其中最重要的是 3D Sound 選項，若我們勾選此選項，則我們的音頻將會是三維聲音；若沒有勾選此選項，則我們的音頻將會是二維聲音。

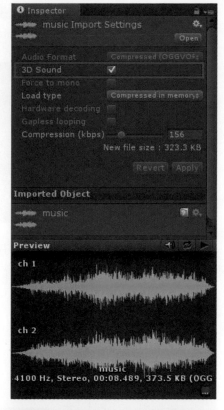

接著我們要將音頻添加至場景上，因此首先點選 Assets 資料夾中我們匯入的音頻，再利用滑鼠右鍵將音頻拖曳至 Hierarchy 面板中，這樣一來我們就將音頻添加至場景上了，如右圖所示：

當建立聲音後，我們該如何對聲音做相關的設定，首先我們可以在右邊的 Inspector 面板中看見兩個我們可以調整的選項，分別是 Transform 與 Audio Source 選項，如下圖所示：

關於第一個 Transform 的選項，我們能在這個選項中調整音頻的 Position(位置)、Rotation(旋轉) 與 Scale(尺寸) 三個細部設定。

關於第二個 Audio Source 的選項，我們可以在這個選項中利用不同的參數設定調整或編輯音頻。而在此選項中有下列十二個細部設定，包括 Audio Clip(音頻片段)、Mute(靜音)、Bypass Effects(繞過效果)、Bypass Listener Effects(繞過監聽器效果)、Bypass Reverb Zones(繞過混響區)、Play On Awake(喚醒時播放)、Loop(循環)、Priority(優先級)、Volume(音量)、Pitch(音調)、3D Sound Settings(三維聲音設置) 與 2D Sound Settings(二維聲音設置)，如下圖所示：

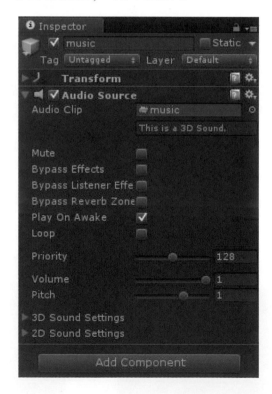

接著我們就來介紹幾個在 Audio Source 選項中，比較常用到的選項。Audio Clip 代表音頻的片段，當我們點擊 Audio Clip 右邊的圓圈，會彈出一個 Select Audio Clip 視窗，我們可以在視窗中選擇我們想播放的音頻，如下圖所示：

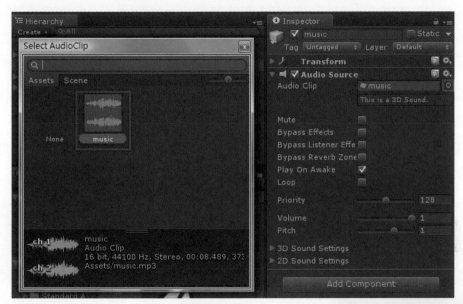

Mute 代表音頻是否靜音，若勾選 Mute 代表音頻會被播放，但是卻是沒有聲音的；Play On Awake 代表喚醒時是否播放，若勾選 Play On Awake 代表聲音在場景啟動時開始播放，反之如果禁用，則需要在語法中利用 play() 命令來啟動；Loop 代表是否循環，若勾選 Loop 則代表音頻會在結束後循環播放；Volume 代表音量大小；Pitch 代表音調，控制音頻播放的快慢，1 是正常播放速度。

3D Sound Settings 代表 3D 音頻的設置，若音頻為三維聲音則此細部設定之下的參數設置將會被啟動，在此細部設定中有下列幾個參數設置，包括 Doppler Level(多普勒級別)、Volume Rolloff(音量衰減)、Min Distance(最小距離)、Pan Level(平衡調整級別)、Spread(擴散) 與 Max Distance(最大距離)，如右圖所示：

　　以下我們介紹幾個 3D Sound Settings 比較重要的細部設定，Pan Level 代表平衡調整級別，設置 3D 引擎作用於音源的幅度；Spread 代表擴散，設置 3D 立體音或多聲道音響在揚聲器空間的傳播角度；Min Distance 代表最小距離，在最小距離內，聲音會保持固定，在最小距離外，聲音會開始衰減；Max Distance 代表聲音停止衰減的距離；Volume Rolloff 代表音量衰減模式，該值代表聲音衰減的速度，值越高越快聽到聲音，分為 Logarithmic Rolloff(對數衰減)、Linear Rolloff(線性衰減) 與 Custom Rolloff(自定義衰減) 三種模式，Logarithmic Rolloff 代表當接近音源時，聲音較響亮，但是當遠離音源時，聲音大小大幅度下降；Linear Rolloff 代表越是遠離聲音，可聽到的聲音越小，聲音變化的幅度恆定；Custom Rolloff 代表可自行設置衰減的曲線，來控制聲音的變化。

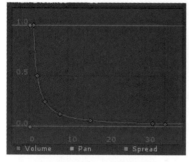
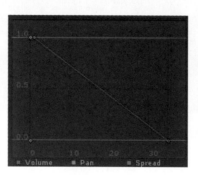
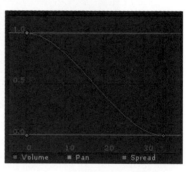

　▲ Logarithmic Rolloff　　　　▲ Linear Rolloff　　　　▲ Custom Rolloff

　　2D Sound Settings 代表 2D 音頻的設置，若音頻為二維聲音則此細部設定之下的參數設置將會被啟動，在此細部設定中的 Pan 2D 代表 2D 平衡調整，設置引擎作用於音源的幅度，如右圖所示：

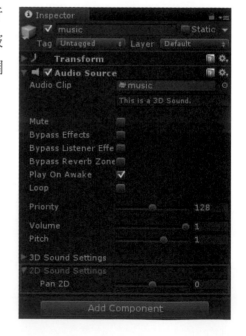

　　有了對以上設定的基本了解，在本範例中我們可以用此設置區域音效，以下為我們在場景上添加了兩個音頻，分別是 horror 音頻與 jungle01 音頻，接著利用 Transform 選項中的設定，調整音頻的位置，設定 horror 音頻的位置 Z 軸為 -9.86406，設定 jungle01 音頻的位置 X 軸為 -7.9167 與 Z 軸為 -70.707，如下圖所示：

　　位置設定完成後，點選第一個 horror 音頻，我們要利用右邊的 Inspector 面板中的 Audio Source 選項調整音頻的相關設定，因為希望當音頻播放完畢時能一直不斷的重複播放，因此勾選 Loop 選項，如下圖所示：

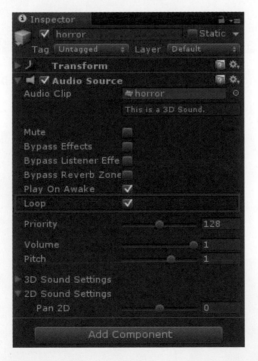

　　接著展開 3D Sound Settings 選項，點選 Volume Rolloff 右邊的三角型按鈕，選擇 Custom Rolloff 來控制聲音衰減的變化，並將 Max Distance 設定為 35，這代表以音頻的位置為中心點、半徑 35 單位的圓內都可聽到音頻，音頻的聲音大小會隨著距離中心點的遠近與衰減的模式而有所改變，當我們超過了這個範圍將聽不到聲音，如下圖所示：

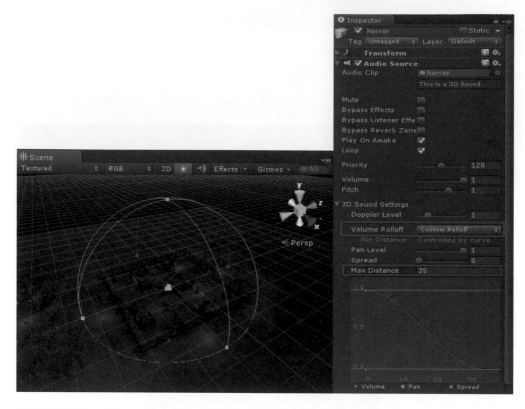

接著點選第二個 jungle01 音頻，此音頻的設置與第一個 horror 音頻的設置基本上相同，不一樣的地方為 jungle01 音頻的 Max Distance 設定為 25，如下圖所示：

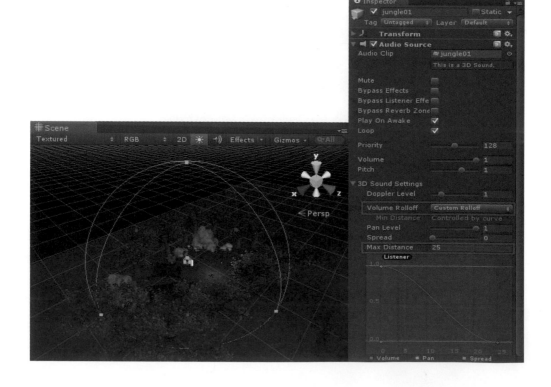

這樣一來，我們在場景中的兩個區域音效就設置完成了，如下圖所示：

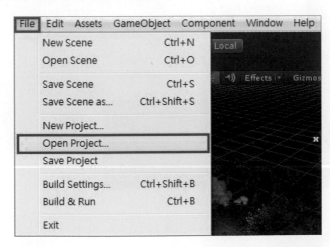

範例實作與詳細解說

本範例我們將藉由以下三個步驟來完成簡述如下：

一、專案的開啓

二、爲場景建立雨水、煙霧與火焰的粒子效果

三、匯入音頻並爲場景添加音效

一、專案的開啓

　　開啓 Unity 應用程式，在系統選單選擇 File 中的 Open Object，將範例所提供的 Lesson06(practice) 練習檔打開，如下圖所示：

可以看見範例已經替讀者準備好了一個一邊是叢林、一邊是墓園的場景，如下圖所示：

二、為場景建立雨水、煙霧與火焰等的粒子效果

我們要開始為場景上添加一些動態的粒子效果，在本範例中我們會添加雨水、煙霧以及火焰等三種粒子特效，首先要先建立雨水的粒子效果，在系統選單選擇 GameObject 中的 Creat Other 選項當中的 Particle System，創建一個 Shuriken 粒子系統，如下圖所示：

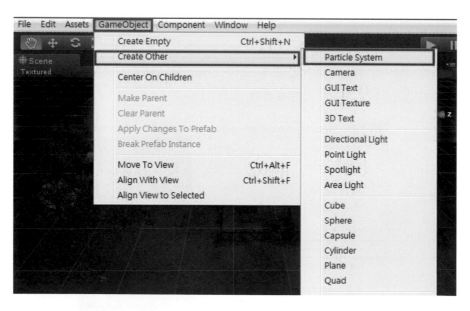

我們可以在右邊的 Inspector 面板上方爲新創建的 Particle System 命名爲 Rain。

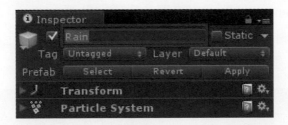

接著也可以在 Inspector 面板看見兩個可以調整的選項，分別是 Transform 與
Particle System 選項。

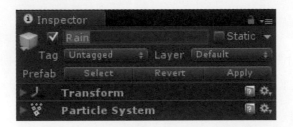

點擊 Particle System，可以看見 17 個選項，在這些選項中我們可以利用不同的設
定，製作出各式各樣的粒子特效，如下圖所示：

　　首先我們要先為雨水的粒子效果設定好材質球，因此點選 Rain，展開右邊的 Inspector 面板中的 Renderer(粒子渲染器) 選項，點選 Material 右邊的圓圈按鈕，選擇我們為讀者提供的材質球 Rain Material，並將 Sort Mode 設定為 By Distance，如下圖所示：

　　接著點選 Shape(形狀) 選項，我們在細部設定中，將 Shape 發射器形狀選擇為 Cone，並將 Angle 與 Radius 分別設定為 0 與 5。

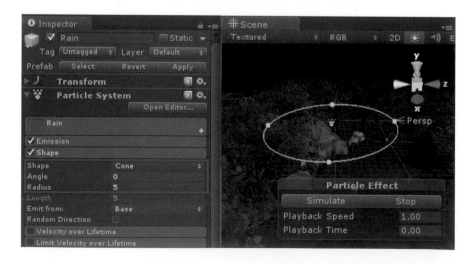

　　若要開始調整粒子效果的參數，首先我們先在 Initial(初始化) 選項中，將 Start Lifetime 設定為 10，讓粒子能存活久一點，並且將 Start Size 設定為 0.05，將粒子的尺寸設定小一些，更符合現實生活中的雨滴，再將粒子的 Start Speed 與 Gravity Mutiplier 分別設定為 0.05 與 0.03，令粒子能隨著重力滴落到地面上，最後因為我們希望雨水並不是只是綿綿細雨而已，因此我們將 Max Particle 設定為 8000，並將 Prewarm 勾選起來，這樣一來當我們在遊戲運行初始時就已經發射粒子，如下圖所示：

　　點選 Emission(發射) 選項，在細部設定中，將 Rate 設定為 800，令粒子系統每秒鐘發射 800 個粒子，如下圖所示：

點選 Collision(碰撞) 選項，在細部設定中，將碰撞的類型設定爲 World 世界碰撞，並將 Bounce 反彈系數設定爲 0，讓粒子與物體碰撞時不會反彈，最後將 Lifetime Loss 設定爲 1，如右圖所示：

因爲我們希望當雨水粒子效果與物體進行碰撞時，會產生新的粒子，當作是碰撞時濺起的水花效果，這時我們就可以利用到 Sub Emitters(子發射器) 選項，點選此選項，在細部設定中，點擊 Collision 細部設定右邊的加號，爲 Rain 粒子系統，添加一個子發射器，如右圖所示：

　　我們點選 Hierachy 面板中的 Rain 粒子系統，可以發現底下多了一個子發射器，點選此子發射器，可以利用右邊的 Inspector 面板上方將子發射器命名為 Rain Collision，如下圖所示：

　　接著我們要開始調整 Rain Collision 子發射器的參數設定，這部分的參數調整，可隨自己的喜好自行做調整。

調整好 Rain Collision 子發射器後，雨水粒子特效大至上的參數都設定都完成了，不過可以發現目前雨水只涵蓋了場景的一小部分，若是要將雨水覆蓋整個場景，我們需要耗費十分多的資源，因此在這邊我們利用了一個小方法，在左邊的 Hierarchy 面板中按住滑鼠左鍵將 Rain 雨水的粒子特效拉至 First Person Controller 第一人稱控制器上，將雨水當做第一人稱控制器的子物件，如右圖所示：

在利用左上方的移動工具，將雨水粒子特效移動至場景上第一人稱控制器上方的位置，或是在右邊的 Inspector 面板中展開 Transform 選項，在 Position 中將 Y 軸設定為 8.298162 與 Z 軸設定為 -1.952881，並在 Rotation 中將 X 軸設定為 90 度，如右圖所示：

雨水的粒子特效即完成，如下圖所示：

接著我們要開始製作第二個煙霧的粒子效果，首先在系統選單選擇GameObject中的Creat Other選項當中的Particle System，創建一個Shuriken粒子系統。

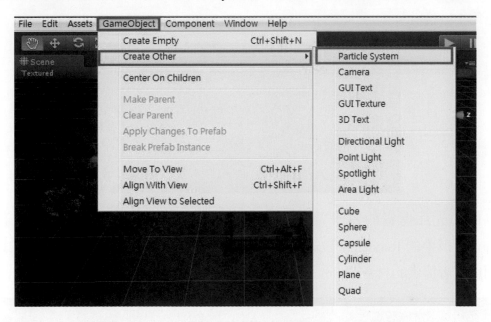

我們可以在右邊的Inspector面板上方為新創建的Particle System命名為Smoke，如下圖所示：

接著我們也可以在Inspector面板看見兩個可以調整的選項，分別是Transform與Particle System選項。

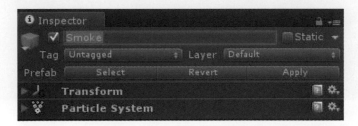

在右邊的 Inspector 面板中展開 Transform 選項，在 Position 中將 X 軸設定為 -10.57785、Y 軸設定為 1.377127 與 Z 軸設定為 -1.633871，並在 Rotation 中將 X 軸設定為 270 度。

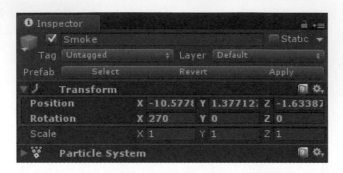

我們要先為煙霧的粒子效果設定好材質球，因此點選 Smoke，展開右邊的 Inspector 面板中的 Renderer(粒子渲染器) 選項，點選 Material 右邊的圓圈按鈕，選擇我們為讀者提供的材質球 Smoke02。

接著點選 Shape(形狀) 選項，我們在細部設定中，將 Shape 發射器形狀選擇爲 Box，並將 Box X 與 Box Y 分別設定爲 50 與 30。

我們要開始調整粒子效果的參數，首先先在 Initial(初始化) 選項中，點選 Start Lifetime 右邊的下三角形圖示，選擇 Random Between Two Constants，將 Start Lifetime 設定爲 8 至 12 秒，讓煙霧能在空間中存活久一點，並且點選 Start Size 右邊的下三角形圖示，選擇 Random Between Two Constants，將 Start Size 設定爲 2.5 至 5，將煙霧在空間中的尺寸設定大小不一，將粒子的 Start Speed 與 Gravity Mutiplier 分別設定爲 0.5 至 1 與 0.01，令粒子能隨著重力飄在地面上，再點選 Start Rotation 右邊的下三角形圖示，選擇 Random Between Two Constants，將 Start Rotation 設定爲 -90 至 90，使煙霧能隨機的旋轉，最後我們將 Max Particle 設定爲 500，並將 Prewarm 勾選起來，這樣一來當我們在遊戲運行初始時就已經發射粒子，如下圖所示：

點選 Emission(發射) 選項，在細部設定中，將 Rate 設定為 100，令粒子系統每秒鐘發射 100 個粒子。

點選 Velocity over Lifetime(生命週期速度) 選項，在細部設定中，將 Space 設定為 World 世界坐標，並點選 XYZ 右邊的下三角形圖示，選擇 Random Between Two Constants，將 X 與 Y 的速度分別都設定為 0 至 0.5，讓煙霧能沿著世界坐標的 X 軸與 Y 軸隨機移動，如右圖所示：

點選 Color over Lifetime(生命週期顏色) 選項，在細部設定中，點選 Color 右邊的長條形，將煙霧的顏色設定為如下圖所示：

　　點選 Size over Lifetime(生命週期粒子大小) 選項，在細部設定中，點選 Size 右邊的長條形，在點選 Particle System Curves，將 Size 的最大值設定為 4，而煙霧的尺寸曲線圖設定為如右圖所示：

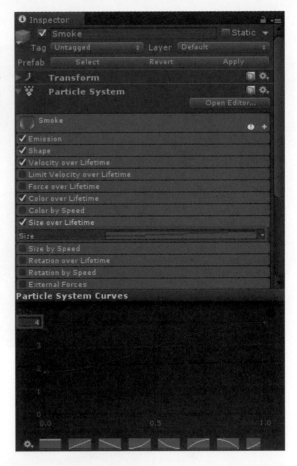

　　點選 Rotation over Lifetime(生命週期旋轉) 選項，在細部設定中，先點選 Angular Velocity 右邊的下三角形圖示，選擇 Random Between Two Constants，將 Angular Velocity 設定為 -20 至 20，如下圖所示：

煙霧的粒子特效即完成。

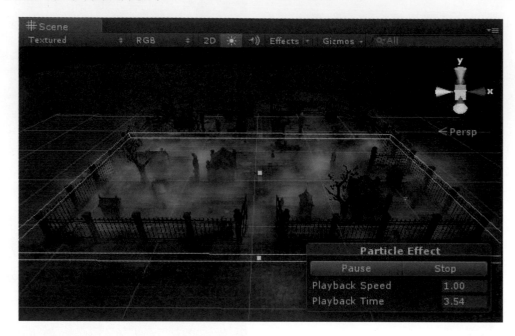

　　最後我們要開始製作第三個煙霧的粒子效果，首先在系統選單選擇 GameObject 中的 Creat Other 選項當中的 Particle System，創建一個 Shuriken 粒子系統，如下圖所示：

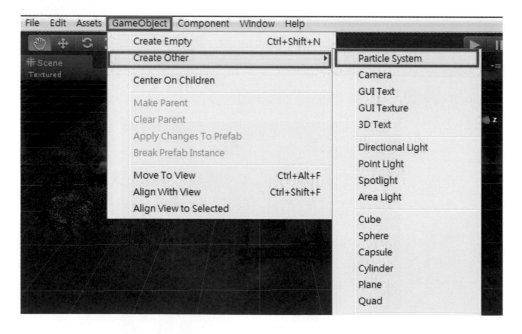

我們可以在右邊的 Inspector 面板上方為新創建的 Particle System 命名為 fire。

接著我們也可以在 Inspector 面板看見兩個可以調整的選項，分別是 Transform 與 Particle System 選項，如下圖所示：

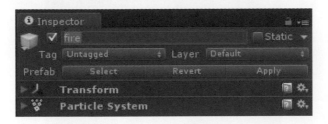

首先我們要先為火焰的粒子效果設定好材質球，因此點選 fire，展開右邊的 Inspector 面板中的 Renderer(粒子渲染器) 選項，點選 Material 右邊的圓圈按鈕，選擇我們為讀者提供的材質球 Flame01，如下圖所示：

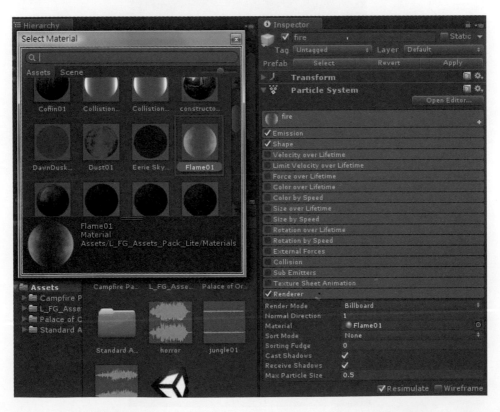

並將 Render Mode 設定為 StretchedBillboard，並將 Cast Shadows 與 Receive Shadows 給勾選起來。

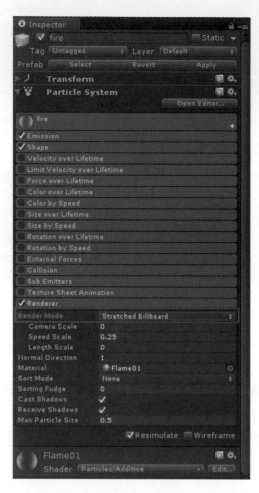

接著點選 Shape(形狀) 選項，我們在細部設定中，將 Shape 發射器形狀選擇為 Cone，並將 Angle 與 Radius 分別設定為 0 與 0.2。

我們要開始調整粒子效果的參數，首先先在 Initial(初始化) 選項中，將 Duration 設定為 1，Start Lifetime 設定為 0.55，讓火焰能一直生成，並且點選 Start Size 右邊的下三角形圖示，選擇 Random Between Two Constants，將 Start Size 設定為 0.35 至 0.15，粒子的 Start Speed 設定為 3.05，最後我們將 Max Particle 設定為 40，並將 Prewarm 勾選起來，這樣一來當我們在遊戲運行初始時就已經發射粒子，如下圖所示：

點選 Emission(發射) 選項，在細部設定中，將 Rate 設定為 40，令粒子系統每秒鐘發射 40 個粒子。

點選 Color over Lifetime(生命週期顏色) 選項，在細部設定中，點選 Color 右邊的長條形，將火焰的顏色設定爲如下圖所示：

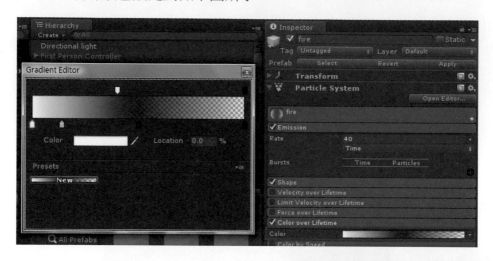

點選 Size over Lifetime(生命週期粒子大小) 選項，在細部設定中，點選 Size 右邊的長條形，再點選 Particle System Curves，將 Size 的最大値設定爲 3，而火焰的尺寸曲線圖設定爲如右圖所示：

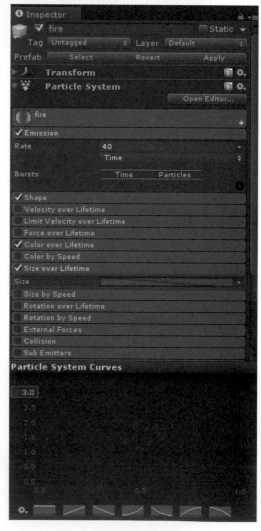

最後在右邊的 Inspector 面板中展開 Transform 選項，在 Position 中將 X 軸設定爲 -26.59024、Y 軸設定爲 1.09813 與 Z 軸設定爲 22.30475，並在 Rotation 中將 X 軸設定爲 270 度，如下圖所示：

火焰的粒子特效即完成。

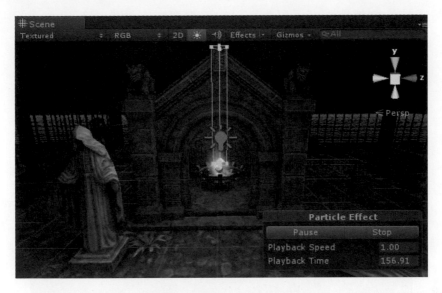

　　火焰的粒子特效完成後，最後我們要在叢林中的木頭上再擺放一個相同的火焰粒子特效，在 Unity 中要儲存一個已經做好的粒子特效是十分容易的，我們只須要在 Hierarchy 面板中點選我們製作完成的粒子特效，將這個粒子特效拖曳至下面的需要資料夾中即可，我們可以看到資料夾中多了一個名稱為 fire 的物件。

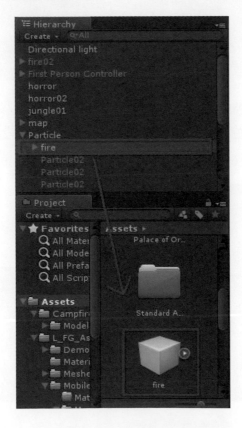

　　因此當之後我們想在場景中擺放相同的粒子特效，我們只需要利用滑鼠右鍵將資料夾中的粒子特效物件拖曳至場景中即可，不需要在麻煩的重新建立一個相同的粒子特效。

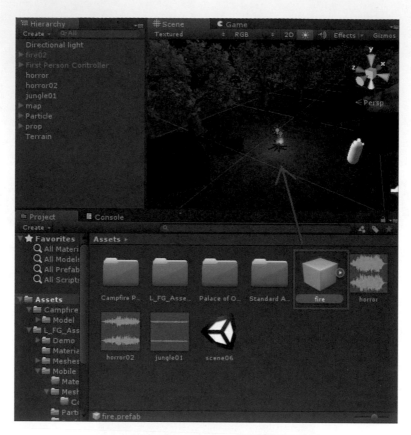

　　最後再到右邊的 Inspector 面板裡修改火焰粒子特效的名稱為 fire02，並在 Transform 選項調整火焰粒子特效的位置與旋轉角度，我們設定位置 X 軸為 -7.48635、Y 軸為 0.7537 與 Z 軸為 -61.9543，設定旋轉 X 軸為 270，如下圖所示：

三、匯入音頻並為場景添加音效

　　本範例在 music 資料夾中為讀者準備好了三種不同的音頻，分別是 horror、horror02 與 jungle01，如下圖所示：

　　首先先點擊選單 Assets 中的 Import New Assets，分別選擇要匯入的音頻 horror、music 與 jungle01，會發現這三個音頻會被匯入至 Assets 資料夾中。

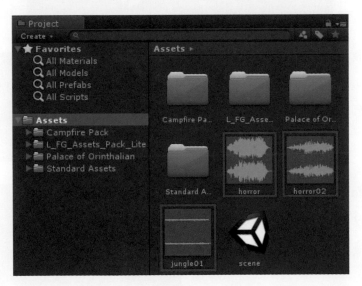

接著我們要將音頻添加至場景上，因此首先點選 Assets 資料夾中我們匯入的
horror 音頻，接著再利用滑鼠右鍵將音頻拖曳至 Hierarchy 面板中，這樣一來我們就
將音頻添加至場景上了，如下圖所示：

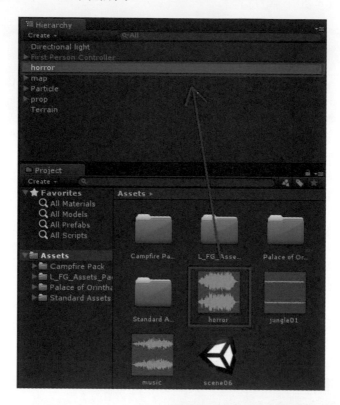

　　添加成功後，我們可以在右邊的
Inspector 面板中看見兩個我們可以調整
的 選 項 ， 分 別 是 Transform 與 Audio
Source 選項。

　　點選 Transform 選項，在 Position 中
將 Z 軸設定為 -9.864061。

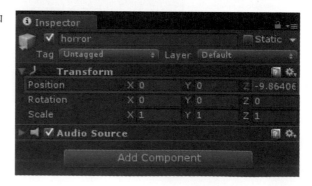

　　點選 Audio Source 選項，勾選 Loop 選項，
讓音頻能不斷的重複播放。

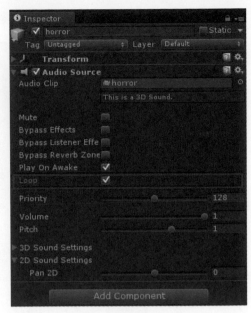

　　接著展開 3D Sound Settings 選項，將 Max
Distance 設定為 35，並點選 Volume Rolloff 右
邊的三角型按鈕，選擇 Custom Rolloff，如下
圖所示：

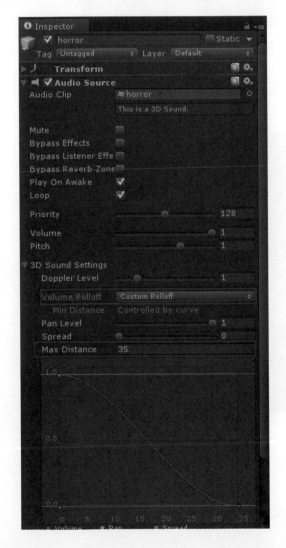

這樣一來我們的第一個音頻就設定完成了。

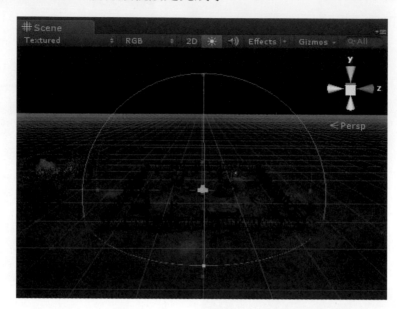

　　接著就要來設置第二個音頻 horror02，這個音頻的參數設置與第一個音頻相同，擺放位置也相同，因此就不加以詳細說明，請讀者參照第一個音頻的方式添加至場景上。

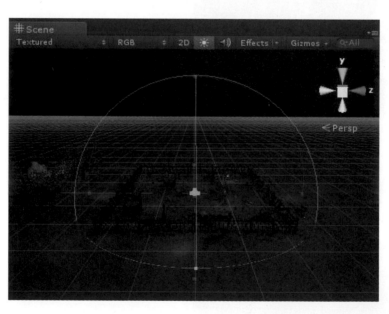

最後我們要來設置第三個音頻jungle01，我們要將音頻添加至場景上，因此首先點選 Assets 資料夾中我們匯入的 jungle01 音頻，接著再利用滑鼠右鍵將音頻拖曳至 Hierarchy 面板中，這樣一來我們就將音頻添加至場景上了，如下圖所示：

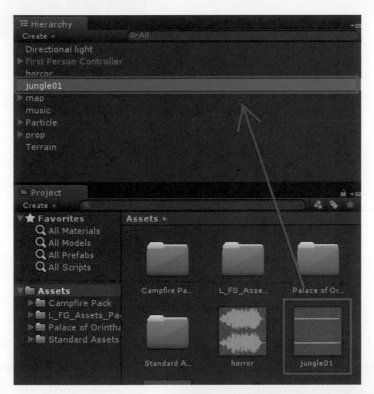

添加成功後，我們可以在右邊的 Inspector 面板中看見兩個我們可以調整的選項，分別是 Transform 與 Audio Source 選項。

點選 Transform 選項，在 Position 中將 X 軸設定為 -7.916702 與 Z 軸設定為 -70.70686。

　　點選 Audio Source 選項，勾選 Loop 選項，讓音頻能不斷的重複播放。

　　接著展開 3D Sound Settings 選項，將 Max Distance 設定為 25，並點選 Volume Rolloff 右邊的三角型按鈕，選擇 Custom Rolloff。

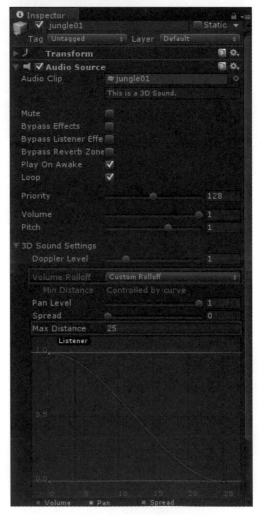

這樣一來我們的第三個音頻也就設定完成了。

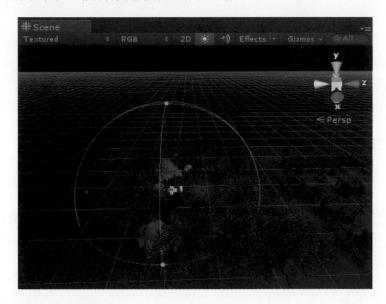

本範例即完成，如下圖所示：

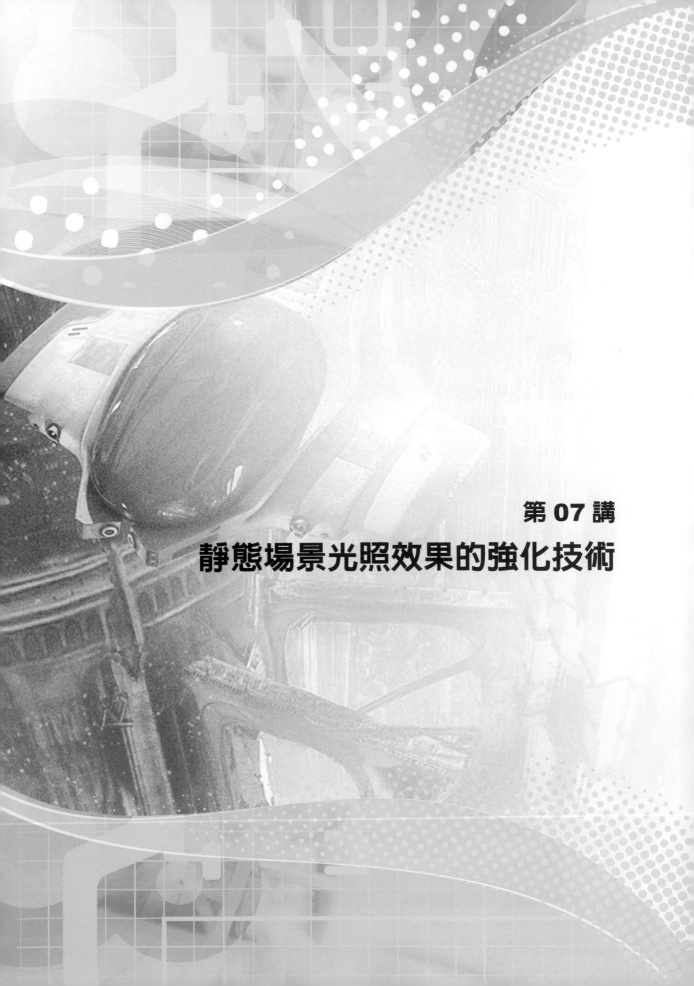

第 07 講
静態場景光照效果的強化技術

作品簡介

在本範例中，我們提供一個室外場景，在場景中有高低起伏的山脈、山脈周圍有樹、草以及風車，並且使用天空盒製作出晴朗的天空，我們會在此場景中放上一個點光源，並添加光斑特效使其成為太陽光，由於燈光較耗效能，因此我們利用光照貼圖技術烘焙整個場景，製作出真實但卻又不生硬的光影效果。最後，我們會匯入 Image Effects(圖像特效) 資料包，替場景中的攝影機加上圖像特效，使整個場景更接近於真實世界中的效果。

學習重點

本範例主要的學習重點

重點一：光照貼圖技術。

重點二：後期屏幕渲染特效。

重點一　光照貼圖技術

　　Lightmapping(光照貼圖技術) 是一種增強靜態場景光照效果的技術，它可以通

過較少的性能消耗使得靜態場景看上去更眞實、豐富且更具立體感。在 Unity 中，使用 Lightmapping(光照貼圖技術) 非常方便，利用簡單的操作就可以製作出平滑、眞實但卻又不生硬的光影效果。接下來我們就來介紹如何使用 Lightmapping(光照貼圖技術)，首先開啓 Unity，我

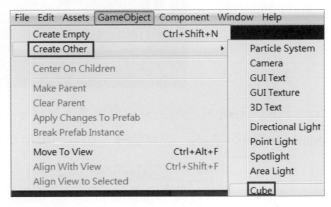

們試著利用幾個方塊來組合成一個簡單的場景，在系統選單選擇 GameObject 的 Create Other，尋找 Cube 選項，如右圖所示：

　　按下 Cube 之後，我們可以看到在 Scene 中已經創造了一個方塊，場景上所有的東西都會顯示在 Hierarchy 視窗中，目前我們的場景放了一個名爲 Cube 的方塊，以及一台名爲 Main Camera 的攝影機，如下圖所示：

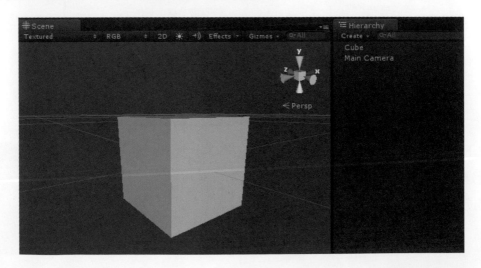

在右方的 Inspector 視窗中，我們可以在 Position 的部分設定方塊的位置，Rotation 設定方塊的旋轉角度，Scale 設定方塊的縮放大小，如下圖所示，利用這些設定，可以製作出不同大小的方塊。

我們可以先替創造出來的方塊加上材質，在系統選單選擇 Assets 的 Create，尋找 Meterial 選項，創造一個材質球，如下圖所示：

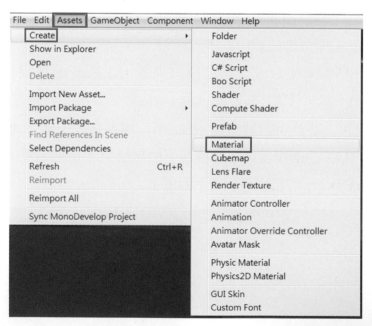

按下 Meterial 後可以在底下的 Project 視窗中看到我們所建立的材質球，並將這個材質球命名為 red，如此我們便創造出一個名為 red 的材質球。

　　在右方的 Inspector 視窗中按下右邊的顏色面板，會出現一個調色盤，提供我們選擇材質球的顏色。

　　接著將 Assets 中名為 red 的材質球拖曳至場景中的方塊上，如此我們便將名為 red 的材質球指定給方塊。

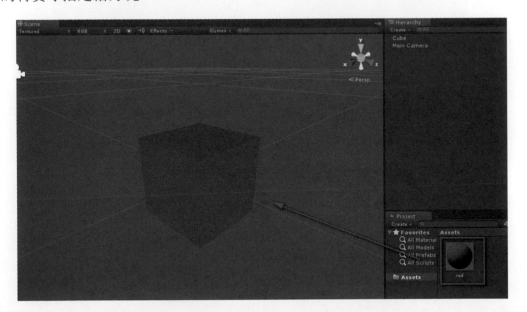

　　根據上述的方式我們可以創造出一個簡單的場景，場景中有五個方塊，分別為 Cube(blue)、Cube(white)、Cube(yellow)、Cube(red)、以及 Cube(green)，在材質球的部分創造了五個材質球分別為 blue、green、red、white 以及 yellow，並將其指定給相對應的方塊。

　　每個方塊的位置及縮放大小都不相同，Cube(blue) 的 Position 為 (-1.5，0.35，0)，Scale 為 (0.4，0.6，3)；Cube(white) 的 Position 為 (0，0，0)，Scale 為 (5，0.1，5)；Cube(yellow) 的 Position 為 (0，0.9，0)，Scale 為 (3，0.1，0.5)；Cube(red) 的 Position 為 (-0.2，0.3，0)，Scale 為 (0.5，0.5，1)；Cube(green) 的 Position 為 (1，0.45，-0.1)，Scale 為 (0.8，0.8，0.5)。

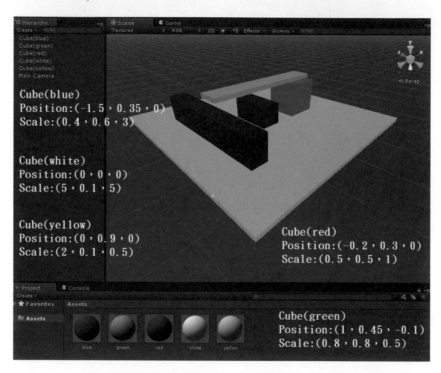

　　這時我們可以看到場景中的顏色過於黯淡，我們可以先在場景上加上一盞平行光源，在系統選單選擇 GameObject 的 Create Other，尋找 Directional Light 選項。

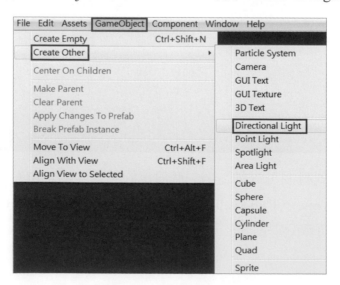

　　將平行光源放置在場景中 (0，2，0) 的位置，如此簡單的場景布置便完成了，如下圖所示：

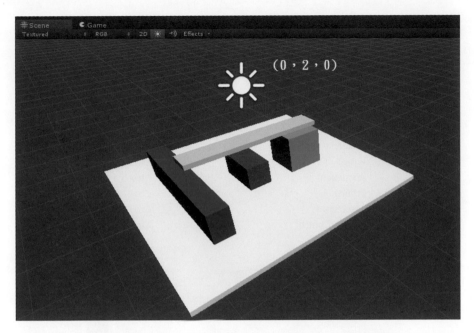

　　在烘焙場景之前我們需要知道哪些物件為靜態物件，將場景中所有的方塊選取起來，在 Inspector 面板中找到 Static，勾選 Static 左邊的方框，這表示我們將這些方塊設定為靜態物件，這些靜態物件會參與光照貼圖的烘焙，如下圖所示：

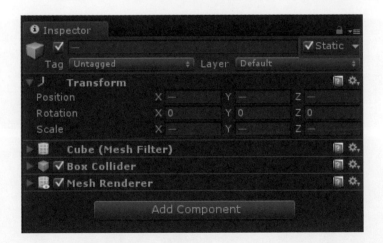

接著我們要開始設定 Lightmapping(光照貼圖技術)，在系統選單選擇 Window 的 Lightmapping。

按下 Lightmapping 後會彈出 Lightmapping 的視窗，在此視窗中又分別有三個子視窗，分別為 Object、Bake 以及 Maps。

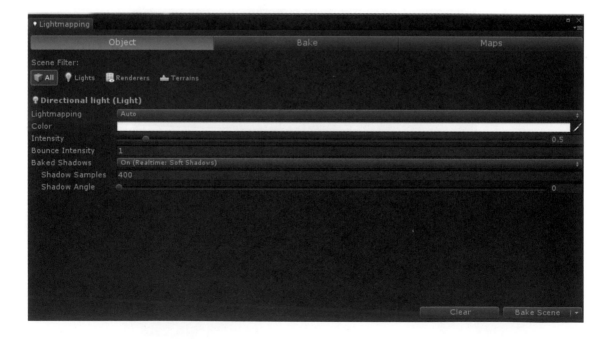

選擇場景上的 Directional Light，在 Lightmapping 視窗中的 Object 視窗可以設定參數，包含 Lightmapping、Intensity、Bounce Intensity、Baked Shadows、Shadow Samples 以及 Shadow Angle 共六項。

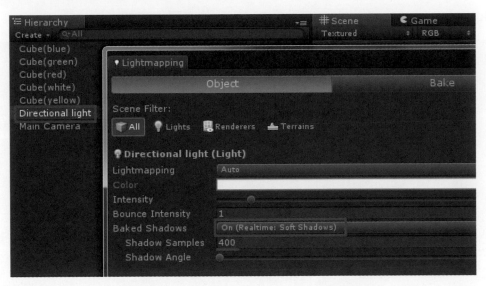

其參數設定解說依序如下。

✦ Lightmapping 有三個選項可以選擇，分別爲 RealtimeOnly、Auto 以及 BakedOnly；Color 爲光源顏色。

✦ Intensity 爲光線強度。

✦ Bounce Intensity 爲光線反射強度。

✦ Baked Shadows 爲烘焙陰影，有三種類型可以選擇，分別爲 Off、On(Realtime:Hard Shadows) 以及 On(Realtime:Soft Shadows)，這使我們的場景上能夠產生影子的效果，在此我們選擇 On(Realtime:Soft Shadows)。

✦ Shadow Samples 爲陰影採樣數，採樣數越多生成陰影的品質越好。

✦ Shadow Angle 爲光線衍射範圍角度。

　　有關在 Lightmapping 視窗中的 Bake 視窗設定參數，其參數包含 Mode、Quality、Bounces、Sky Light Color、Sky Light Intensity、Bounces Boost、Bounces Intensity、Final Gather Rays、Interpolation、Interpolation Points、Ambient Occlusion、LOD Surface Distance、Resolution 以及 Padding 共十四項，如下圖所示：

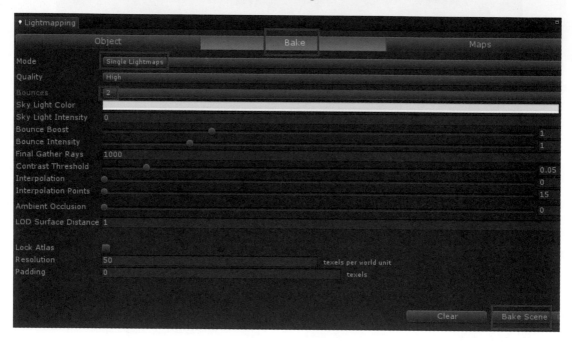

　　參數解說依序如下。

✦ Mode 為映射方法，提供三種類型，分別為 Single Lightmaps、Dual Lightmaps 以及 Directional Lightmaps，這部分之後會再做詳細介紹，在此我們選擇 Single Lightmaps。

✦ Quality 為生成光照貼圖的質量。

✦ Bounces 為光線反射次數，次數越多，反射越均勻，在此我們選擇 2。Sky Light Color 為天空光顏色。

✦ Sky Light Intensity 為天空光強度，該值為 0 時，則天空色無效。Bounces Boost 為加強間接光照，用來增加間接反射的光照量，從而延續一些反射光照的範圍。

✦ Bounces Intensity 為反射光線強度的倍增值。

✦ Final Gather Rays 為光照圖中每一個單元採光點用來採集光線時所發出的射線數量，數量越大，採光質量越好。

✦ Interpolation 為控制採光點顏色的插值方式，0 為線性插值，1 為梯度插值。

✦ Interpolation Points 爲插值的採光點個數，個數越多，結果越平滑，但過多的數量也可能會把一些細節模糊掉。

✦ Ambient Occlusion 爲環境光遮蔽效果。

✦ LOD Surface Distance 用於從高模到低模計算光照圖的最大世界空間距離，類似於從高模到低模來生成法線貼圖的過程。

✦ Lock Atalse 勾選此選項的話，會將所有物體所用的光照圖區域鎖定。

✦ Resolution 爲光照圖分辨率，勾選視圖窗口右下角 Lightmap Display 面板的 ShowResolution 選項可以顯示單位大小。

✦ Padding 爲不同物體的烘焙圖的距離。

　　有關在 Lightmapping 視窗中的 Maps 視窗參數有 Light Probes、Array Size 以及 Compressed 共三項，如下圖所示，而烘焙完場景後會出現最底下的兩張圖片，此兩張圖片爲烘焙完成的場景貼圖。

✦ Light Probes，若是場景中有設定 Light Probes，Unity 將會自動做連結。

✦ Array Size 爲 Lightmaps array 的尺寸。

✦ Compressed 爲是否壓縮 Lightmap。

設定好參數後，最後再按下最下方的 Bake Scene，等待一段時間後，回到場景上便可以看到烘焙完成的效果，如下圖所示：

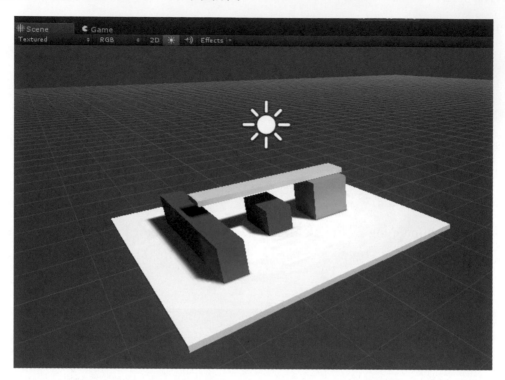

如果我們利用較複雜的場景來進行烘焙，讀者可以更看出烘焙的效果，在下面場景中有大樹及樹木的影子，我們可以發現烘焙完後的影子較未烘焙前更加柔和且具有層次感，如下圖所示：

▲（未烘焙效果）

▲（烘焙效果）

　　有關在 Lightmapping 視窗中的 Bake 視窗其中的 Mode 參數部分，提供三種烘焙的映射方式，包含 Single Lightmaps、Dual Lightmaps 以及 Directional Lightmaps，如下圖所示，我們接下來就來比較看看這三種 Lightmapping 的方式。

　　Single Lightmaps 是一種簡單的 Lightmapping 方式，對性能及空間的消耗相對較小，它可以很好地表現靜態場景的的光影效果，但不能夠表現出凹凸貼圖的效果，因為凹凸貼圖要在即時光源的照射下才會產生反應，效果如下圖所示：

Dual Lightmaps 可以在比較大的遊戲場景中表現較多的光影細節，希望多些即時光影，使動態物體和靜態物景的光影融合更爲協調，它會將渲染區分爲即時和非即時區域，並且烘焙遠近兩種貼圖，離攝影機遠的部分爲靜態光照區域，不會表現出太多的細節，如下圖所示：

Directional Lightmaps 可以使靜態物體在利用光照貼圖進行光照的同時混合即時的 Bump\Spec 映射的效果，豐富整個場景的光影細節，讓場景更加地生動逼眞，與 Dual Lightmaps 的區別爲 Directional Lightmaps 是作用於整個場景不受距離的限制，在沒有即時光源下也會產生即時 Bump\Spec 映射，如下圖所示：

　　使用 Single Lightmaps 雖然烘焙的等待時間比較短，但若是場景中有凹凸貼圖，則無法顯現出其凹凸效果，反之，Dual Lightmaps 與 Directional Lightmaps 則能夠呈現，但烘焙的等待時間較耗時，Dual Lightmaps 在離鏡頭近的部分會顯示出凹凸效果，較遠的部分則不會顯示出凹凸效果，Directional Lightmaps 則是不管遠近都能夠顯示出凹凸效果。

　　儘管 Lightmapping 已經為遊戲場景中的靜態物件帶來真實的光影，但 Lightmapping 不能將同樣的效果作用到動態物件上，因此動態物件不能很好地融合在靜態場景中，它的光影會顯得較為突兀，Light Probes 的原理是在場景空間放置一些採樣點，收集周圍的明暗信息，然後對動態物件鄰近的幾個採樣點進行插值運算，並將插值結果作用在動態物件上，插值運算並不會耗費太多的性能，實現動態遊戲對象和靜態場景的即時融合效果。

　　要如何設定 Light Probese 呢？在系統選單選擇 GameObject 的 Create Other，尋找 Sphere 選項，如下圖所示，在場景中建立一個球體物件。

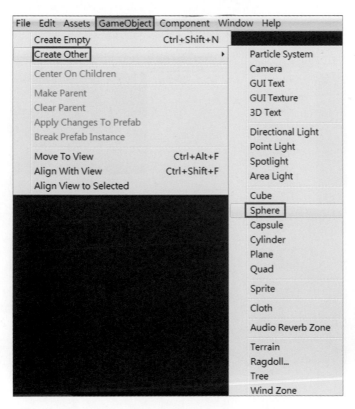

將所創造出來的球體模型放置在 (0，0.15，-1) 的位置，並將其縮放為 (0.2，0.2，0.2)，如下圖所示：

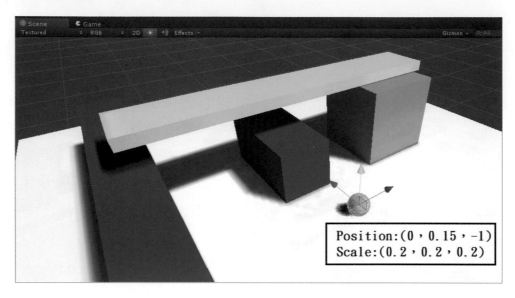

選擇場景中的球體物件，我們要為它加上 Light Probe Group 組件，在系統選單選擇 Component 的 Rendering，尋找 Light Probe Group 選項。

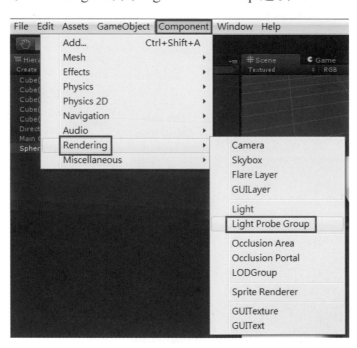

　　爲其加上 Light Probe Group 後，我們可以在 Inspector 面板中看到 Light Probe Group 的屬性，如下圖所示：

　　接著按下 Light Probe Group 中的 Add Probe 按鈕，如下圖所示：

　　按下 Add Probe 按鈕後會在場景中看到一個藍色的圓球，如下圖所示，我們可以利用移動工具移動這個藍色的圓球。

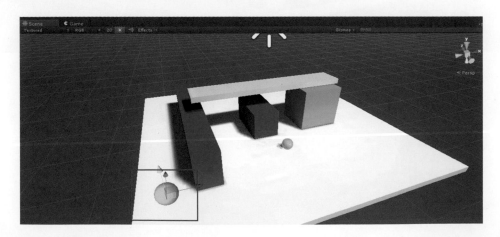

再來利用 Light Probe Group 中的 Select All 及 Duplicate Select 這兩個按鈕來複製藍色的圓球，Duplicate Select 為複製，Select All 為選擇全部的圓球。

利用上述的兩個按鈕，我們將場景中的圓球布置成如下圖所示：

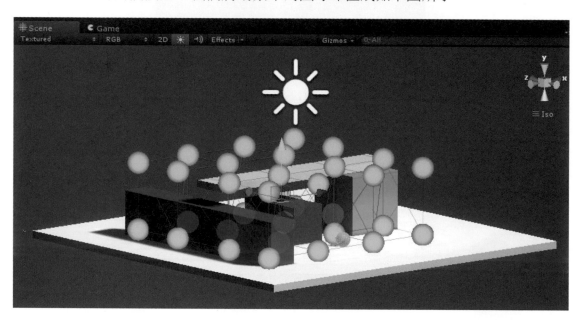

利用之前方法，將圓球也一起設定為靜態物件，並將場景再次進行烘焙，最後在場景中創造一個動態的球體物件，勾選 Use Light Probes。

移動此球體物件，會發現其陰影處也會對這個球體物件有影響，如下圖所示：

重點二　後期屏幕渲染特效

　　Image Effects(圖像特效) 主要應用在攝影機上，可以為遊戲畫面帶來豐富的視覺效果，使遊戲畫面更具藝術感和個性。在 Unity 中，大部分的特效都是混合使用，通過搭配不同的特效就能夠創造出更完美的遊戲畫面效果，如下圖所示，相同的遊戲場景，利用不同的圖像特效，我們可以營造出白天或是黃昏效果的遊戲場景。

▲（白天效果）

▲（黃昏效果）

如何設定 Image Effects(圖像特效) 呢？在系統選單選擇 Assets 的 Import Package
尋找 Image Effects(Pro Only) 選項，將這個資料包匯入到專案中，如下圖所示：

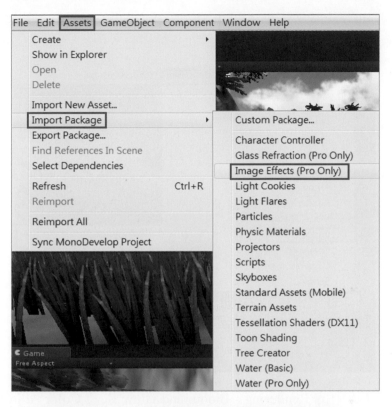

若遊戲場景中有放置第一人稱控制器，則我們需要點擊 First Person Controller 底
下的 Main Camera，我們要將 Image Effects(圖像特效) 添加在此攝影機上。

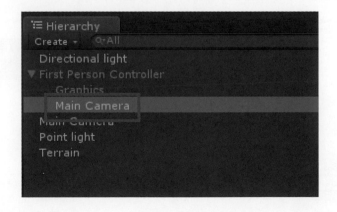

　　點擊 First Person Controller 底下的 Main Camera 後，接著在系統選單選擇 Component 的 Image Effects 選項，在此選項底下有九個選項，包含 Rendering、Other、Bloom and Glow、Blur、Camera、Color Adjustments、Edge Detection、Displacement 以及 Noise，如下圖所示：

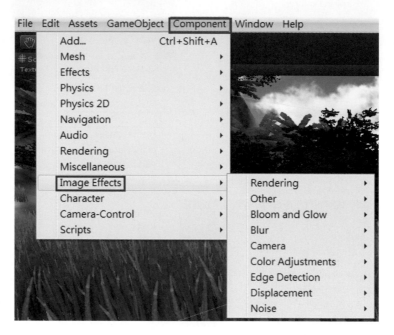

　　我們先探討其中的 Rendering、Bloom and Glow 以及 Color Adjustments 三項，有關 Rendering 包含 Screen Space Ambient Obscurance、Global Fog、Screen Space Ambient Occlusion 以及 Sun Shafts 共四項，如下圖所示：

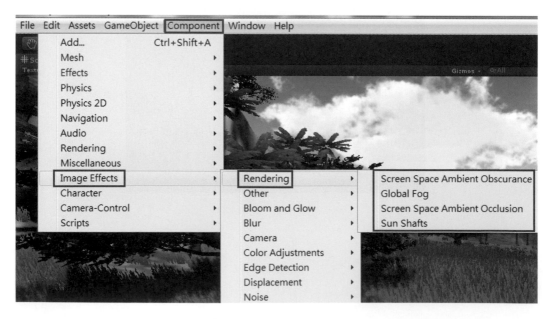

　　我們主要介紹其中的 Sun Shafts，Sun Shafts 為陽光射線特效，可以用來模擬亮度很高的光源被物體遮擋時所產生的徑向光線散射效果，合理地運用該特效能有效提升遊戲畫面的真實感。為攝影機加上此特效後在 Inspector 視窗中會出現 Sun Shafts (Script) 面板，底下可以調整其參數。

　　詳細參數解說依序如下：

✦ Rely on Z Buffer 為依據 Z 緩存，這個選項在沒有深度紋理可用或計算深度紋理非常耗費系統資源時建議勾選，如果取消勾選該項，則要求該特效必須是攝影機上首先加載、運算的特效。

✦ Resolution 為分辨率，可以指定分辨率精度，有三種方式可供選擇，分別為 Low、Normal 以及 High。

✦ Blend Mode 為混合模式，用來指定混合的計算方法，有兩種方式可供選擇，分別為 Screen 以及 Add。

✦ Shafts caster 為射線投射體，點擊該項右側的圓圈按鈕可以指定投射陽光射線的光源對象，指定完畢後，射線會根據指定的遊戲對象的位置變化散射的方向。

✦ Center on Main Camera 點擊該按鈕會將指定的投射射線遊戲對象居中到當前攝影機的視野中央，此操作會改變所指定的用於投射射線遊戲對象的位置。

✦ Shafts color 為射線顏色，用來設定射線的顏色。

✦ Distance falloff 為距離衰減，用來控制射線亮度距離投射射線遊戲對象的衰減程度，該值越大，衰減效果越明顯，射線的效果越不明顯。

✦ Blur size 為模糊尺寸，用來控制射線的模糊半徑值。

✦ Blur iterations 為模糊迭代次數，用來控制射線模糊處理的迭代次數，該值越大，模糊效果會更平滑，但同時會增加渲染時間。

✦ Intensity 為強度，用來控制射線的亮度，其值越大，射線的亮度越強，效果越明顯。

✦ Use alpha mask 為使用 alpha 遮罩，用來控制射線是否依據 alpha 通道生成。

　　下圖為添加 Sun Shafts 的效果圖，可以看到圖中有類似於陽光照射的感覺。

　　在 Bloom and Glow 中包含 Bloom、BloomAndFlares(3.5，Deprecated)、Bloom(Optimized) 以及 Glow(Deprecated) 共四項，如下圖所示：

　　我們主要介紹其中的 Bloom，Bloom 為泛光特效，能夠在增強光暈的同時自動添加高效能的鏡頭眩光，為攝影機加上此特效後在 Inspector 視窗中會出現 Bloom(Script) 面板，底下我們可以調整其參數。

　　參數解說依序如下：

✦ Quality 為質量，提供兩種等級選擇，分別為 Cheap 以及 High。

✦ Mode 用於選擇模式，有兩種模式可以選擇，分別為 Basic 以及 Complex。

✦ Blend 為混合，有兩種方式可以選擇，分別為 Screen 以及 Add。

✦ HDR 為高動態光照渲染，用於控制 HDR 的開關，有三種方式可供選擇，分別為 Auto、On 以及 Off。

✦ Intensity 為強度，用於控制全局光照的強度，主要影響泛光和光暈。

✦ Threshhold 用來控制泛光和光暈計算。

✦ Blur Iterations 為模糊迭代，即重複應用多少次高斯模糊到圖像上，迭代次數越多效果越平滑，但同時會花費更多時間。

✦ Sample Distance 為採樣間距，用來控制最大模糊半徑，對性能影響較小。

下面爲添加 Bloom 的效果圖。

在 Color Adjustments 中 包 含 Color Correction(Curves，Saturation)、Color Correction(Ramp)、Color Correction(3D Lookup Texture)、Contrast Enhance(Unsharp Mask)、Contrast Stretch、Grayscale、Sepia Tone 以及 Tonemapping 共八項，如下圖所示：

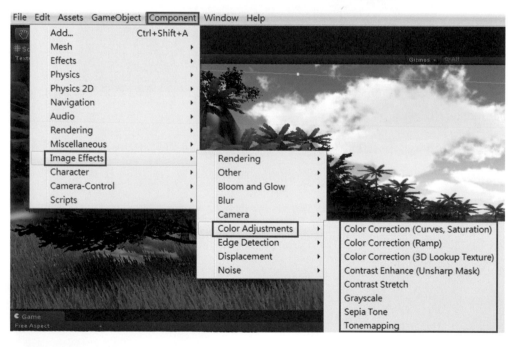

我們主要介紹其中的 Tonemapping，Tonemapping 爲色調映射，用來模擬人眼適應環境明暗交替的效果，建議與 Bloom 搭配使用。爲攝影機加上此特效後在 Inspector 視窗中會出現 Tonemapping (Script) 面板，底下我們可以調整其參數，如下圖所示，需注意的是該特效只有在 Camera 啓用 HDR 模式時才能正常使用。

參數解說依序如下：

✦ Technique 為用來指定色調映射的計算方法，即如何將高動態光照渲染產生的高範圍光照度映射至顯示設備能顯示的低範圍內，有七項可供選擇，分別為 SimpleReinhard、UserCurve、Hable、Photographic、OptimizedHejiDawson、AdaptiveReinhard 以及 AdaptiveReinhardAutoWhite。

✦ Exposure 為曝光度，用於模擬曝光的程度。

下圖為添加 Tonemapping 的效果圖，我們可以看到顏色有稍微暗了一些。

　　最後我們來比較有添加圖像特效和沒有添加圖像特效時的效果，我們可以發現
到，無添加圖像特效時的畫面較爲生硬，加上一些圖像特效後，會看起來更加接近眞
實世界的效果，如下圖所示：

▲（無添加圖像特效）

▲（添加 Bloom、Tonemapping 以及 Sun Shafts)

範例實作與詳細解說

本範例我們將藉由以下三個步驟來完成簡述如下：

步驟一　遊戲場景的佈置。

步驟二　對遊戲場景使用光照貼圖技術。

步驟三　設定第一人稱控制器並添加圖像特效。

一、遊戲場景的佈置

我們提供一個 Lesson07 的資料夾，資料夾中有兩個子資料夾，分別為 Lesson07(practice) 以及 Lesson07(finish) 以及一個名為 windmill 的 FBX 檔，如下圖所示：

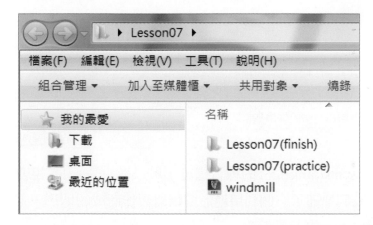

開啟 Unity，會彈出一個 Unity Project Wizard 視窗，在此視窗中我們可以選擇要開啟的專案，點擊下方的 Open Other 按鈕。

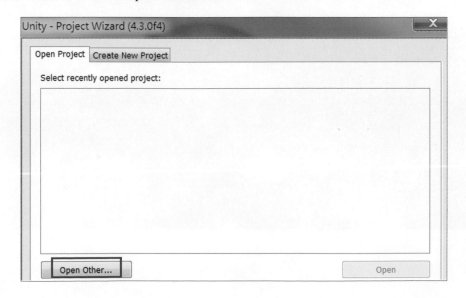

　　點擊 Open Other 按鈕後，找到 Lesson07 中名為 Lesson07(practice) 的資料夾，點擊下方的選擇資料夾按鈕，如此便開啓名為 Lesson07(practice) 的專案，如下圖所示：

　　開啓名為 Lesson07(practice) 的練習檔後，可以從 Hierarchy 視窗中看到目前場景中的所有物件，我們準備了一個利用地形編輯器製作而成的地形，並放置一個平行光源照亮整個遊戲場景，如下圖所示：

接著我們開始來佈置整個遊戲的畫面，在系統選單選擇 Assets 的 Import Package，尋找 Light Flares、Skyboxes 及 Water(Pro Only) 選項，先將這三個資料包分別匯入到專案中，如下圖所示：

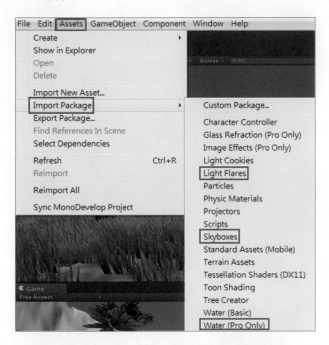

首先利用天空盒製作出晴朗的天空，在系統選單選擇 Edit 的 Render Settings。

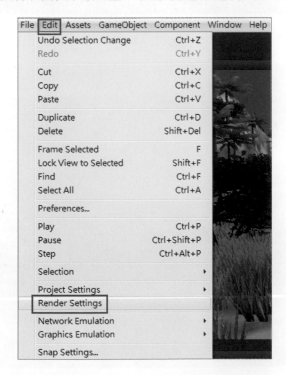

　　點擊 Inspector 視窗中 Skybox Material 右邊的圓形圖示，在彈出的 Select Material 視窗中選擇名為 Sunny3 Skybox 的材質球，如下圖所示：

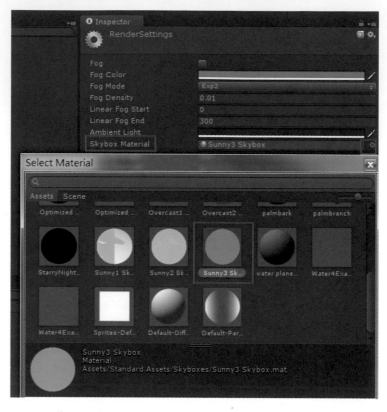

　　如此天空的設定便完成了。

我們可以在地形中看到許多向下凹陷的部分，這些地形我們可以用來製作河流，在 Projects 視窗中找到 Standard Assets 中的 Water(Pro Only)，將 Water(Pro Only) 中的 Daylight Water 利用滑鼠拖曳至遊戲場景中。

點擊 Hierarchy 視窗中的 Daylight Water，將 Inspector 視窗中的 Position 設定為 (250，10，250)，Scale 設定為 (400，1，400)。

接著我們來設定太陽光,雖然遊戲場景中已經有一個平行光源,不過 Light Flares 不能夠使用在平行光源上,因此我們需要另外創造一個光源,在系統選單選擇 GameObject 的 Create Other,尋找 Point Light 選項,在遊戲場景中創造一個點光源,如右圖所示:

選擇剛才所創建的點光源,將 Inspector 視窗中的 Position 設定為 (550,230,540),並點擊下方 Flare 最右方的圓形按鈕,點擊此按鈕後會彈出一個名為 Select Flare 的視窗,在此視窗中我們選擇 Sun。

　　設定完成後，我們可以在場景中右上方看到所創造完成的太陽光，如下圖所示，若是太陽光沒有在攝影機畫面中出現，我們可以調整 Inspector 視窗中 Position 的 X 軸數值，讓我們可以在遊戲畫面中看到太陽光。

　　最後要在遊戲場景中放上風車，在系統選單選擇 Assets 的 Import New Asset。

　　選擇 Lesson07 資料夾中名為 windmill 的檔案，最後按下 Import，如下圖所示，如此便將模型匯入此專案中。

　　在 Projects 視窗中將名為 Windmill 的模型利用滑鼠拖曳至遊戲場景中，如下圖所示，若此時模型上的貼圖消失，我們只需重新開啟 Unity 即可。

　　點擊 Hierarchy 視窗中的 windmill，將 Inspector 視窗中的 Position 設定為 (126，15，295)，Rotation 設定為 (0，220，0)，Scale 設定為 (3，3，3)。

　　由於此模型帶有動畫，因此我們必須做一些設定，點擊 Project 視窗中名為 windmill 的風車模型，進入到此模型的內部進行編輯。

　　點擊模型後在 Inspector 面板中點選 Rig，在 Animation Type 的部分選擇 Legacy，並按下 Apply。

　　點選 Animations，勾選 Animations 底下的 Add Loop Frame，並將 Wrap Modle 改為 Loop，使模型能夠重複播放動畫，最後按下 Apply。

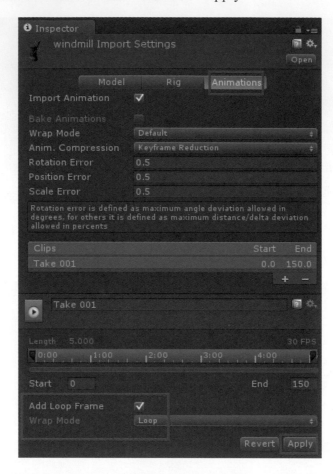

　　如此風車動畫的設定便完成了，按下上方的播放鍵，我們可以看到風車已經有在播放其本身的動畫。

二、對遊戲場景使用光照貼圖技術

接著來進行光照貼圖的設定，由於地形為靜態物件，因此點擊 Hierarchy 視窗中的 Terrain，勾選 Inspector 視窗中的 Static，通知 Unity 此地形為靜態物件，如下圖所示：

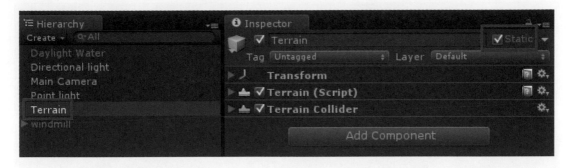

點擊 Hierarchy 視 窗 中 的 Directional light，在 系 統 選 單 選 擇 Window 的 Lightmapping。

　　按下 Window 底下的 Lightmapping 後，會彈出 Lightmapping 視窗，選擇 Lightmapping 視窗中的 Object 視窗，將底下的 Baked Shadows 設定為 On(Realtime:Soft Shadows)，Shadow Samples 設定為 400。

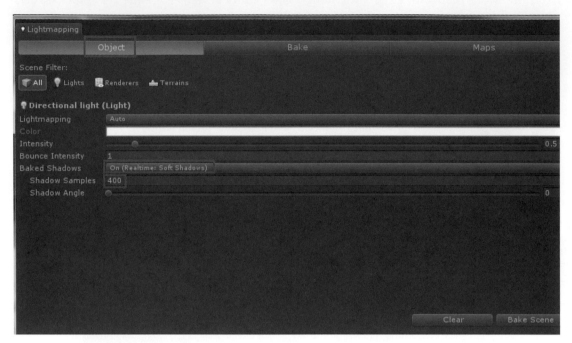

　　將 Baked Shadows 設定為 On(Realtime:Soft Shadows) 後，可以看到場景上會出現影子的效果，如下圖所示，我們旋轉平行光源可以改變影子的角度。

選擇 Lightmapping 視窗中的 Bake 視窗，將 Mode 設定為 Single Lightmaps，Bounces 設定為 2，Resolution 設定為 60，如下圖所示，最後按下最底下的 Bake Scene 按鈕，烘焙整個遊戲場景。

烘焙完成後如下圖所示：

三、設定第一人稱控制器並添加圖像特效

　　光照貼圖設定完成後，接著我們要來設定第一人稱控制器以及圖像特效。在系統選單選擇 Assets 的 Import Package，尋找 Character Controller 及 Image Effects(Pro Only) 選項，將這兩個資料包分別匯入到專案中，如下圖所示：

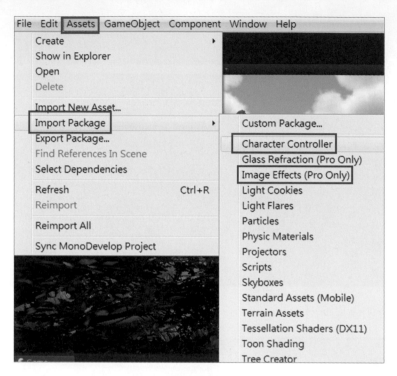

　　在 Project 視窗裡找到 Character Controllers 中的 First Person Controller，將其拖曳至遊戲場景中 (106，16，165) 的位置。

　　將鏡頭移動到風車影子的部分，我們可以看到動態物件的影子顏色較深，因此我們可以在此加上一盞點光源，使影子稍微暗一些，如下圖所示：

　　在系統選單選擇 GameObject 的 Create Other，尋找 Point Light 選項，在遊戲場景中創造一個點光源。

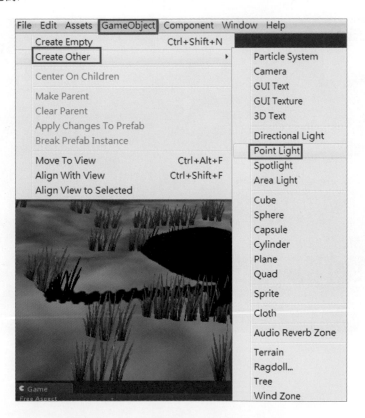

選擇剛才所創建的點光源，將 Inspector 視窗中的 Position 設定為 (120，20，201)，Range 設定為 50，Intensity 設定為 0.3，如下圖所示：

如此風車景的部分看起來便不會那麼突兀了。

接著我們要替攝影機加上圖像特效，點擊 Hierarchy 視窗中的 First Person Conyroller 底下的 Main Camera，我們要此攝影機上加上特效，如右圖所示：

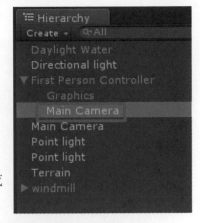

在系統選單選擇 Component 的 Image Effects，尋找 Bloom and Glow 中的 Bloom，如下圖所示：

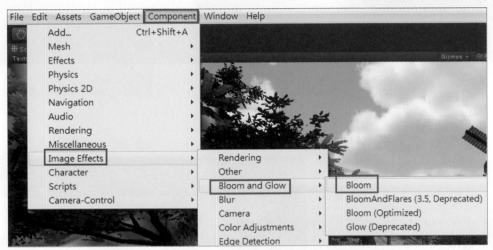

將 Inspector 視窗中的 Bloom(Script) 面板中的 Threshhold 設定為 0.2，如下圖所示：

如此我們便能夠得到如下圖示的效果。

　　在系統選單選擇 Component 的 Image Effects，尋找 Color Adjustments 中的 Tonemapping。

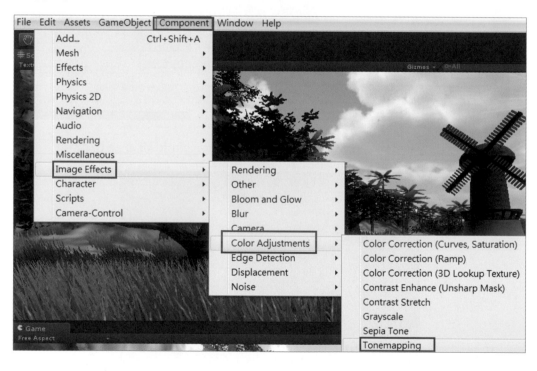

　　將 Inspector 視窗中 Camera 底下的 HDR 勾選起來，並將 Tonemapping(Script) 底下的 Exposure 設定為 2。

　　如此我們便能夠得到如下圖示的效果。

在系統選單選擇 Component 的 Image Effects，選擇 Rendering 中的 Sun Shafts，如下圖所示：

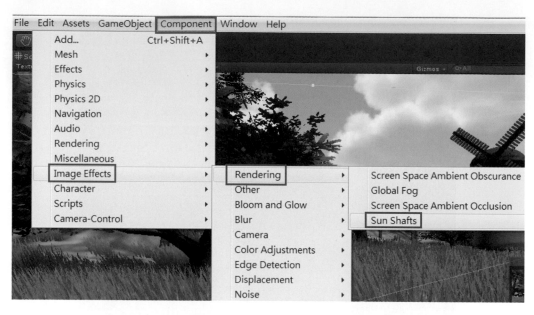

將 Inspector 視窗中 Sun Shafts(Script) 底下的 Distance falloff 設定為 0.2，Blur size 設定為 3，Intensity 設定為 1.5，如此所有的設定便完成了。

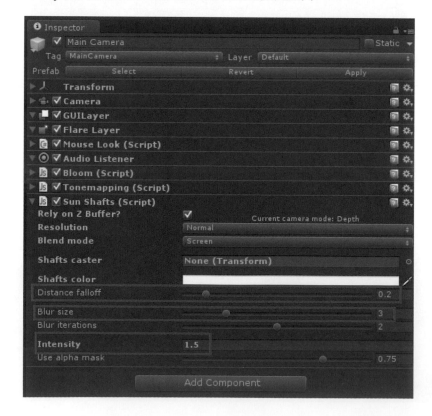

本範例完成如下：

第 08 講
遊戲角色導入與動畫系統與應用

作品簡介

　　在前幾個範例介紹了一些 Unity 的基本功能，這些功能大部分都是用來佈置遊戲場景，建立整個遊戲基本的外貌，並使用各種功能加以美化，完成了一個基本的遊戲世界，但若是只擁有場景不能稱之為遊戲，所以我們需要在場景上加上一些可以由玩家操控的物體或是角色，以及會與玩家互動的物件或敵人，而這些模型可以非常輕易的匯入 Unity，但若直接加入場景，該模型就等於場景的一部分了，這是因為我們並沒有設置該模型可以由玩家操控或與玩家互動，也沒有給予該模型動畫，所以這一個範例我們會學到 Unity 所提供中非常重要的動畫系統。

　　動畫系統顧名思義就是可以自由地操控模型動畫的系統，若是一個模型不擁有動畫，那該模型就只類似於雕像，在遊戲中也只能達到裝飾的效果，若一個模型擁有動畫，則我們可以透過動畫系統，讓模型在我們希望的時間點播放動畫，例如當我們按下前進按鍵時 (通常是方向鍵上或是 W 鍵)，讓該模型播放向前行走的動畫，或是在角色死亡時播放對應的動畫，這些效果都可以透過動畫系統達到。

　　在本範例要學習的另一個重點為從 Unity 的資源商店下載並匯入資源，Unity 的資源商店名為 Asset Store，當中包含了非常豐富的資源，一般來講，當我們在製作遊戲時，都是藉由外部建模軟體設計好我們需要的模型，再經由轉換器匯入各個遊戲引擎中，但若當遊戲設計者不熟悉建模軟體，又或者是不想多花時間於建模上，則我們可以透過 Asset Store 下載各種我們需要的模型，除了模型外，Asset Store 還提供了場景、材質、音效…等各式各樣的資源，並且擁有部分免費資源提供下載，讓設計者在取得資源時不需要額外的花費，是在製作遊戲時，可以多加利用的功能。

📖 學習重點

本範例主要的學習重點

重點一：使用 Unity 的資源商店 Asset Store 下載資源並匯入模型。

重點二：利用第三人稱控制器使人物模型執行動畫並移動。

重點一　　從 Asset Store 下載資源並匯入人物模型

　　Unity 的 Asset Store 是一個線上資源商店，提供了非常多樣的資源，包括模型、材質、紋理、音效、腳本、粒子效果，遊戲工具、動畫…等，除了基本資源外還有各式各樣的遊戲或系統的完整範例檔，讓大家可以更充分了解各種類型的遊戲設計架構。

　　開啓 Asset Store 的方法有很多種，簡單的方式可以通過在瀏覽器輸入官方網站的網址進入 (https://www.assetstore.unity3d.com/)。

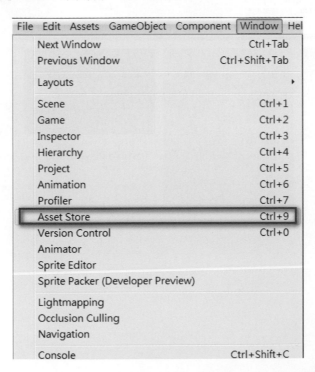

　　或是可以直接於 Unity 軟體裡系統選單的 Window 之中的 Asset Store 來開啓，也可以直接使用快捷鍵 Ctrl+9 來開啓，如下圖所示：

　　使用網頁開啟 Asset Store 與在 Unity 裡開啟 Asset Store 擁有各自的優點，使用網頁開啟 Asset Store 能取得較快的讀取速度，並且可開多個分頁進行資源比較，但使用網頁開啟 Asset Store 在下載模型時還是會自動開啟 Unity 的 Asset Store 頁面，若是直接使用 Unity 開啟 Asset Store 則省去此一步驟，我們可以選擇自己較習慣的方式進行操作。

　　開啟 Asset Store 後，可看到頁面分為左右兩區塊，左邊的大區塊為資源介紹及資源圖示，下方有一些比較熱門的資源放在首頁供選擇，當我們尋找資源時，各個資源的詳細資料也會顯示在此頁面。

　　右邊的區塊最上方為資源搜尋，接著為資源分類，依序為 Home(首頁)、3D Models(3D 模型)、Animation(動畫)、Audio(音效)、Complete Projects(完成檔)、Editor Extensions(編輯器擴充)、Particle Systems(粒子系統)、Scripting(腳本)、Services(服務)、Shaders(著色器)、Textures & Materials(紋理與材質)，每個分類之下還有更細項的子分類，我們可以依照需求找到適合使用的資源，如下圖所示：

　　資源分類下面為資源排行，分別為 Top Paid(熱門付費項目)、Top Free(熱門免費項目)、Top Grossing(營收最多)、Latest(最新項目)、My Stuff(我的資源)，我們可以經由此處尋找熱門的資源，也可以快速找到品質較好的資源。

　　在 Asset Store 下載資源需要一個 Unity 帳號，若是沒有帳號，可以點擊右上角的 Create Account 創建帳號。

輸入基本資料後，系統會寄送一封驗證 E-Mail 到信箱，須收取信件以開通帳號。

Create New User Account

Ready-to-use assets, powerful extensions, and complete projects are right at your fingertips. The Asset Store contains everything you need to quickly master Unity and take your game from concept to shipping title.

E-mail:	_____ *
Password:	_____ *
Repeat Password:	_____ *
First Name:	_____ *
Last Name:	_____ *
Organization or Company:	_____
Address 1:	_____ *
Address 2:	_____
ZIP or Postal Code:	_____ *
City:	_____ *
Country:	Taiwan ▾ *
Phone Number:	_____
VAT Number:	_____

☑ Get Unity news, discounts and more! By signing up, I agree to the Unity Privacy Policy and the processing and use of my information.

Create

登入帳號後我們可以試著點擊右邊的資源分類各選項，這裡以 3D Models 為例，點擊後項目下方會出現許多子項目，將此資源分類再子分類，讓大家在尋找資源時更為方便，3D Models 的子項目有，Characters、Environments、Props、Vegetation、Vehicles、Other，而每一個子項目還有可能會擁有子項目，讓分類更仔細，假如我們現在想要尋找椅子的模型，可以點選 Props(道具) 項目，在 Props 的子項目裡尋找 Interior(室內) 項目，如右圖所示：

```
♠ Home
▼ 3D Models
  ▶ Characters
  ▶ Environments
  ▼ Props
      Appliances
    ▶ Clothing
      Electronics
      Exterior
      Food
      Furniture
      Industrial
      Interior        283
      Tools
    ▶ Weapons
      Other
  ▶ Vegetation
  ▶ Vehicles
    Other
```

點擊之後可以在左邊畫面看到不同的室內裝置模型，尋找我們需要的椅子模型。

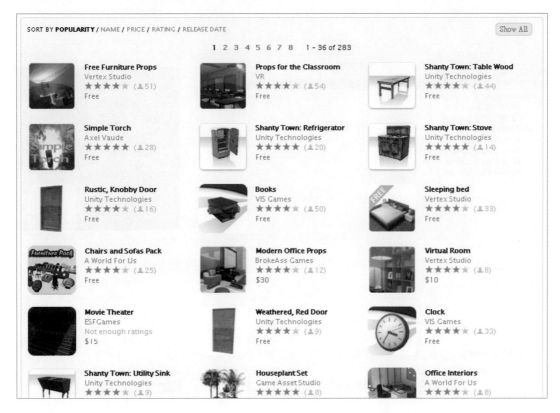

　　找到椅子模型之後點擊圖示或文字進入資源的詳細頁面，會看到有該模型基本的簡介及圖片，在此頁面可以查看資源的 Category(分類)、Publisher(出版者)、Rating(評價)、Price(價格)、Version(版本)、Size(容量)、Requires(需求版本)，和簡單的介紹，如下圖所示：

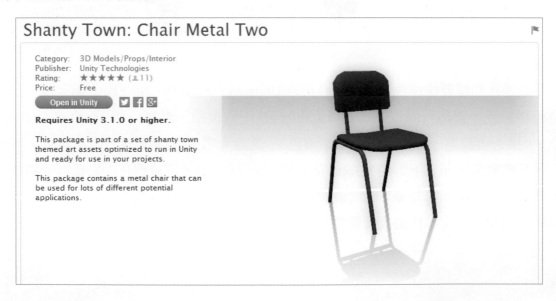

　　在下方的 Package Contents 可以觀看此資源的文件結構，裡面可能包含模型本身、貼圖，甚至是動畫、模型示範檔，我們可以尋找是否有自己需要的資源。

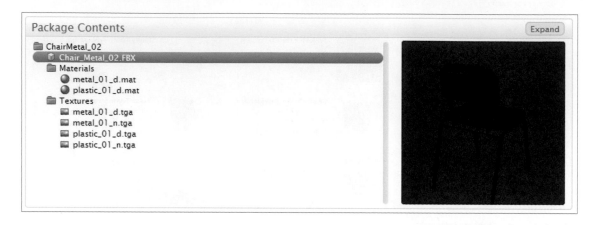

　　最下方會顯示推薦模型，將會根據現在選擇的模型推薦相關聯的模型連結，讓我們能快速的找到需要的模型，如下圖所示：

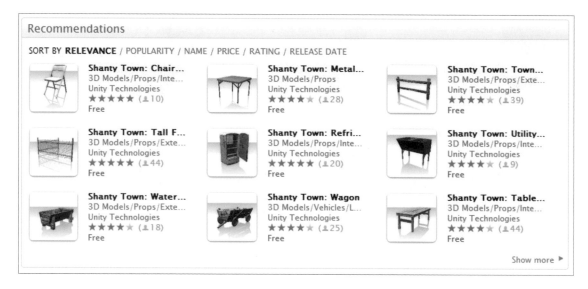

　　若是我們想要快速找到品質好且符合 Unity 格式的模型，可使用分類項目並配合排行榜功能，假如我們想尋找一個免費的 3D 人物模型，點擊分類 3D Models(3D 模型)，接著再點選子分類 Characters(角色)，此時可看到左邊畫面出現非常多人物模型，我們點擊畫面右下方的，Top Free(熱門免費項目)，可看到在人物模型分類中的熱門項目，因為此處資源下載次數較多，所以這些模型的品質基本上較好，我們就可以使用此功能快速尋找出我們需要的模型，如下圖所示：

接著是匯入模型部分，若是使用外部瀏覽器開啟 Asset Store，在資源購買完成後，或是我們使用的是免費資源，可以在資源介紹頁面看到有個 Open in Unity 按鈕，點擊後系統將會自動開啟 Unity 並開啟此資源介面。

開啟 Unity 後會看到原本寫著 Open in Unity 的按鈕，變為寫著 Download 按鈕，如下圖所示：

按下按鈕後將會開始下載資源，當下載完成後會跳出一個 Importing package 視窗，在這裡我們可以選擇需要匯入的資源，通常我們會維持預設全部匯入，按下 Import 按鈕匯入資源，如下圖所示：

匯入後到 Project 視窗裡可尋找到剛剛下載的模型。

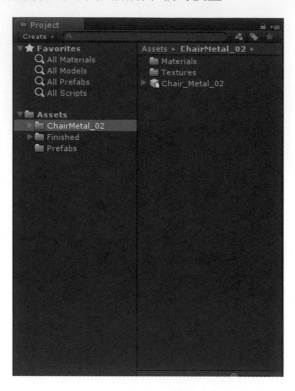

另外，我們可以點擊 Asset Store 最上方的 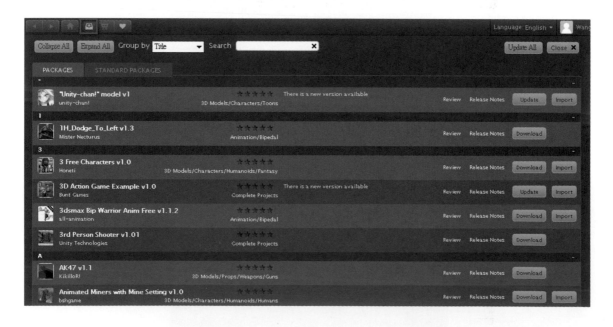 按鈕開啟頁面，此頁面會顯示 Unity 本身的標準資源包及用戶已下載的資源包，使用此帳號下載過的資源將會顯示在此頁面，我們可以透過點擊 Import 按鈕匯入各項資源。

重點二　　利用第三人稱控制器使人物模型執行動畫並移動

我們已經可以輕易的從網路上得到模型，接著可將下載下來的模型放到場景上，並幫模型加上腳本及角色控制器，讓模型能夠依照玩家的操控移動，為了方便說明，我們將在 Asset Store 中下載一個模型，來示範 Unity 的動畫系統如何操控人物模型動畫。

開啟 Asset Store 並搜尋關鍵字 Soldier Character Pack，將此模型下載並匯入 Unity 裡。

Q Soldier Character Pack|

從網路上下載人物模型之後，可以先觀察模型是否擁有動畫，點擊模型後看到 Inspector 視窗，選擇 Animations 選項，若是該模型沒有動畫，則會看到文字顯示此模型中沒有包含動畫，很明顯的，剛剛下載的士兵模型並沒有包含動畫，如下圖所示：

我們在這裡需要的是一個擁有動畫的模型，所以再次開啟 Asset Store，並搜尋關鍵字 Base Male (Muscular)，將此模型下載並匯入 Unity 裡。

Q Base Male (Muscular)

點擊模型後看到 Inspector 視窗，選擇 Animations 選項，若是模型有包含動畫，則會看到 Animations 選項下顯示了許多動畫資訊，我們可以在此介面設置動畫，如方向、位置、是否循環播放…等，在此我們所選擇的人物模型 baseMale 是具有動畫的模型，如下圖所示：

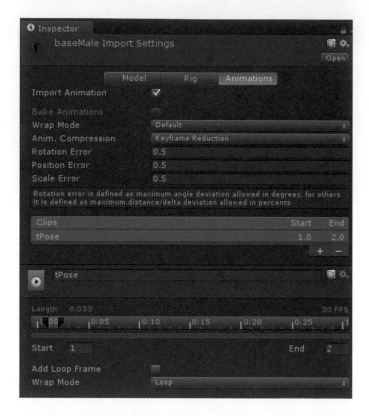

　　此模型的動畫參數是可以調整的，若有調整動畫參數，在調整完成後需按下 Inspector 視窗右下角的 Apply 按鈕確認設置。

　　我們也可以在畫面右下方的 Preview 視窗瀏覽此動畫，並檢視調整過後的動畫屬性是否正確。

本範例要使用模型本身的動畫，我們需要將模型的動畫型態切換到傳統模式，按下 Rig 選項，點擊 Animation Type，並選擇 Legacy，接著按下 Apply 按鈕確認設置。

在完成基本設置後，我們就可以直接將模型拖拉至場景上了，如下圖所示：

　　在場景上點擊剛剛匯入的模型，並看到 Inspector 視窗，模型本身有預設的 Animation 元件，此選項按鈕是被選取的狀態，當中有些選項是我們可以調整的，Animation 項目是模型預設動畫，若此模型沒有設定任何動畫控制，則此模型會一直播放預設動畫。

　　接著是 Animations 項目，若沒有設置好 Animations 的每個 Element，動畫將無法流暢的切換，我們所下載的 baseMale 人物模型擁有 13 個動畫片段，而我們等下只會使用當中的部分動作片段，其中包括 idle、jump、run、walk，這四個動畫片段是我們待會需要使用到的動畫，如下圖所示：

　　一般來講，要控制動畫的切換及角色的移動需要撰寫腳本操控，現在 Unity 裡提供了預設的腳本，讓我們在製作角色動畫時更有效率，我們可以使用 Unity 內建的第三人稱控制器腳本，使模型移動並產生動畫改變，首先我們必須先匯入腳本，在系統選單選擇 Assets 的 Import Package，尋找 Character Controller 選項並點擊。

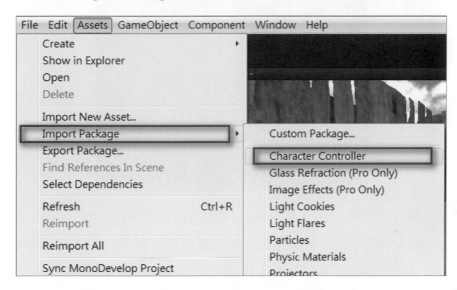

　　接著會跳出 Importing package 視窗，選擇 Import 匯入資源包。

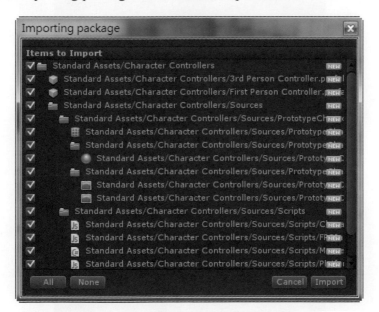

在 Project 視窗中尋找 Standard 資料夾點擊進入，接著依序進入 Character Controllers、Sources、Scripts 資料夾，並找到 ThirdPersonController 腳本。

我們可以將此腳本拖拉加至 Hierarchy 視窗中的角色模型中，切記不要把腳本直接拖到 Scene 的人物模型上，這樣可能會發生腳本加至模型子物件的情形，在之後的設定也會出錯，如下圖所示：

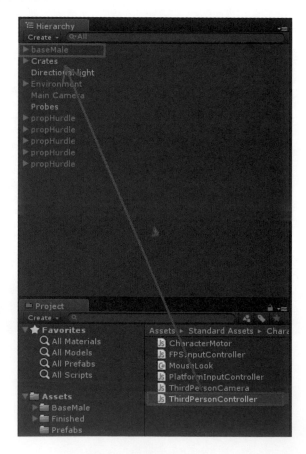

在 Inspector 視窗裡，會看到系統爲我們新增了兩個元件，一個爲 Character Controller 角色控制器元件，另一個新增的元件爲 ThirdPersonController 腳本元件，如下圖所示：

有關此兩個元件的功能使用我們分述如下，角色控制器元件可以產生基本的角色物理效果，是由一個膠囊體碰撞體所產生，但與膠囊體碰撞體不同的是，角色控制器並不會對施加於自身的力量做出反應，也不會作用力於其他物體，此外也有一些選項比較特殊，Slope Limit(坡度限制) 可限制該碰撞只能爬上小於等於該值的坡度，Step Offset(台階高度) 爲角色可走上的最高台階高度，Skin Widch(皮膚厚度) 可以決定兩個碰撞器可以互相穿透的程度，若此值過大則碰撞器會產生顫抖，若此值過小則會使得角色卡住，理想的皮膚厚度設置爲碰撞體半徑 (Radius) 的 10%，Min Move Distance(最小移動距離) 爲當角色的移動距離小於該值，則角色不會移動，這是爲了防止角色產生顫抖，但大部分情況下此值爲 0。

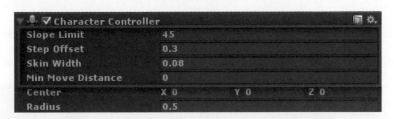

接著是膠囊體也擁有的一些選項，Center(中心) 爲膠囊體的中心位置，在大部分情況下，我們會將膠囊體的中心剛好放在角色的中心，在這裡我們爲了要讓膠囊體包覆身體，所以設置 Y 值爲 1，Radius(半徑) 爲膠囊體的半徑，Height(高度) 爲膠囊體的高度。

設置完成後可以看到膠囊體剛好包覆模型。

　　關於 ThirdPersonController 腳本元件，此腳本可以控制角色的移動及動作切換，但腳本只提供我們只能執行四個基本動作，分別為 Idle Animation(待機動畫)、Walk Animation (走路動畫)、Run Animation (跑步動畫)、Jump Animation (跳躍動畫)，這四個基本動畫，若想要增加其他的動畫，須自行撰寫腳本，或直接修改此腳本。

　　我們分別將模型本身自帶的動畫套用到腳本上，首先點選 Idle Animation(待機動畫)，後面的圓圈，如下圖所示：

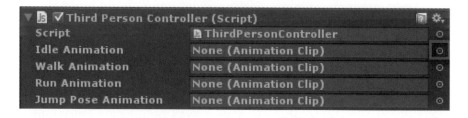

　　會跳出一個 Select AnimationClip 視窗，此時我們尋找 idle 待機動畫，會發現 idle 動畫片段可能不只一個，這是因為我們的資料夾裡可能不只有一個角色模型，而每個模型都擁有 idle 動畫片段，我們需要的是 baseMale 所擁有的待機動畫，所以可以看到最下方，若我們選取的 idle 動畫原始檔名稱為 baseMale@idle.fbx，則此動畫片段示我們所需要的，如下圖所示：

除 了 Idle Animation(待 機 動 畫) 以 外，Walk Animation(走 路 動 畫)、Run Animation(跑步動畫)、Jump Pose Animation(跳躍動畫)，也都需要做此設定，如下圖所示：

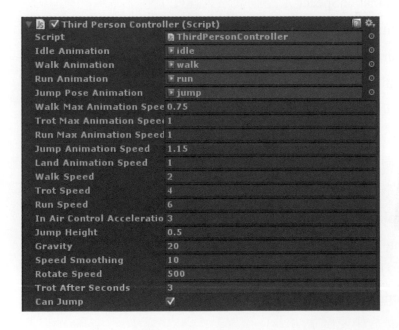

　　按下執行後，就可以以方向鍵控制角色行走了，在行走時按下 Shift 鍵則可以切換到跑步動畫，按下空白鍵則可以執行跳躍動畫。

　　若我們想讓角色移動更為準確，或是調整為我們理想的樣子，則可以回到 ThirdPersonController 腳本元件修改底下的選項，共有 14 個項目，分別為：

- ✦ walkMaxAnimationSpeed(走路動畫最大速度)
- ✦ trotMaxAnimationSpeed(慢跑動畫最大速度)
- ✦ runMaxAnimationSpeed(跑步動畫最大速度)
- ✦ jumpAnimationSpeed(跳躍動畫最大速度)
- ✦ landAnimationSpeed(著地動畫最大速度)
- ✦ walkSpeed(走路速度)
- ✦ trotSpeed(慢跑速度)
- ✦ runSpeed(跑步速度)
- ✦ inAirControlAcceleration(滯空加速度)
- ✦ jumpHeight(跳躍高度)
- ✦ gravity(重力)
- ✦ speedSmoothing(速度平滑度)
- ✦ rotateSpeed(旋轉速度)
- ✦ trotAfterSeconds(切換跑步速度)

　　當角色在場景中按下空白鍵，我們可以執行跳躍動作，但我們會發現角色跳躍的動作並不明顯，這是因為腳本預設的跳躍高度對於此模型來說過於低了，所以我們可以透過修改跳躍高度數值，進而達到我們想要的跳躍效果。

　　點擊場景上的角色，並看到 ThirdPersonController 腳本元件，當中有個 Jump Height 參數，預設為 0.5，為了讓效果看起來更明顯，我們將此值設為 1.5，並執行遊戲看看兩者的差異。

▲ Jump Height=0.5　　　　　　　　　　　　▲ Jump Height=1.5

　　除了跳躍高度之外，腳本參數還可以調整走路跑步速度、動畫播放速度、旋轉速度…等，大家可以試著調整出最適合各個模型的數值，達到最佳的移動效果。

範例實作與詳細解說

步驟一　從 Asset Store 下載並匯入模型。

步驟二　將模型拖拉至場景並檢查動畫設定。

步驟三　將內建腳本套用至角色身上。

一、從 Asset Store 下載並匯入模型

開啓本範例練習檔專案，裡面擁有一個名爲 Scene 的預設場景，或是可以直接利用前範例所製做出的場景。

接著我們進入系統選單 Window 之中的 Asset Store，或是可以直接使用快捷鍵 Ctrl+9 來開啓 Asset Store。開啓後搜尋我們在範例裡需要用到的模型，名稱爲 Red Samurai。

🔍 Red Samurai

打開 Red Samurai 頁面後，點擊 Import 將其匯入 Unity 中。

出現 Importing package 視窗再次點擊 Import 匯入，如下圖所示：

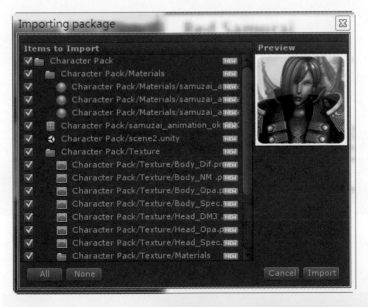

　　我們可以在 Project 視窗中，找到剛剛下載的 Character Pack 資料夾，並尋找資料夾裡的模型。

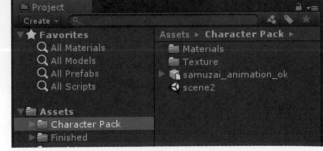

二、將模型拖拉至場景並檢查動畫設定

　　點擊模型，並在 Inspector 視窗中點擊 Rig 選項，確認模型的動畫型態為 Legacy，並將模型拖拉至場景中。

　　這時會發現模型是非常暗的，我們可以點擊場景上的 Probes 項目，發現此場景有加入 LightProbes。

　　我們需要進入到模型的子項目裡，選擇 Plane007 並將 Skinned Mesh Renderer 元件裡的 Use Light Probes 選項打勾。

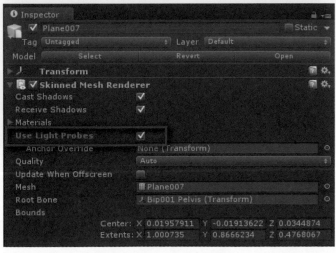

此時看到場景上的模型，可以發現角色明顯變亮了。

　接著我們點擊模型，並觀察到模型的 Animation 元件的 Animations 子項目，發現此模型擁有 5 個動畫，分別是 idle(待機)、Walk(走路)、Run(跑步)、Jump(跳躍)、Attack(攻擊)，且都已經設置完成了，所以我們不需要再更改此元件。

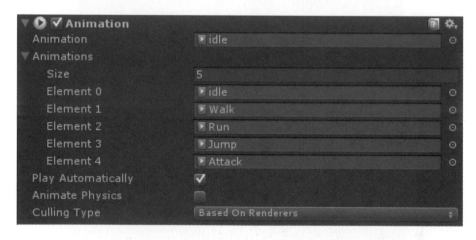

三、將內建腳本套用至角色身上。

　　接著我們需要使用 Unity 內建的第三人稱控制器，並使用控制器當中的腳本，使角色可以在我們的操控之下播放動畫，並在場景上執行移動動作，在系統選單選擇 Assets 的 Import Package，尋找 Character Controller 選項並點擊，如下圖所示：

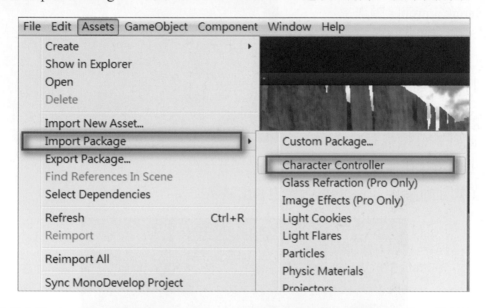

接著會跳出 Importing package 視窗，選擇 Import 匯入資源包，如下圖所示：

在 Project 視窗中尋找 Standard Assets 資料夾點擊進入，接著依序進入 Character Controllers、Sources、Scripts 資料夾，並找到 ThirdPersonController 腳本。

我們可以將此腳本拖拉加至 Hierarchy 視窗中的角色模型中，切記不要把腳本直接拖到 Scene 的人物模型上，這樣可能會發生腳本加至模型子物件的情形，在之後的設定也會出錯。

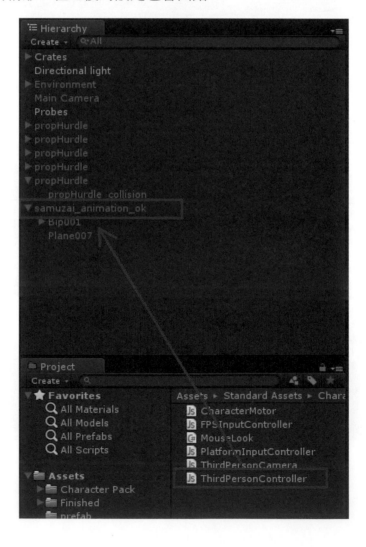

接著點擊模型，並看到在 Inspector 視窗裡，系統為我們新增了兩個元件，一個為 Character Controller 角色控制器元件，另一個新增的元件為 ThirdPersonController 腳本元件。

修改 Character Controller 角色控制器元件的膠囊體中心 Y 值為 1，其他參數維持預設值即可。

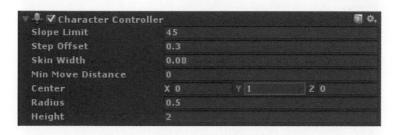

觀察場景上的模型，可以發現膠囊體剛好處於角色的中心，並且包覆著整個模型。

在 ThirdPersonController 第三人稱控制器腳本裡，我們分別將角色模型裡包含的四個動畫分別拖拉到腳本的選項上，分別為 idle、Walk、Run、Jump 四個動畫片段。

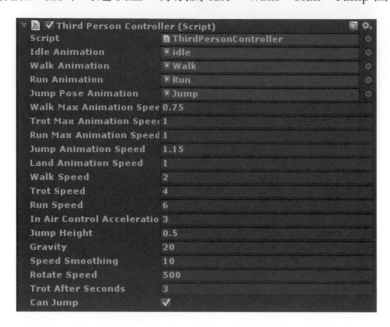

設置好第三人稱控制器腳本後按下執行遊戲，隨意按下方向鍵，我們的角色就可以自由移動了，在走路狀態下按下 Shift，角色即可切換到跑步狀態，按下空白鍵角色則會執行跳躍動作。

在執行遊戲時，因為我們鏡頭是固定的，但是角色會隨意移動，非常輕易的就會跑出鏡頭外，所以我們在這裡可以為角色增加鏡頭的跟隨效果，在 Unity 中也提供了內建的腳本，我們不需要重新撰寫。

打開剛剛放置 ThirdPersonController 腳本的 Scripts 資料夾，資料夾裡有個名為 ThirdPersonCamera 的腳本，我們講此腳本拖拉至角色模型中。

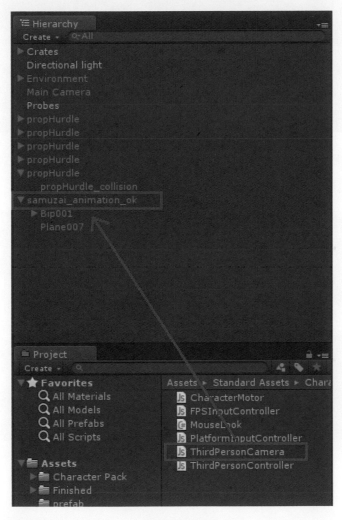

點擊角色，並看到 ThirdPersonCamera 腳本元件，此腳本也有一些相關參數可修改，我們將 Distance 參數，也就是鏡頭與角色的距離調整為 3，將 Height 參數，鏡頭高於角色模型的數值調整為 1，因為角色模型中心大約為 Y=1 的位置，所以鏡頭在播放時會出現在大約 Y=2 的位置，接著調整 Angular Max Speed 參數，　此參數為鏡頭旋轉的最大速度，將數值改為 150，讓角色在旋轉時，鏡頭能以比較快的速度跟隨到角色，而不會一直讓角色維持在不好操控的角度，如下圖所示：

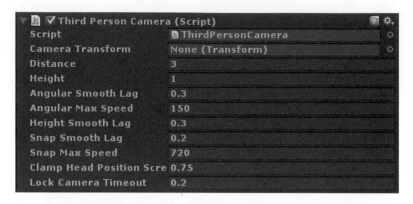

設定好 ThirdPersonCamera 腳本後，按下測試遊戲後，即可看到攝影機非常順暢地跟隨著角色，如下圖所示：

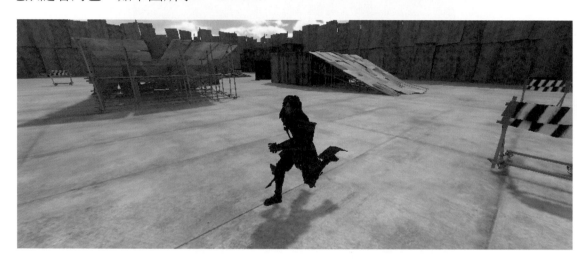

第 09 講
Mecanim 動畫系統

作品簡介

　　在上一個範例裡提到了動畫系統的應用，但該動畫系統使用的前提為模型必須擁有預設的動畫，這讓我們在製作遊戲時受了許多限制，例如使用建模軟體為擁有的模型製作動畫，若是技術尚不純熟，模型的動作也會顯得不流暢，又或者使用 Unity 的 Asset Store 資源商店上下載的模型，此時我們必須要尋找擁有動畫的模型，而該模型的動畫又不一定是我們需要的，例如：只有簡單的待機走路動畫，而我們卻必須要用到攻擊動畫，或是我們喜歡的模型，卻沒有擁有動畫，這些原因都會使我們在製作遊戲時無法順利的做出我們想要的畫面。

　　Unity 在 4.0 版本時，推出了 Mecanim 動畫系統，此動畫系統讓動畫製作更為豐富與明確，對於人形模型也提供了更簡單的工作流程。Mecanim 動畫系統提供了 Retarget 功能，此功能可以讓我們從大量的動作片段選擇動畫，並快速的套用至角色模型身上，不需要使用角色本身自帶的動畫，任何人形角色皆可套用，我們也可以將角色本身的動畫匯入至 Unity 中形成獨立的動作片段，或是從 Asset Store 下載動畫使動作片段資源更為豐富。

Mecanim 動畫系統提供了另一個強大的功能，名為動畫控制器，此功能可以導入多個動作片段，並產生循環與相互切換，也可以擷取動作的運動軌跡，使角色模型沿動作方向移動，不需要再額外施加力量移動角色，動畫控制器可以輕易達成動畫混合的效果，我們可以使用少數的動作片段就產生非常多樣的動作，並可以直接在動畫控制器裡預覽混合後的效果，下表可看到 Mecanim 動畫系統與 Legacy(傳統) 動畫系統的差別。

🔍 Mecanim 動畫系統 V.S. Legacy(傳統) 動畫系統

	Mecanim 動畫系統	Legacy(傳統) 動畫系統
事前準備	少 (只需要骨架模型)	多 (需骨架模型與動作動畫)
動作的狀態動畫結構	有 (以圖形化介面設定動畫間的關聯)	無 (需以腳本設定動畫間的關聯)
新增動作	可 (直接匯入動作片段)	不可 (需使用外部建模軟體增加)
動畫多樣性	多 (可使用任一模型動畫)	少 (只能使用自帶動畫)
動作混合	簡單 (自動混合，且可調整)	複雜 (使用腳本撰寫)

　　在這個範例裡，我們將學習 Mecanim 動畫系統，讓任何一個有骨架的角色模型產生動畫，並可流暢的於各個動畫間切換，且可根據我們所下達的指令產生對應的動作，在場景中自由移動。

學習重點

本範例主要的學習重點

重點一：對人形骨架模型建立 Avatar 物件。

重點二：建立角色模型的狀態動畫。

重點三：角色模型狀態動畫的切換控制。

重點一　對人形骨架模型建立 Avatar 物件

在這章節的範例裡，我們會為沒有動畫的人物模型添加動畫，而任何一個人物模型在套用動畫之前，必須將模型的骨架綁定，並產生 Avatar 物件，使人物模型可以經由 Avatar 產生動作。

開啟 Asset Store 並搜尋關鍵字 Soldier Character Pack，將此模型下載並匯入 Unity 裡。

　　從網路上下載人物模型之後，點擊模型後看到 Inspector 視窗，並選擇 Rig 選項，可看到 Animation Type 選項為 Legacy，此選項為傳統動畫系統，也就是我們上一範例所製作的動畫系統，如下圖所示：

　　由於我們將使用 Mecanim 動畫系統來為模型加入動畫，所以將 Animation Type 選項選為 Humanoid，此選項為 Mecanim 動畫系統的人形動畫專用選項。

　　在兩個選項下面出現了一行提示，The avatar can be configured after settings have been applied，意思就是在按下 Apply 鍵後，會自動產生 Avatar 物件，按下後提示文字會消失，而 Configure 按鈕會轉變為可選擇，如下圖所示：

　　Configure 按鈕前方的打勾符號表示此人物模型骨架已經綁定完成並產生 Avatar 物件，此時就可以直接此用此人物模型了。若是 Configure 按鈕前方顯示叉叉，則代表 Avatar 物件沒有得到正確的設置，我們需要修正 Avatar 物件，如下圖所示：

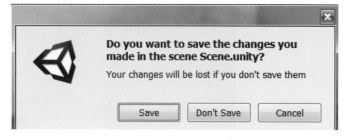

　　如何修正錯誤的骨架配置，我們要先了解 Avatar 面板的功能配置，如此才能將正確的骨架對應名稱綁在模型身上，所以接著我們會來了解 Avatar 面板的內容，點擊 Configure 按鈕，將會進入到另一個場景設定骨架，此時將會跳出視窗詢問是否儲存目前場景，請點擊 Save。

　　場景跳轉到 Avatar 設置面板，此面板將顯示出所有關節骨架訊息，及提供關節調整與修復指令，如下圖所示：

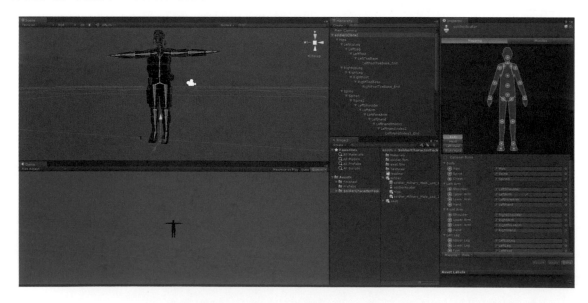

在畫面左上方的 Scene 視窗是由遊戲場景切換為顯示角色關節骨架的場景。

　　此面板可以看到角色所有的骨架配置，原本 Scene 面板所擁有的功能，如移動、旋轉、縮放及攝影機移動工具也依然適用，所以我們可以調整攝影機位置，細部觀察每一關節是否設置於正確位置，若連結位置正確將顯示為綠色，連結位置錯誤將顯示為紅色。

　　在畫面中間上方為 Hierarchy 視窗，此視窗與一般使用場景時的相同，顯示出此場景裡的物件資訊，此處顯示出此模型每個關節及骨架資訊，我們可以明顯看出關節及骨架的階層關係，如下圖所示：

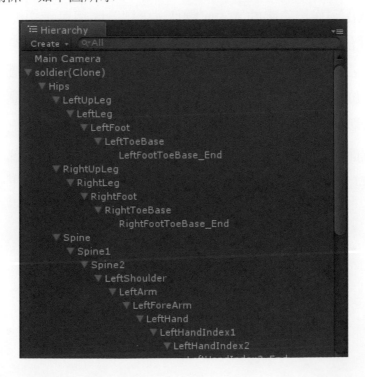

在畫面右方的 Inspector 視窗分為 Mapping 及 Muscles 兩個選項時，在 Mapping 選項時，分為骨架配置面板及骨架名稱對應面板，上方為骨架配置面板，如下圖所示：

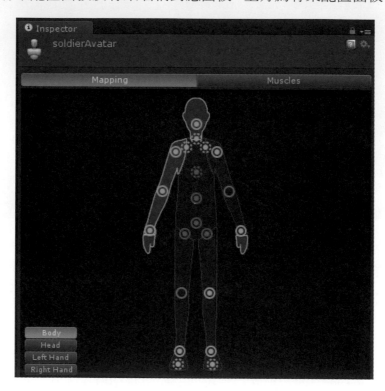

　　此面板顯示了角色模型所需要配置的骨架，其中實線圓圈為必須配置的骨架，若無正確配置則無法製作出正確的 Avatar 物件，虛線圓圈為可選擇配置的骨架，若無配置 Avatar 物件依然可以使用，但若某動作片段有使用到該段骨架，則無法細膩的表現出該動作。若圓圈內為實心並顯示為綠色，則代表該段骨架配置成功，若圓圈內為實心並顯示為紅色，則代表該段骨架配置錯誤或重複配置，若圓圈內為空心並顯示為灰色，則代表該段骨架並無配置。

　　在骨架配置面板的左下方有四個選項，分別為角色的身體、頭部、左手、右手的細部骨架，若有實線圓圈的部分，我們務必將該骨架正確配置，如下圖所示：

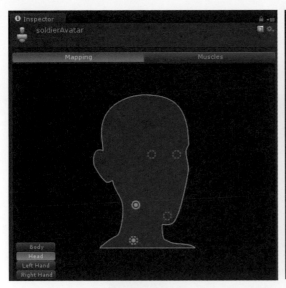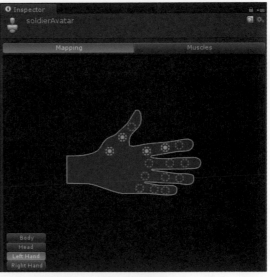

　　Inspector 視窗在選擇 Mapping 選項時，下方是角色骨架名稱對應面板，顯示 Avatar 的各個骨架所對應的角色模型骨架。

　　此面板的最上方顯示了系統提示，若骨架圖示為虛線圓圈，則該骨架為 Optional Bone(可選擇骨架)，與上方面板相同，若圓圈內為實心並顯示為綠色，則代表該段骨架配置成功，若圓圈內為實心並顯示為紅色，則代表該段骨架配置錯誤或重複配置，此外該骨架下方會有紅色的錯誤提示文字，幫助我們修正問題，若圓圈內為空心並顯示為灰色，則代表該段骨架並無配置，當我們使用外部建模軟體製作模型時，為

了讓骨架配置快速且正確，應該盡量使用正確的部位名稱為骨架命名，如脊椎命名為 Spine、右上臂命名為 RightUpperArm，我們可以通過點擊每個骨架選項後面的圓圈，為 Avatar 選取正確對應的骨架，如下圖所示：

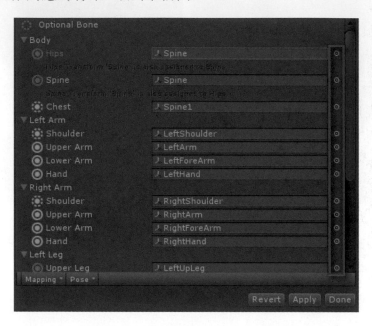

點擊骨架選項後方的圓圈後，將會跳出一個 Select Transform 選項，雙擊選項為 Avatar 選取正確對應的骨架，如下圖所示：

接著我們來分別介紹骨架名稱對應面板左下角的兩個選項，Mapping 與 Pose。

關於 Mapping 選項裡包含了四個子選項 Clcar、Automap、Load、Save，Clear 可清除所有已對應完成的骨架，使模型呈現完全無骨架對應狀態，Automap 可自動將各骨架設置於對應位置，省去手動選擇骨架的過程，Save 選項可將角色骨架對應資訊儲存成一個 Human Template File(人形模板文件)，物件的副檔名為 .ht，Load 選線則可以讀取此文件資訊，若我們製作多個模型並使用同樣的骨架配置，而且系統也無法順利自動配置骨架時，可讀入此文件，讓我們在製作時省去大量時間。

關於 Pose 裡包含了三個選項，Reset、Sample Bind-Pose、Enforce T-Pose，Reset 選項可將角色所有骨架的移動、旋轉、縮放數值重置，讓角色回到模型最原始狀態，Sample Bind-Pose 可得到角色模型

的原始姿態，也就是讓此模型接近它原本的姿勢，Enforce T-Pose 可讓模型強制轉為 T-Pose，Avatar 若要正確使用則需要將模型轉為 T-Pose。

在 Avatar 設置面板的右方 Inspector 視窗中，設置好的人形骨架應該都是顯示綠色圓圈，若有紅色圓圈的出現，除了手動為該骨架選擇正確的對應骨架外，還可以使用自動設置骨架指令來修正骨架。

我們可以透過以下步驟來正確設置好模型的骨架：

1. 點擊 Sample Bind-Pose(得到角色模型的原始姿態)。

2. 點擊 Automap(自動將各骨架設置於對應位置)。

3. 點擊 Enforce T-Pose(強制模型轉為 T-Pose)

若在第二個 Automap 的步驟中，沒有自動將各骨架設置於對應位置，或是只有部分設置於對應位置，則我們則需要透過手動設置選擇骨架，讓 Avatar 面板中所有選項都顯示為綠色，再進行第三步驟，進而完成骨架的設置。

在 Inspector 視窗右下角有三個選項，分別是 Revert、Apply、Done，Revert 與 Apply

按鈕在有骨架有做任何改變時才可選擇，Revert 可回到改變前的狀態，Apply 則可以確認此次改變，而 Done 按鈕可確認所有改變並離開 Avatar 面板，如上圖示。

在畫面右方的 Inspector 視窗分為 Mapping 及 Muscles 兩個選項時，接著我們選擇 Mapping 選項，此選項可以使用 Muscle(肌肉) 來限制不同骨架的運動範圍，以及觀看骨架綁定成果，若是我們在剛剛的 Mapping 選項將 Avatar 設置完成，Mecanim 則可根據他的骨架調整 Muscles 選項，如右圖所示：

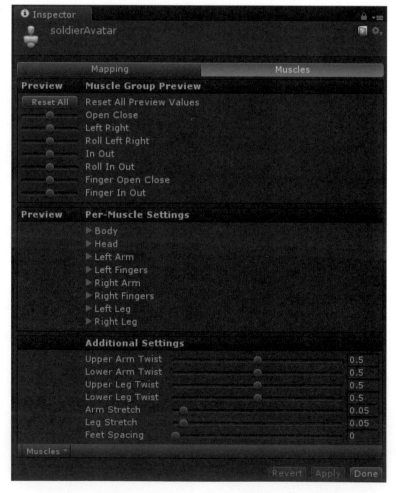

　　最上方為 Muscle Group Preview 視窗，此視窗可藉由調整參數觀看身體各骨架關節的移動及旋轉，並可在 Scene 視窗觀看到移動旋轉的效果，選項包括身體的開合、扭動、旋轉，四肢的移動、旋轉，以及手指的開合與手腕的轉動，我們可隨意的調整數值，測試模型骨架姿勢可變動的最大值與最小值，如下圖所示：

　　Per-Muscle Setting 視窗則可以細部調整每個部位可移動的距離，如身體、頭部、手臂、手指及腳，在每個部位裡又細分了多個關節，像是身體部位又分成了脊椎與胸部的前後左右及扭轉動作，每個關節都可以調整關節名稱前方拉條觀看關節的可運動範圍，若關節限制的運動範圍與我們需要的有落差，可以點擊關節名稱前的小三角形按鍵，就可看到此關節所限制的範圍，我們可以拉動角度限制的拉條改變最大限制範圍與最小限制範圍。

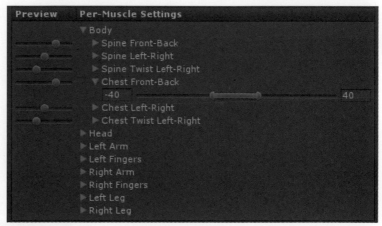

在調整關節時，也會在 Scene 視窗中看到此關節的可運動範圍以扇形呈現，顯示扇形的角度為關節的可運動範圍，如下圖所示：

最下方的 Additional Settings 視窗也提供了一些附加功能，包括手臂與腳的扭動與伸展性…等，我們可以根據我們的需要做修改。

在修改完參數之後，muscles 選項視窗右下方也依然擁有 Revert、Apply、Done 選項，我們記得按下 Apply 或是 Done 來確認參數的變化，若是更動了許多參數，想將參數改回預設值，又不想一個一個的更改已變動的參數，此時，可以點擊視窗左下角的 Muscles 選項，其中的 Reset 選項，即可將所有參數改回預設值，如下圖所示：

完成所有設定後我們可以按下 Done 選項，離開 Avatar 面板，在模型的子物件內可以發現多了一個 Avatar 的子物件，如下圖所示：

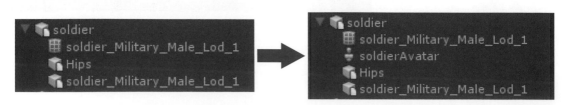

接著我們將製作好的模型拖拉至場景中。

　　點擊場景上的模型，並看到 Inspector 視窗，會發現模型預設有 Animator 元件，此元件的第一個參數 Controller(動作控制器) 為此章節最重要的重點，將會在後面的重點詳細說明，Avatar 參數由於我們剛才已經在模型中設置完成，所以會自動套用我們所設置的 Avatar 物件，Apply Root Motion 參數是可以讓模型可以跟隨動畫的方向性移動，若沒勾選，則模型只會在原地播放動畫，不會有位移的效果，Animate Physics 參數為是否讓此模型是否擁有物理性質，最後一個 Culling Mode 參數，可以選擇我們的模型是否會一直播放動畫，選擇 Based On Renderers 選項時，當角色模型離開攝影機的視野範圍，則此角色模型會停止播放動畫，可以藉由此選項來節省我們遊戲運行時的資源，而此參數的另一個選項 Always Animate 則是永遠播放著動畫不停止，如下圖所示：

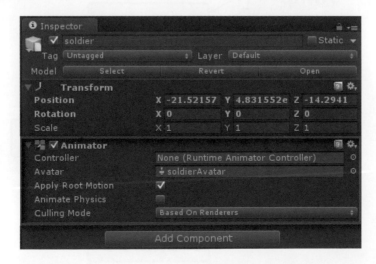

重點二　建立角色模型的狀態動畫

　　在每個遊戲中，角色模型一定會擁有許多的動畫，例如：會有輕微呼吸動作的待機動畫，讓角色移動的走路與跑步動畫，讓角色跳起的跳躍動畫…等。在舊版的動畫系統中，我們要使這些動畫切換與混合事件非常複雜的事情，需要撰寫許多的程式碼來達成此效果，而在 Mecanim 動畫系統中，提供了動畫控制器 Animator Controller，動畫控制器使用了狀態動畫結構的概念，可讓我們在設定角色動畫的切換與控制時，省去繁瑣的程式碼，以更直覺的方式來達成。

　　角色模型的每一個動作如待機、走路、跑步、跳躍…等，我們都會稱之為一種狀態動畫，角色模型若想要從一個狀態動畫切換到另一個狀態動畫，則我們需要為各個狀態動畫之間限制條件，我們稱之為狀態切換條件，適當的狀態切換條件可達成許多動畫效果，如待機狀態動畫可以切換到跑步狀態動畫，但待機狀態動畫無法切換到跳躍狀態動畫，若我們想要執行跳躍狀態動畫，則需透過待機狀態動畫切換至跑步狀態動畫，再由跑步狀態動畫切換至跳躍狀態動畫，我們可以創造數個狀態動畫，並在各個狀態動畫之間給予合理的狀態切換條件，這樣就可以組成一個最簡單的狀態動畫結構了。

　　狀態動畫結構中的狀態動畫與狀態切換條件可以使用圖表來表示，將每個狀態動畫以方形表示，狀態切換條件則以箭頭表示，並在各個狀態動畫間加入需要切換狀態動畫的箭頭，如下圖所示：

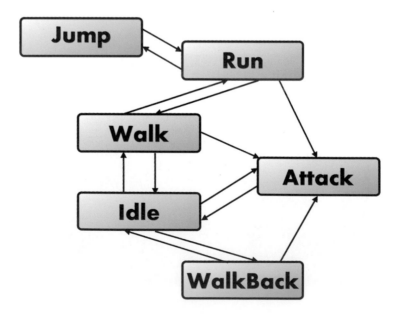

上圖可看到我們預設狀態動畫是 Idle(待機) 狀態動畫，可以此狀態動畫切換至 Walk(走路) 狀態動畫、WalkBack(後退) 狀態動畫這兩個行走的狀態動畫，在 Walk(走路) 狀態動畫時，可以切換到 Run(跑步) 狀態動畫，而 Jump(跳躍) 狀態動畫只能在 Run(跑步) 狀態動畫時進行切換，並在播放結束時切換回 Run(跑步) 狀態動畫，最後除了 Jump(跳躍) 狀態動畫以外，其他每個狀態動畫都可以切換至 Attack(攻擊) 狀態動畫，並在攻擊完成時切換回 Idle(待機) 狀態動畫，這就是一個狀態動畫結構，使用狀態動畫結構圖表可以省去很多程式碼的撰寫，並可明顯看出狀態動畫結構本身的結構，讓設置出錯的機率大幅減少。

了解狀態動畫結構之後，我們開始為人形模型來建立狀態動畫，狀態動畫的建立需要 Animator Controller 動畫控制器，首先創造一個動畫控制器，在 Project 視窗中的空白處點選右鍵，並選擇 Create 選項中的 Animator Controller 選項建立動畫控制器，如下圖所示：

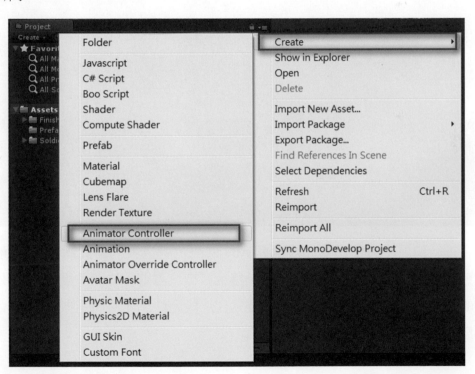

我們將此動畫控制器命名為 SoldierAnimCtrl。

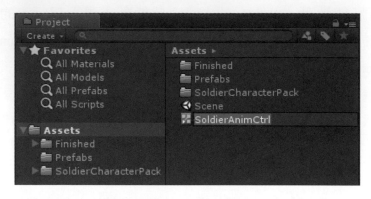

雙擊動畫控制器，將會自動開啟 Animator 視窗於左上角，此時擁有一個預設狀態 Any State，我們將使用此視窗製作角色模型所需要的狀態動畫結構，如下圖所示：

在這裡我們並不會使用到預設狀態 Any State，所以我們將此狀態移至角落去，移動狀態的方法為直接按下左鍵並拖拉，移至目標位置即可放開左鍵，接著我們將新增所需的狀態動畫，但在此之前我們需要動作片段元件，才可將這些動作片段元件設置為狀態動畫。

　　動作片段元件可以從很多地方取得，方法一是我們擁有一個模型，而此模型身上也擁有動畫，則可以將此模型的動畫轉為 Mecanim 使用的動作片段元件，方法二是在 Asset Store 取得動作片段元件，可按下快捷鍵 Ctrl+9 開啓 Asset Store，並找到 Animation 類別，此類別有兩個分類，分別為 Bipedal(雙足動物) 與 Other(其他) 分類，如下圖所示：

　　點選 Bipedal(雙足動物) 分類，可在左邊視窗可看到許多人形動畫，我們可以尋找需要的動畫，並下載動作片段資源，Bipedal(雙足動物) 分類項目如下圖所示：

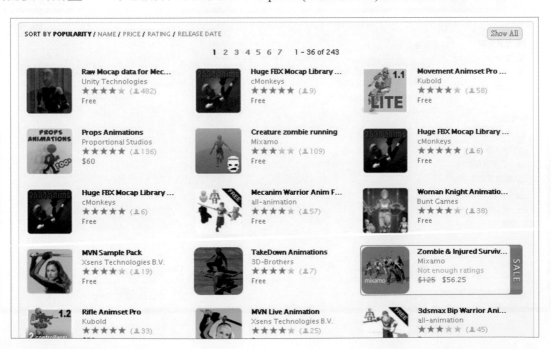

　　因為我們需要許多基本動畫，若一一下載會花去不少時間，在這裡我們準備了基本動畫的包裝檔，直接匯入此包裝檔即可得到大量基本動作片段元件，點擊系統選單的 Assets 選項中的 Import Package，並選擇 Custom Package 匯入自定義包裝檔，如下圖所示：

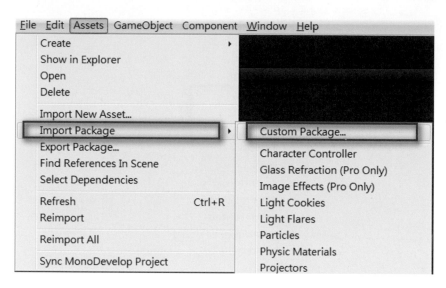

　　找到 UnityPackage 中的 Animations 包裝檔並開啟檔案，有關此 Animations 存放的路徑可在隨書光碟中找到。

　　此時會跳出 Importing package 視窗，直接點選右下角的 Import 按鈕將所有資源匯入，如下圖所示：

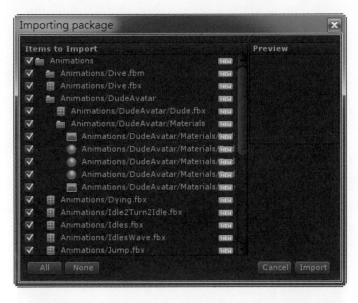

　　在 Project 視窗中開啓 Animations 資料夾，當中包含著許多模型，而每個模型中都擁有一個到數個不等的動作片段，可以將此動作片段設置爲動畫控制器的狀態動畫，接著，我們就介紹如何將動作片段元件設置成狀態動畫。例如：我們需要一個 Idle(待機) 狀態動畫，可以在 Animations 資料夾中，找到名爲 Idles 的模型，點擊前方小三角形並搜尋此模型的子物件，當中有一個前方的小圖示爲 ▶️ ，並且名爲 Idle 的物件，此物件就是我們所需要的動作片段元件，如下圖所示：

在點擊 Idle 動作片段元件的狀態下,我們可在 Inspector 視窗最底端的 Preview 視窗瀏覽此動作片段,如下圖所示:

我們可以直接拖拉動畫片段元件至動畫控制器中,使此動畫片段成為我們人形模型的一個新的狀態動畫。

　　當動畫控制器裡設定了一個動畫之後，切換回 Scene 視窗，並選擇我們剛剛加入場景裡的角色模型，在 Inspector 視窗裡，Animator 元件的 Controller 參數還未設定，我們可以為此元件加入剛剛設置好的動畫控制器了，點選 Controller 參數後方的小圓圈，如下圖所示：

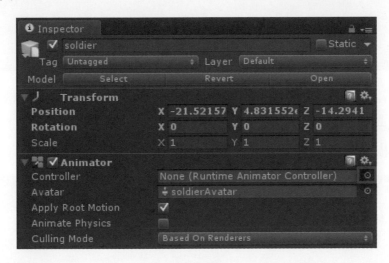

　　之後將會跳出一個 Select RuntimeAnimatorController 視窗，並選擇 Assets 選項，找到 SoldierAnimCtrl 並雙擊選擇。

Animator 元件的 Controller 參數後方顯示爲 SoldierAnimCtrl，此即爲動畫控制器設置完成，如下圖所示：

按下遊戲執行鍵並看到 Game 視窗，發現角色模型執行了 Idle(待機) 狀態動畫，可以看到角色身體輕微的跟隨呼吸擺動，並站在原地，而不是原本的 T 型姿勢，此時就完整的爲模型建立一個全新的狀態動畫了。

爲模型增加狀態動畫除了上面的方法外，還可以使用以下的方法，假設：我們要再爲模型新增一個 Run(跑步) 狀態動畫於角色模型上，在 Animator 視窗中點擊右鍵，並選擇 Create State 中的 Empty，創造一個空狀態，此時空狀態將會以 New State 命名，如下圖所示：

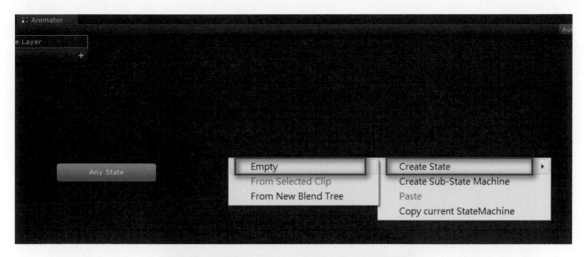

　　點擊此空狀態可在 Inspector 視窗看到此空狀態的資訊，將最上方的狀態名稱改為 Run，Speed 參數為此動畫的速度倍率，Motion 參數為此狀態所設定的動畫，Foot IK 參數為反向運動學功能，能讓角色四肢與物體連接，設定 IK 的過程較為複雜，在此先不多加說明，Mirror 參數可讓動畫反轉，Transitions 參數為與狀態有關聯的切換條件的資訊，如下圖所示：

我們要為此狀態設定動畫，按下 Motion 參數後方的圓圈，將會跳出一個 Select Motion 視窗，並選擇 Assets 選項，找到 Run 動作片段並雙擊選擇，如下圖所示：

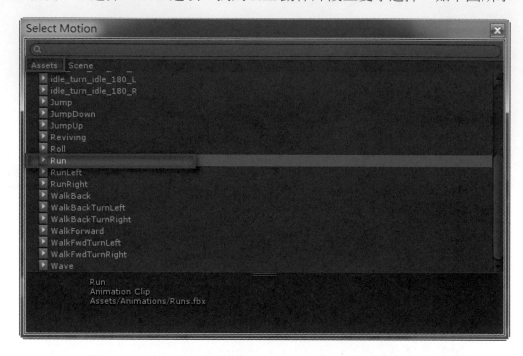

若 Motion 參數後方若出現剛剛選擇的動作片段，則代表設置成功。

使用此種新增狀態動畫的方式，也可以新增 WalkBack(後退) 與 Jump(跳躍) 動作片段元件，讓狀態動畫結構擁有 4 個狀態動畫，也就是角色模型擁有 4 個動作動畫了。

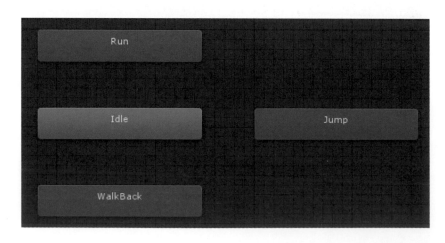

　　有了 4 個狀態動作動畫後，接著要來建立狀態動畫結構，首先建立 Idle(待機)
狀態動畫與 Run(跑步) 狀態動畫的切換條件，在 Idle 狀態動畫上點擊右鍵將會跳出
選單，選擇 Make Transition，如下圖所示：

　　點擊後將會從 Idle 狀態動畫上延伸出一個箭頭，將滑鼠移置 Run 狀態動畫上方
並點選，就設置完成 Idle 狀態動畫至 Run 狀態動畫的切換條件了，如下圖所示：

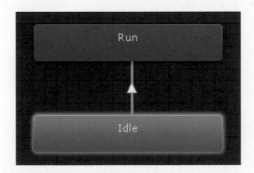

　　因為箭頭是由 Idle 狀態動畫指向 Run 狀態動畫，所以此切換條件只有單向，也
就是只能由 Idle 狀態動畫切換至 Run 狀態動畫，當然動畫是要可以互相切換的，所
以我們在 Run 狀態動畫上也重複一次此動作，製作由 Run 狀態動畫切換至 Idle 狀態
動畫的切換條件，如下圖所示：

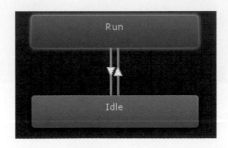

　　點擊 Idle 狀態動畫至 Run 狀態動畫的切換條件箭頭，可在 Inspector 視窗進行動畫切換的詳細設定，最上方的 Transitions 顯示了此切換條件是由哪個狀態動畫切換到哪個狀態動畫，Atomic 選項若勾選，則在此狀態切換期間動畫是不會被中斷的，中間的圖表顯示了狀態中動畫播放的時間、長度，以及兩動畫之間的相對關係，下方的 Conditions 為狀態切換所需要的條件，預設為 Exit Time，此參數的值表示動畫播放的比例，此值可以大於 1，但一般來講都會維持在 0 到 1 之間，當動畫播到此數值時即開始執行切換，下圖中，此值為 0.96，則表示當 Idle 動畫播放至總長度的 96% 時開始切換至 Run 動畫，若此值大於 1 時，如 2.33，則動畫會完整播放 2 次之後於第 3 次動畫的 33% 時開始執行切換。

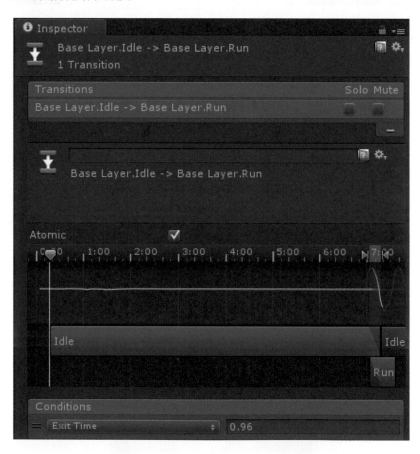

在切換條件設定最下方有個 Preview 視窗，此視窗可瀏覽狀態切換的效果，如下圖所示：

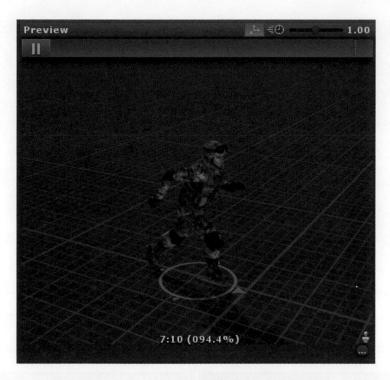

接著點擊 Run 狀態動畫至 Idle 狀態動畫的切換條件箭頭，可看到切換條件也為 Exit Time，值為 0.56，也就是當 Idle 狀態動畫播放 96% 時會切換到 Run 狀態動畫，Run 狀態動畫播放 56% 時會再切換回 Idle 狀態動畫，形成一個動畫循環，如下圖所示：

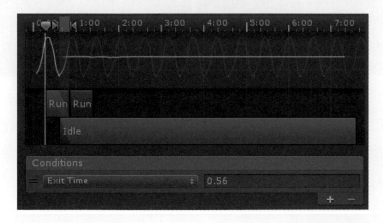

按下遊戲執行鍵並看到 Game 視窗，發現角色會在 Idle 與 Run 兩動畫之間來回切換，如下圖所示：

也可在遊戲執行時看到 Animator 視窗，可以在目前播放的狀態底端看到進度條，目前動畫所播放的進度，Idle 與 Run 兩狀態將會輪流播放，播放進度如下圖所示：

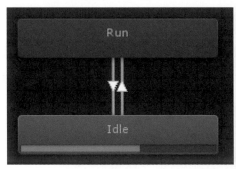 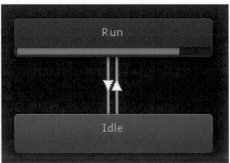

我們先不用把所有狀態動畫的切換設置好，對初學者來講，在寫好一個切換條件後，馬上撰寫控制此條件的腳本，可以使過程清晰並不易出錯，而不是寫好全部切換條件再撰寫所有腳本。

重點三　角色模型狀態動畫的切換控制

雖然兩狀態動畫之間可以互相切換了，但我們卻無法控制狀態動畫的切換時機，只能讓兩狀態動畫自動產生播放，所以接著我們要學會如何建立腳本並使用 Animator Controller 中的參數，適當的控制狀態動畫的切換，讓我們能自由的控制動畫播放的時機。

狀態動畫的切換主要是使用鍵盤及滑鼠，本範例利用方向鍵上與方向鍵下，控制角色模型的前後移動，而在一般軟體中都需要撰寫許多程式碼來控制按鍵操作，在 Unity 軟體中，提供了 Input 系統，此系統可統整所有的輸入控制選項，讓使用輸入選項時能更快速及便利。

請在系統選單 Edit 中的 Project Settings，點選 Input 開啟 Input 系統，在此，可以使用到內建的 Vertical 參數，此參數所設定的 Positive Button 與 Negative Button 分別為方向鍵上 (up) 與方向鍵下 (down)，正好是我們所期待的狀態動畫切換的方式，也就是 Input 系統當我們按下方向鍵上及方向鍵下時可以觸發 Vertical 參數，如下圖所示：

有關狀態動畫結構中狀態動畫的切換控制，分為四種參數選項，在 Animator Controller 中，在 Animator 視窗的左下角有個 Parameters 參數選項，點選後方的＋號則可新增參數，如下圖所示：

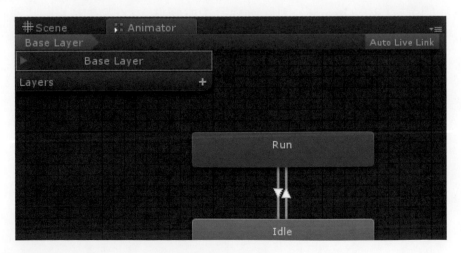

有四種參數型態。分別為 Float(浮點數)、Int(整數)、Bool(布林值)、Trigger(觸發器)，如下圖所示：

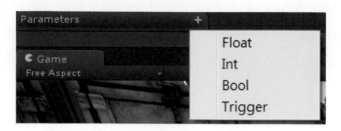

在此我們首先介紹如何使用 Float(浮點數) 的參數來產生狀態動畫的切換方式。新增一個 Float(浮點數) 參數，名稱為 Speed，如下圖所示：

點擊 Idle 狀態動畫至 Run 狀態動畫的切換條件箭頭，並看到 Inspector 視窗的 Conditions 選項，將原本的 Exit Time 改選為剛剛所設置的浮點參數 Speed，在浮點數參數下有兩個條件可以選，Greater(大於) 與 Less(小於)，我們選擇 Greater(大於)，並設置數值為 0.1，如下圖所示：

此 Speed 參數將會使用程式碼與 Input 系統中的 Vertical 參數連動，當我們按下方向鍵上時，Speed 參數值將從 0 漸漸變為 1，數值再增加的過程中，當值大於 0.1 時，因為我們選擇的是 Greater，因此會觸發切換條件，此時會由 Idle 狀態動畫切換至 Run 狀態動畫，如下圖所示：

　　了解使用按鍵觸發過渡條件的原理後，我們需要撰寫腳本使用 Vertical 參數來與 Animator Controller 裡的 Speed 參數產生連結，進而觸發過渡條件，在 Project 視窗中的空白處點選右鍵，並選擇 Create 選項中的 C# Script 選項建立 C# 腳本，並將新增的腳本命名為 SoldierScript，如下圖所示：

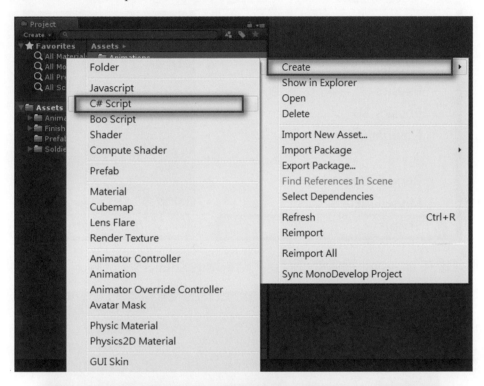

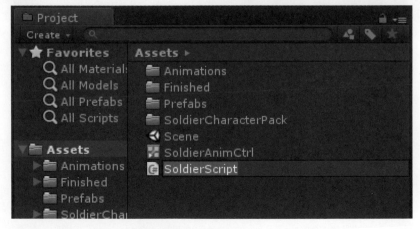

　　接著要將剛剛新增的 SoldierScript 腳本添加到士兵角色模型上，在 Hierarchy 視窗選取 soldier 士兵模型，點擊系統選單 Component 中的 Scripts，並新增 SoldierScript 腳本，如下圖所示：

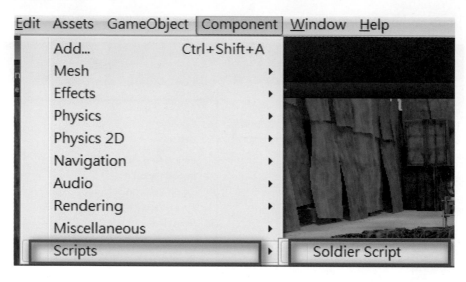

　　點擊之後在 Inspector 視窗就可看到剛剛新增的 SoldierScript 腳本了，如下圖所示：

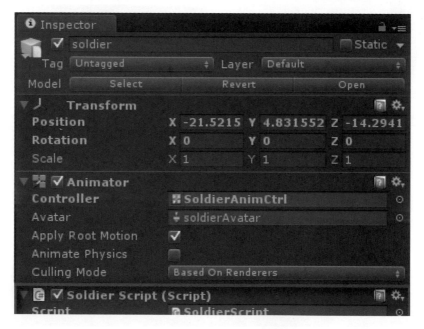

　　接著我們再雙擊腳本開啟 Assembly 面板來撰寫腳本，如下圖所示：

關於 SoldierScript 的程式內容，我們要先取得 Animator 元件，接著得到 Input 中的 Vertical 參數，使用此數值來設定，Animator Controller 中的 Speed 參數，詳細指令如下圖所示：

```
1 using UnityEngine;
2 using System.Collections;
3
4 public class SoldierScript : MonoBehaviour {
5
6     private Animator anim;
7
8     void Start ()
9     {
10         anim = GetComponent<Animator>();
11     }
12
13     void Update ()
14     {
15         float v = Input.GetAxis("Vertical");
16         anim.SetFloat("Speed", v);
17     }
18 }
```

✦ 第 6 行：新增變數 anim，用來儲存 Animator 元件。

✦ 第 10 行：將模型的 Animator 元件儲存到 anim 中

✦ 第 15 行：新增浮點數 v，用來得到 Input 中的 Vertical 參數，Input.GetAxis 指令可以得到正負軸向的值。

✦ 第 16 行：設定 Animator Controller 中的 Speed 參數，數值為 v，也就是 Input 中的 Vertical 參數的數值。

　　撰寫完指令後，在 Assembly 面板按下 Ctrl+S 儲存 SoldierScript 腳本，回到 Unity 場景中並執行遊戲，可以看到角色模型會因為我們按下方向鍵上或執行跑步動作，但每執行完一次跑步動作卻又馬上回到待機動作，這是因為 Run 狀態動畫至 Idle 狀態動畫的切換條件還未設置與參數連動，所以我們再次開啓 Animator 視窗，點選 Run 狀態動畫至 Idle 狀態動畫的切換條件箭頭，並看到 Inspector 視窗的 Conditions 選項，將原本的 Exit Time 改選為浮點數 Speed，條件選擇 Less(小於)，並設置數值為 0.1，如下圖所示：

　　設置完成後可以再次執行遊戲，可以看到角色模型會根據我們所按下按鍵的時機往前移動了，並且在持續按著的狀態動畫會一直播放跑步動畫，直到我們放開按鍵，角色才會回到待機動畫。

　　在 Vertical 參數中，Input 系統也預設方向鍵下為方向鍵上的反向動作，也就是其所對應的 Negative Button，就是方向鍵下被按下時也可同時得到負的 Speed 值，利用此負的 Speed 值我們就可以快速建立 Idle 狀態動畫與 WalkBack 狀態動畫的切換，在 Idle 狀態動畫與 WalkBack 狀態動畫間先使用 Make Transition 建立連結，於此切換條件中，我們在 Conditions 選項一樣使用 Speed 參數，由 Idle 狀態動畫至 WalkBack 狀態動畫的條件選為 Less(小於)，並設置數值為 -0.1，而由 WalkBack 狀態動畫至 Idle 狀態動畫的條件選為 Greater(大於)，數值也設為 -0.1，如此就可使角色模型在上下鍵的控制下往前與往後移動，如下圖所示：

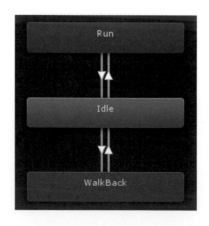

▲（由 Idle 狀態動畫至 WalkBack 狀態動畫的切換條件）

▲（由 WalkBack 狀態動畫至 Idle 狀態動畫的切換條件）

　　我們除了前進後退動作之外，還想讓角色執行跳躍的動作，跳躍動作與前進後退動作不同，為一次性動畫，前進與後退動作在我們按下按鍵時會持續地播放著此動畫，直到放開按鍵才停止，而一次性動畫則在按下按鍵時會播放動畫，在播放完一次之後回到播放前的動畫或是指定的其他動畫，並不會一直重複播放動畫，如跳躍、攻擊、受傷…等，都是一次性動畫，我們可以使用 Bool(布林值) 的參數選項來控制狀態動畫的切換，這與前面使用 Float(浮點數) 來控制狀態動畫的切換是不同的方式。

　　使用一開始建立的 Jump(跳躍) 狀態動畫，並與 Run 狀態動畫互相產生切換條件，限定只有在執行跑步動作時才可執行跳躍動作，如下圖所示：

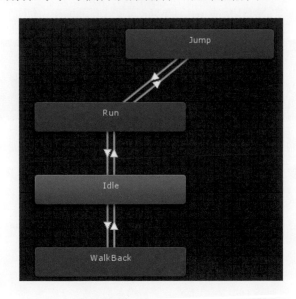

在 Input 系統中，此處會使用到內建的 Jump 參數，此參數所設定的 Positive Button 為 space(空白) 鍵，也就是當我們按下 space(空白) 鍵可以觸發 Jump 參數，如下圖所示：

回到 Animator Controller 裡新增一個參數，型態為 Bool，名稱為 Jump。

　　我們可設定在按下指定按鍵時開啟此布林值，進而播放此動畫，點擊 Run 狀態動畫至 Jump 狀態動畫的切換條件箭頭，並設定 Conditions 選項使用 Jump 參數，值為 true，也就是當此參數被切換成 true 時執行兩狀態動畫的切換。

　　至於 Jump 狀態動畫至 Run 狀態動畫的切換條件，我們不需要做設置，保持預設值 Exit Time 即可，讓 Jump 狀態動畫播放結束時可以自動回到 Run 狀態動畫。

　　再次點擊 SoldierScript 腳本，並開啟 Assembly 面板撰寫程式碼，我們可以再次使用 Input 系統裡的參數，Jump 參數可以讓我們在按下 space(空白) 鍵時，給予一個正值，詳細指令如下圖所示：

```
1 using UnityEngine;
2 using System.Collections;
3
4 public class SoldierScript : MonoBehaviour {
5
6     private Animator anim;
7
8     void Start ()
9     {
10         anim = GetComponent<Animator>();
11     }
12
13     void Update ()
14     {
15         float v = Input.GetAxis("Vertical");
16         bool jump = Input.GetButtonDown ("Jump");
17         anim.SetFloat("Speed", v);
18         anim.SetBool ("Jump", jump);
19     }
20 }
```

✦ 第 16 行：新增布林值 jump，用來得到 Input 中的 Jump 參數，Input.GetButtonDown 指令為若按下此鍵則傳送一個 true 值。

✦ 第 18 行：設定 Animator Controller 中的 Jump 參數，數值為 Jump，也就是 Input 中的 Jump 參數的按鍵是否按下。

　　撰寫完指令後，在 Assembly 面板按下 Ctrl+S 儲存 SoldierScript 腳本，回到 Unity 場景中並執行遊戲，在跑步狀態中按下 space 鍵則可看到模型執行跳躍動作了，此時就是利用布林值來完成狀態動畫的切換。

　　在這裡補充說明 Input 系統的詳細選項，開啓系統選單 Edit 中的 Project Settings，並點選 Input 開啓 Input 系統。

　　在 Inspector 視窗中將會看到 InputManger 的選單，最上方爲 Size 參數，此爲輸入選項的數量，預設爲 15 個，當 Size 數量增加時，將爲以最後一個選項名稱作爲新的選項名稱增加在最下方，當 Size 數量減少時，也是從最後一個選項往上減少，這 15 項當中，前面的 9 項爲鍵盤與滑鼠的輸入控制，後面的 6 項則爲搖桿的輸入控制，如下圖所示：

　　點擊選項前方的三角形，將會開啟選項的詳細設定，共有 15 個參數，在此以 Vertical 參數為例：

Name：為此參數的名稱，在 Vertical 參數中為 Vertical。

Descriptive Name 為顯示在遊戲執行時正向按鈕功能的詳細定義。

Descriptive Negative Name 則為為顯示在遊戲執行時反向按鈕功能的詳細定義。

Negative Button 為反向按鈕，按下此按鈕時將會傳送一個負值，在 Vertical 參數中為方向鍵下。

Positive Button 為正向按鈕，按下此按鈕時將會傳送一個正值，在 Vertical 參數中為方向鍵上。

Alt Negative Button 為另一個反向按鈕，此鍵將會與 Negative Button 功能相同，在 Vertical 參數中為 s 鍵。

Alt Positive Button 為另一個正向按鈕，此鍵將會與 Positive Button 功能相同，在 Vertical 參數中為 w 鍵。

Gravity 為按鍵輸入反應的速度，只有在裝置為鍵盤與滑鼠時才可使用，在 Vertical 參數中值為 3。

Dead 數值功能為當此參數的正值或負值小於此值時，系統將值自動視為 0，在 Vertical 參數中值為 0.001。

✦ Sensitivity 值對於鍵盤輸入來講，此值越大反應時間越快，此值越小則會比較流暢，對於滑鼠來講，此值為控制滑鼠滾輪的增減比例，在 Vertical 參數中值為 3。

✦ Snap 選項若勾選，當參數收到相反的值數入時，參數將立即被重置，只有在裝置為鍵盤與滑鼠時才可使用，在 Vertical 參數中有勾選此選項。

✦ Invert 選項若勾選，正向按鈕將傳送負值，負向按鈕將傳送正值。

✦ Type 為此參數所使用的裝置，分別有滑鼠或鍵盤、滑鼠滾輪與搖桿裝置，在 Vertical 參數中為 Key or Mouse Button。

✦ Axis 為此參數的軸向，在 Vertical 參數中為 X axis。

✦ Joy Num 為搖桿裝置所對應輸入項。

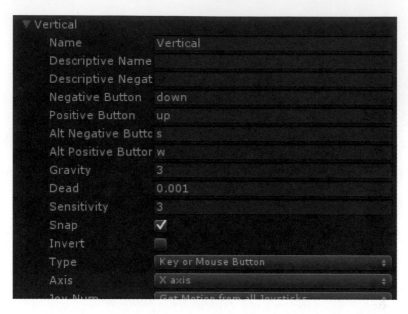

我們按下方向鍵上或 w 鍵時，此參數將會傳送一個正值，使參數的數值由 0 漸漸變成 1，在按下方向鍵下或 s 鍵時，此參數將會傳送一個負值，使參數的數值由 0 漸漸變成 -1，所以我們可以使用此參數值的變化來控制角色模型的動畫切換。

範例實作與詳細解說

步驟一　從 Asset Store 下載模型並進行骨架綁定。

步驟二　設置動畫控制器 Animator Controller。

步驟三　使用腳本控制角色移動。

一、從 Asset Store 下載模型並進行骨架綁定

開啓 Asset Store 並搜尋關鍵字 Male Character Pack，將此模型下載並匯入 Unity 裡。

從網路上下載人物模型之後，點擊 carl 模型後看到 Inspector 視窗，並選擇 Rig 選項，將 Animation Type 選項選爲 Humanoid，並按下 Apply 應用設定。

Configure 按鈕前方的打勾符號表示此人物模型骨架已經綁定完成並產生 Avatar 物件，此時就可以直接使用此人物模型了。

接著我們將製作好的模型拖拉至場景中，如下圖所示：

與上一範例相同，進到場景時會發現角色模型是暗的，所以我們需要進入到模型的子項目裡，選擇 CarlMidGeo 並將 Inspector 視窗裡的 Skinned Mesh Renderer 元件裡的 Use Light Probes 選項打勾。

此時看到場景上的模型，可以發現角色明顯變亮了。

Unity 跨平台全方位遊戲開發入門寶典

二、設置動畫控制器 Animator Controller

首先我們先創造一個動畫控制器，在 Project 視窗中的空白處點選右鍵，並選擇 Create 選項中的 Animator Controller 選項，建立動畫控制器，如下圖所示：

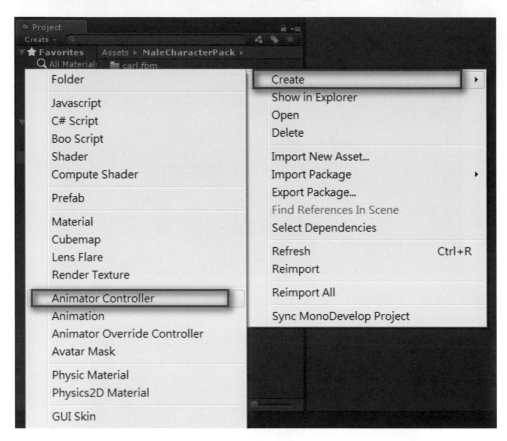

我們將此動畫控制器命名為 SoldierAnimCtrl。

　　雙擊動畫控制器，將會自動開啓 Animator 視窗於左上角，並擁有一個預設狀態 Any State，我們將使用此視窗製作角色模型所需要的狀態動畫結構，如下圖所示：

　　因爲我們需要一些角色的基本動畫，所以從資料夾中匯入我們所準備的動作片段包裝檔，即可得到大量基本動畫，點擊系統選單的 Assets 選項中的 Import Package，並選擇 Custom Package 匯入自定義包裝檔，如下圖所示：

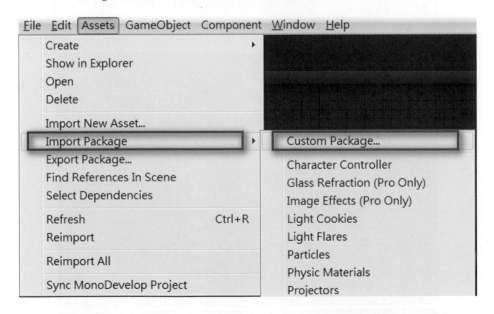

找到 UnityPackage 中的 Animations 包裝檔並開啟檔案。

此時會跳出 Importing package 視窗，直接點選右下角的 Import 按鈕將所有資源匯入，如下圖所示：

我們先將 Idle 動作片段拉至動畫控制器中，使此動畫片段成為一個狀態。

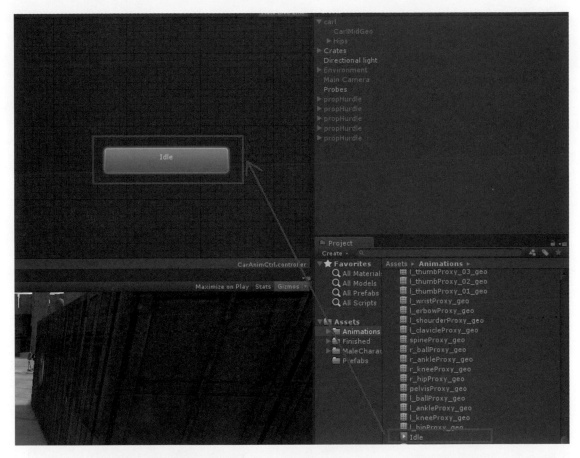

接著也把本範例會用到的 WalkBack(後退)、Jump(跳躍) 動作片段，都一起加進來，讓此狀態動畫結構擁有 4 個狀態動畫。

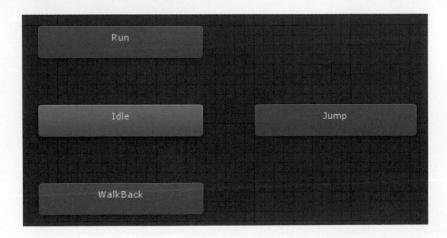

　　當動畫控制器裡的狀態動畫都加入之後，切換回 Scene 視窗，並選擇我們剛剛加入場景裡的角色模型，在 Inspector 視窗裡，Animator 元件的 Controller 參數還未設定，我們可以為此元件加入剛剛設置好的動畫控制器了，點選 Controller 參數後方的小圓圈，如下圖所示：

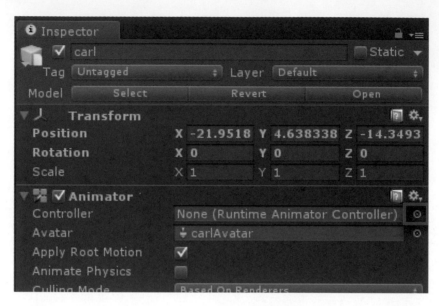

　　之後將會跳出一個 Select RuntimeAnimatorController 視窗，並選擇 Assets 選項，找到 CarlAnimCtrl 並雙擊選擇。

　　按下遊戲執行鍵並看到 Game 視窗，發現角色模型執行了 Idle(待機) 動畫，而不是原本的 T 型姿勢。

　　接著我們建立狀態動畫結構上的 Idle(待機) 狀態動畫與 Run(跑步) 狀態動畫的切換條件，在 Idle 狀態動畫上點擊右鍵將會跳出選單，選擇 Make Transition，如下圖所示：

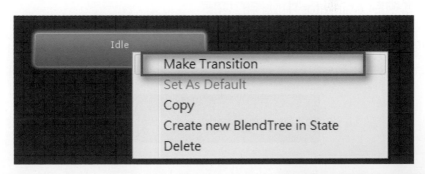

　　點擊後將會從 Idle 狀態動畫上延伸出一個箭頭，將滑鼠移置 Run 狀態動畫上方並點選，就設置完成 Idle 狀態動畫至 Run 狀態動畫的切換條件了，如右圖所示：

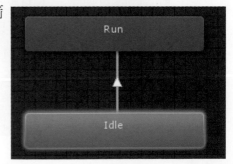

在 Run 狀態動畫上也重複一次此動作，製作由
Run 狀態動畫切換至 Idle 狀態動畫的切換條件。

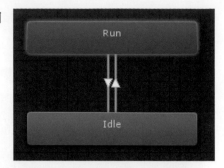

　　接著我們也把 WalkBack 狀態動畫與 Idle 狀態動
畫互相新增切換條件，如右圖所示：

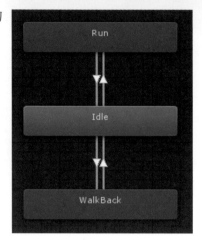

三、使用腳本控制 Animator 中動作的切換

　　在 Animator 視窗中左下角的 Parameters，按下＋號新增一個 Float(浮點數) 參數，
名稱為 Speed，如下圖所示：

　　點擊 Idle 狀態動畫至 Run 狀態動畫的切換條件箭頭，並看到 Inspector 視窗的
Conditions 選項，將原本的 Exit Time 改選為剛剛所設置的浮點數 Speed，條件選擇
Greater(大於)，並設置數值為 0.1。

接著點選 Run 狀態動畫至 Idle 狀態動畫的切換條件箭頭，將原本的 Exit Time 改選為浮點數 Speed，條件選擇 Less(小於)，並設置數值為 0.1。

同樣地，點選 Idle 狀態動畫至 WalkBack 狀態動畫的切換條件箭頭，將原本的 Exit Time 改選為浮點數 Speed，條件選擇 Less(小於)，並設置數值為 -0.1。

最後點選 WalkBack 狀態動畫至 Idle 狀態動畫的切換條件箭頭，將原本的 Exit Time 改選為浮點數 Speed，條件選擇 Greater (大於)，並設置數值為 -0.1。

我們需要撰寫腳本使用 Input 系統來改變 Animator Controller 裡的 Speed 參數，進而觸發過渡條件，在 Project 視窗中的空白處點選右鍵，並選擇 Create 選項中的 C# Script 選項建立 C# 腳本，如下圖所示：

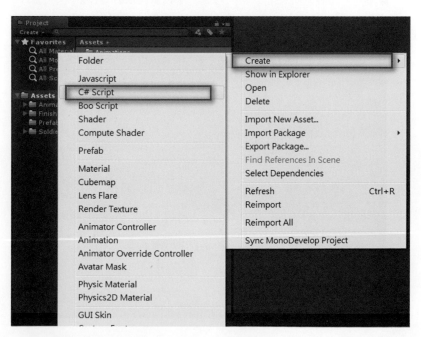

將新增的腳本命名爲 CarlScript，如下圖所示：

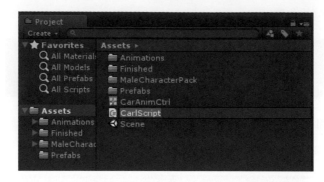

接著要將剛剛新增的 CarlScript 腳本添加到角色模型上，在 Hierarchy 視窗選取 carl 角色模型，接著點擊系統選單 Component 中的 Scripts，並新增 CarlScript 腳本。

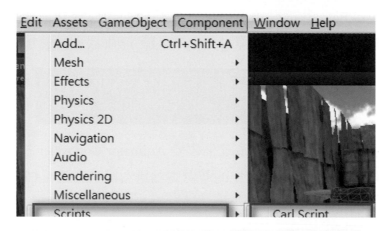

點擊之後在 Inspector 視窗就可看到剛剛新增的 SoldierScript 腳本了。

　　雙擊腳本開啓 Assembly 面板來撰寫腳本，我們要先取得 Animator 元件，接著得到 Input 中的 Vertical 參數，使用此數值來設定，Animator Controller 中的 Speed 參數，詳細指令如下圖所示：

```
1 using UnityEngine;
2 using System.Collections;
3
4 public class CarlScript : MonoBehaviour {
5
6     private Animator anim;
7
8     void Start ()
9     {
10        anim = GetComponent<Animator>();
11    }
12
13    void Update ()
14    {
15        float v = Input.GetAxis("Vertical");
16        anim.SetFloat("Speed", v);
17    }
18 }
```

✦ 第 6 行：新增變數 anim，用來儲存 Animator 元件。

✦ 第 10 行：將模型的 Animator 元件儲存到 anim 中

✦ 第 15 行：新增浮點數 v，用來得到 Input 中的 Vertical 參數，Input.GetAxis 指令可以得到正負軸向的值。

✦ 第 16 行：設定 Animator Controller 中的 Speed 參數，數值爲 v，也就是 Input 中的 Vertical 參數的數值。

　　撰寫完指令後可以執行遊戲，會看到角色模型會根據我們所按下按鍵的時機往前與往後移動了，並且在持續按著的狀態會一直播放動畫，直到我們放開按鍵，角色才會回到待機動畫。

　　最後我們除了前進後退動作之外，還想讓角色執行跳躍的動作，使用一開始加入的 Jump(跳躍) 動作片段，並與 Run 狀態動畫互相產生切換條件，限定只有在執行跑步動作時才可執行跳躍動作，如下圖所示：

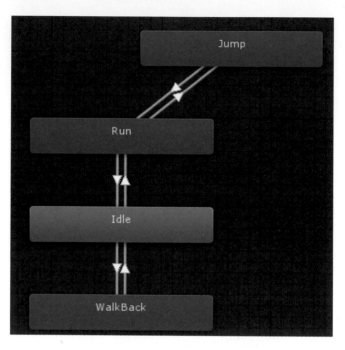

　　此時要在 Animator Controller 裡新增一個參數，型態爲 Bool，名稱爲 Jump，如下圖所示：

　　我們可設定在按下指定按鍵時開啓此布林值，進而播放此動畫，點擊 Run 狀態動畫至 Jump 狀態動畫的切換條件箭頭，並設定 Conditions 選項使用 Jump 參數，值爲 true，也就是當此參數被切換成 true 時執行兩狀態動畫的切換，如下圖所示：

　　至於 Jump 狀態動畫至 Run 狀態動畫的切換條件，我們不需要做設置，保持預設值 Exit Time 即可，讓 Jump 狀態動畫播放結束時可以自動回到 Run 狀態動畫。

再次點擊 CarlScript 腳本，並開啓 Assembly 面板撰寫程式碼，可以再次使用 Input 系統裡的參數，Jump 參數可以讓我們在按下 space(空白) 鍵時，給予一個正值，詳細指令如下圖所示：

```
1 using UnityEngine;
2 using System.Collections;
3
4 public class CarlScript : MonoBehaviour {
5
6     private Animator anim;
7
8     void Start ()
9     {
10        anim = GetComponent<Animator>();
11    }
12
13    void Update ()
14    {
15        float v = Input.GetAxis("Vertical");
16        bool jump = Input.GetButtonDown ("Jump");
17        anim.SetFloat("Speed", v);
18        anim.SetBool ("Jump", jump);
19    }
20 }
```

✦ 第 16 行：新增布林值 jump，用來得到 Input 中的 Jump 參數，Input.GetButtonDown 指令爲若按下此鍵，則傳送一個 true 值。

✦ 第 18 行：設定 Animator Controller 中的 Jump 參數，數值爲 Jump，也就是 Input 中的 Jump 參數的按鍵是否按下。

撰寫完指令後，在 Assembly 面板按下 Ctrl+S 儲存 CarlScript 腳本，回到 Unity 場景中並執行遊戲，在跑步狀態動畫中按下 space 鍵則可看到模型執行跳躍動作了，如下圖所示：

　　我們想讓此範例與上一範例一樣有鏡頭跟隨的效果，這裡試著使用另一個方法加入跟隨腳本，選擇系統選單的 Assets 選項中的 Import Package 選項，並選擇 Scripts，匯入腳本資源包，如下圖所示：

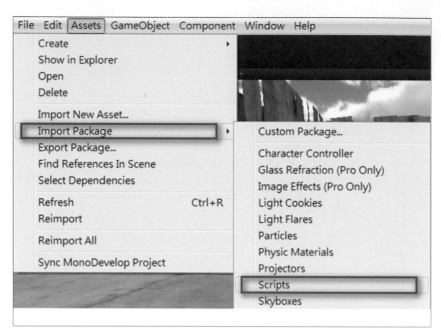

　　會跳出 Importing package 視窗，請直接按下 Import 全部匯入。

於 Project 視窗開啓 Standard Assets 資料夾中的 Scripts 資料夾，接著再選擇 Camera Scripts 資料夾，最後找到 SmoothFollow 腳本。

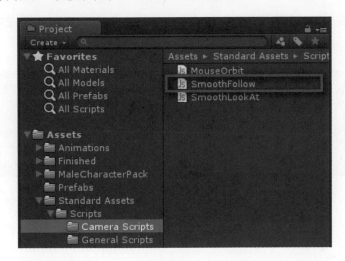

與之前不一樣，我們將此腳本拖拉至場景上的 Main Camera 攝影機中，如下圖所示：

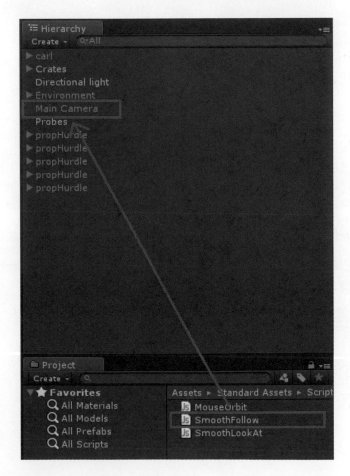

點擊 Main Camera 攝影機，並看到 Inspector 視窗，有剛剛加入的 Smooth Follow (Script) 元件，此腳本會使攝影機跟隨著腳本中的 Target 物件，在設置物件之前，我們先把 Distance(距離) 參數改爲 3，Height(高度) 改爲 1，這樣攝影機就移動到角色後方距離爲 3 高度爲 1 的地方了。

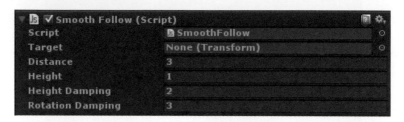

　　若直接將角色模型拖入 Target 物件中，執行遊戲後會看到攝影機照著角色模型的腳，這是因爲角色模型的原點爲 (0, 0, 0)，而攝影機會自動照射目標物體的原點，如下圖所示：

　　爲了解決此問題，我們可以創造一個空物件，並將此空物件放在人物的中心，就可以讓攝影機完整的呈現角色模型了，選擇系統選單的 GameObject 選項，並點擊 Create Empty，如右圖所示：

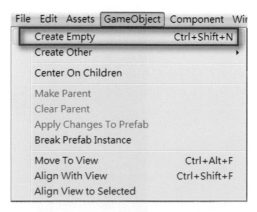

在 Hierarchy 視窗可以看到新的空物件 GameObject，我們將其改名為 CameraLookAt，如下圖所示：

將其拖到 carl 角色物件上使其成為角色物件的子物件。

在點擊 CameraLookAt 物件的狀態下，看到 Inspector 視窗，將其位置改為 (0, 1, 0)，因角色高度為 2，所以在 Y 位置為 1 的地方為角色的中心點。

最後再將 CameraLookAt 物件拖拉至攝影機上的 SmoothFollow 腳本中的 target 參數，如下圖所示：

按下執行遊戲就可以看到攝影機的跟隨效果了。

在多次執行跳躍之後，會發現角色模型會漸漸地陷入地板中，這是因為我們沒有添加角色控制器，讓角色可以與地板互動，就不會產生穿透的效果了，在選擇角色模型的狀態下點擊系統選單 Component 中的 Physics，並選擇 Character Controller 選項，如下圖所示：

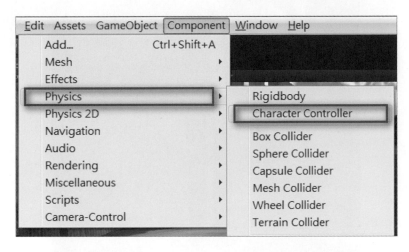

在 Inspector 視窗會看到新增了一個 Character Controller 元件，將此元件的 Center 參數的 Y 值改為 1，並將 Radius 的值改為 0.4。

　　在 Scene 視窗裡會看到角色模型被膠囊體包圍著，即為完成設置，此時再次按下執行遊戲鍵角色模型就不會陷入地板了，如下圖所示：

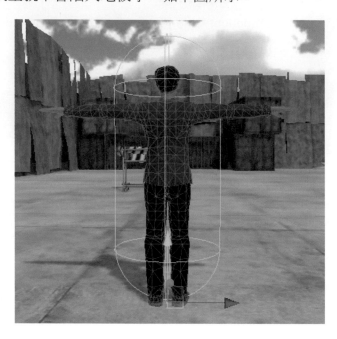

第 10 講
導航網格路徑搜尋

作品簡介

　　NavMesh 導航網格是 Unity 用來實現動態物體在 3D 遊戲中自動搜尋路徑的一種技術，須先在遊戲場景中鋪設導航網格，並在導航物體上添加 Nav Mesh Agent(導航組件)，導航時，Unity 會藉由場景上的導航網格為基礎計算出最直接的路徑，讓導航物體沿著路徑避開障礙物到達目的地。作品中以城市為場景，場景中狹窄的巷弄與巨大的天橋都會鋪上導航網格，並設計 2 種使用導航網格搜尋路徑的角色，分別是由玩家操控的小熊與在城市中巡邏的大熊，玩家操控的小熊上帶有第三人稱視角控制的攝影機，可以帶著玩家在城市中探險，而巡邏的大熊會在城市中隨機走動，而且當玩家操控的小熊被大熊發現時，大熊便會追著小熊移動。

學習重點

本範例主要的學習重點
重點一：使用導航網格搜尋路徑。
重點二：第三人稱視角控制。
重點三：如何運用導航網格建立範圍巡邏角色。

重點一　　使用導航網格搜尋路徑

　　使用導航網格搜尋路徑的重點我們可以分成 3 個要項來討論，分別是：如何在場景中鋪設導航網格、Nav Mesh Agent 導航組件及利用 Java Script 偵測滑鼠點擊位置來設置移動目標點。

　　關於第一個要項，使用導航網格來尋找路徑必須先在遊戲場景上鋪設導航網格，鋪設對象為場景中的靜態物件 (Bridge、City 與 Street)，選取它們後點擊 Inspector 視窗右上角 Static 文字右方的下三角按鈕，並勾選 Navigation Static 選項，這麼一來，Unity 就能在這些對象上產生導航網格。

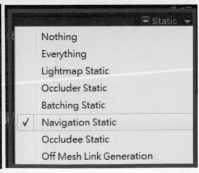

　　關於導航網格的鋪設參數，我們可以點選系統選單中的 Window 選項中的 Navigation 選項，開啟 Navigation 視窗，Navigation 視窗中分成 3 種面板，分別是 Object 面板、Bake 面板與 Layers 面板。

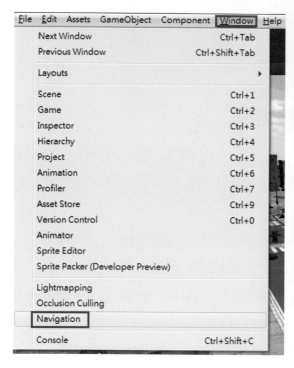

關於 Object 面板：若在場景中選取物件時，Object 面板中會有 4 個選項，分別是 Scene Filter(場景過濾器)、Navigation Static(靜態導航)、OffMeshLink Generation(捷徑區塊) 及 Navigation Layer(導航層)，如下圖所示：

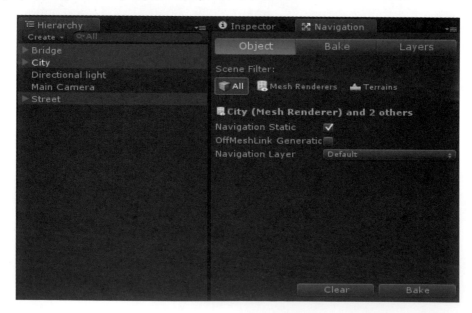

我們可以在 Scene Filter 選項中過濾鋪設導航網格的對象，Mesh Renderer(網格渲染物件) 只要物件上帶有 Mesh Renderer 組件都會被過濾出來，Mesh Renderer 組件選項如下圖所示：

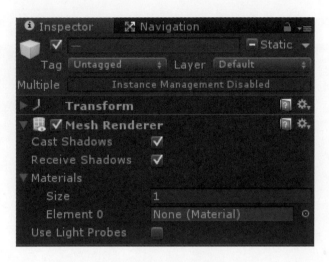

若勾選 Cost Shadows 可以使該物件投射出陰影；Receive Shadows 則是決定是否接收其他物件投射出來的陰影；而 Materials 可以設定物件的材質；Use Light Probes 選項可決定是否啓用光探測器。

而 Terrains (地形物件) 則會過濾出使用 Terrains 系統製作出來的地形物件，也就是前面範例地形編輯器所建立的地形物件，在本範例中，並沒有使用到 Terrains，所以可以選擇 All 或 Mesh Renderers 選項。Navigation Static 選項則是將我們選取的物件加入這次鋪設導航網格的對象。而在 OffMeshLink Generation 選項可以依據之後介紹的 Bake 面板中設定的 Drop Height(可落下高度) 與 Jump Distance(可跳躍距離) 參數，在分離的導航網格中產生捷徑。Navigation Layer 選項可選擇所要產生導航網格層，可以在 Layers 面板中新增不同的導航網格層，一般預設的情況下會有 Default、Not Walkable 與 Jump 三種導航網格。

Bake 面板：Bake 面板中有 10 個參數選項，分別是 Radius(半徑)、Height(高度)、Max Slope(最大坡度)、Step Height(台階高度)、Drop Height(落下高度)、Jump Distance(跳躍距離)、Min Region Area(最小區域面積)、Width Inaccuracy(寬度誤差百分比)、Height Inaccuracy(高度誤差百分比) 及 Height mesh(高度網格)，如下圖所示：

Radius 參數在不可通行的物件旁的預留的半徑距離，將關係到兩面牆之間是否能產生走道。下圖中，兩面牆之間的距離為 2.4 個單位，當 Radius=0.1 時走道的導航網格寬度為 2.2 個單位，當 Radius 增加到 0.9 時，可以發現走道的導航網格寬度只剩下 0.6 個單位，但還是可通行的狀態，若 Radius=1.2，則走道上將無鋪設導航網格，以至於無法通行，分別如下圖所示：

▲ Radius=0.1　　　　　　▲ Radius=0.9　　　　　　▲ Radius=1.2

　　Height 參數為淨空高度，若要產生導航網格的對象上方有其它相同物件，如果相差高度小於此參數，則下方的區塊則無法產生導航網格。下圖中，當 Height=0.5 時，人行道與天橋的高度差大於 0.5 單位就能產生導航網格，但大熊的身高為 1 個單位，當牠通過橋下時，會有半顆頭穿透出橋面，但只要將 Height 參數調整到 1 以上就能避免穿透的現象，分別如下圖所示：

▲　Height =0.5

▲　Height =1.2

　　Max Slope 參數爲鋪設對象的最大斜坡斜度，值介於 0 ～ 90。而 Step Height 參數爲鋪設台階高度，若台階高度差小與此參數，則導航網格區域視爲連接，此參數必須小於 Height 參數。下圖中的台階高度差爲 0.3，所以當 Step Height 小於 0.3 導航網格就會在台階處斷開，分別如下圖所示：

▲ Step Height =0.35　　　　　　　　　▲ Step Height =0.1

　　Drop Height 參數爲最大落下高度，若相鄰的導航網格表面高度差低於此參數，將會產生連接捷徑。下圖中 Drop Height=1，所以當平台間高度差小於等於 1 都會產生通道捷徑，如下圖所示：

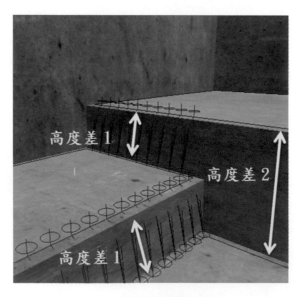

▲ Drop Height =1

Jump Distance 為最大跳躍距離，若相鄰的導航網格表面水平距離低於此參數，將會產生連接捷徑。下圖中 Jump Distance=1，所以當平台間距離小於等於 1 都會產生通道捷徑。

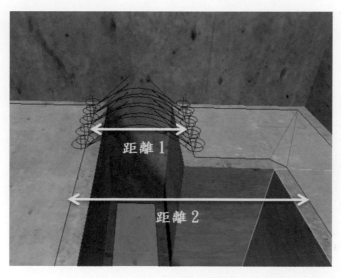

▲ Jump Distance=1

Min Region Area 為最小鋪設面積，若鋪設對象面積小於此參數，則不產生導航網格。而 Width Inaccuracy 及 Height Inaccuracy 參數為容許的最大寬度及高度誤差百

分比，值越小導航網格越精細，但鋪設時所花的時間也會比較久。Height mesh 選項用來決定是否儲存原始高度資訊，若勾選將對性能與儲存空間產生影響。

Layers 面板：Layers 面板中能為導航網格分層鋪設，前 3 層為 Unity 預設的 Default、Not Walk able 及 Jump，剩下的 29 層可供使用者自行命名使用，而 Cost 參數越大，則角色在上面行走時越流暢，如右圖所示：

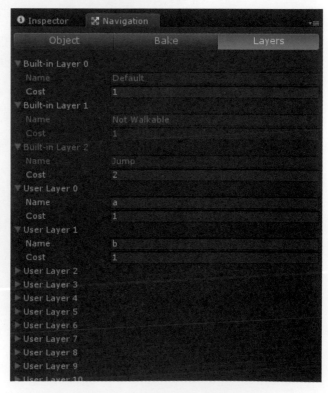

透過導航網格分層可以限制移動的角色所能行徑的路徑，下圖中鋪設了 3 種不同層別的導航網格，每層之間會以不同的顏色表示，而該層導航網格是否能行走，取決於移動物件添加的 Nav Mesh Agent 導航物件上的 NavMesh Walkable 選項。

設置完選項與參數後，只要按下 Navigation 視窗右下方的 Bake 按鈕，就可以在場景上產生導航網格，若想清除導航網格只需按下 Clear 按鈕即可，按鈕如下圖所示：

關於第二個要項，鋪設我們想要在導航網格上移動物件，須在物件上添加 Nav Mesh Agent 導航組件，選擇物件後點擊系統選單 Component，選擇 Navigation 中的 Nav Mesh Agent 選項，這麼一來就能在 Inspector 視窗中設定 Nav Mesh Agent 導航組件的選項與參數。

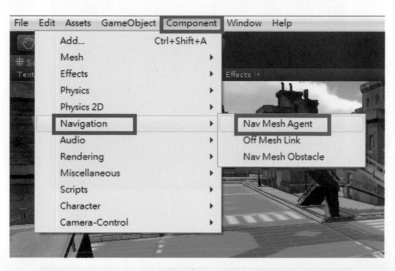

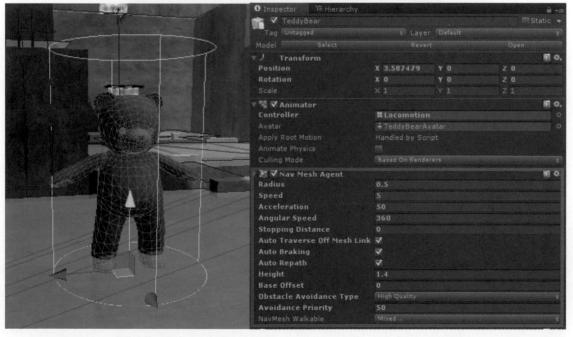

Nav Mesh Agent 導航組件中的選項與參數共有 13 個，分別是 Radius(半徑)、Speed(速度)、Acceleration(加速度)、Angular Speed(角速度)、Stopping Distance(停止距離)、Auto Traverse Off Mesh Link(自動通過 Off Mesh 捷徑)、Auto Braking(自動停止)、Auto Repath(自動重新尋找路徑)、Hight(高度)、BaseOffset(基本偏移)、

Obstacle Avoidance Type(障礙躲避等級)、Avoidance Priority(躲避優先等級) 及
NavMesh Walkable(可行走導航網格)，如下圖所示：

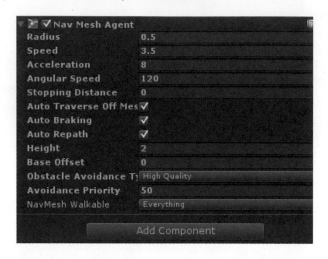

　　Radius 為添加了 Nav Mesh Agent 導航組件的物件碰撞圓柱半徑，如下圖中的
綠色圓柱。

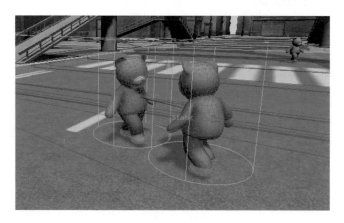

　　Speed、Acceleration 及 Angular Speed 為導航物件的最大移動速度、最大加速度
及最大角速度 (度 / 秒)。而當導航物件距離目標位置小於 Stopping Distance 隨即停止
移動。若勾選 Auto Traverse Off Mesh Link，則導航物件會自動通過連接捷徑。若勾選
Auto Braking，則當導航物件到達目標位置時，將自動停止移動。勾選 Auto Repath，
當行進間若路徑中斷，將自動重新搜尋路徑。Height 為碰撞圓柱高度。BaseOffset 為
碰撞圓柱與實際模型物件的垂直偏移量。由於在鋪設導航網格時，Bake 面板的 Height
參數影響導航網格與鋪設對象的服貼程度，Height 參數越小越貼近實體，下圖中，導
航網格與路面有 0.2 的高度差，如果碰撞幾何體的 BaseOffset=0 會讓小熊浮在空中，
為了避免這種狀況，我們可以調整 BaseOffset 為 -0.2，讓小熊模型往下偏移。

▲ BaseOffset=0　　　　　　　　　　▲ BaseOffset=-0.2

　　Obstacle Avoidance Type 選項為障礙物躲避的表現等級，等級越高躲避效果越好。Avoidance Priority 參數為躲避優先等級，值高會自動躲避值低的物件。在 NavMesh Walkable 選項中能指定物件可行走的導航網格層類型。

　　關於第三的要項，設置好導航網格及 Nav Mesh Agent 導航物件後，若要將滑鼠點擊位置設定為角色搜尋路徑的目標點，則要在角色上撰寫腳本，這裡我們使用 Java Script，讓滑鼠從 2D 平面中點擊 3D 的遊戲場景時，能將 2D 平面的點位置轉換成 3D 空間位置，此 3D 空間位置將會是我們移動時的目標點 (playerTarget)，接著使用指令 destination 讓角色沿著導航網格搜尋的路徑移動到目標點。

關於將滑鼠點擊的 2D 位置轉化到 3D 場景中，是使用從攝影機所在的位置朝著滑鼠點擊時的方向發射一條射線，再紀錄射線與場景上的物體碰撞時的位置來得到導航時的目標位置，相關指令介紹如下：

var ray = Camera.main.ScreenPointToRay(Input.mousePosition)：

新增變數 ray 為從攝影機位置發射的射線，射線的投射方向會依照滑鼠所點擊 3D 空間位置。

var hit: RaycastHit：

新增變數 hit 用來儲存場景上射線與物件的碰撞資訊。

Physics.Raycast(ray, hit)：

用來判斷射線 ray 是否有碰到物件，若有碰到物件則回傳 true，並且將碰撞資訊提供給 hit。

playerTarget = hit.point：

將 ray 射線與物件碰撞的位置 (hit.point) 存進變數 playerTarget 作為目標點。

playerNav.destination = playerTarget：

命令添加了 Nav Mesh Agent 導航組件的玩家角色 (playerNav) 沿著導航網格搜尋的路徑移動到目標點 (playerTarget)。

以上這些重要指令我們將會在後面的實作有更詳細的解說。

重點二　第三人稱視角控制

　　當角色能依照滑鼠點擊的位置自動尋路後，我們希望遊戲中的主攝影機能跟著角色到處移動，並且能使用滑鼠控制拍攝的視角，所以我們將為遊戲設計第三人稱視角控制的方法。

　　所謂的第三人稱視角控制，是讓攝影機拍攝中心永遠對著所操控的角色物件，同時我們可以使用滑鼠右鍵帶動攝影機在角色周圍環繞移動，使玩家可以從各角度觀看角色周圍的環境資訊，如下圖。

　　關於第三人稱攝影機的環繞拍攝行為，我們可以想像成一顆球體，球心的位置站著我們要拍攝著主角，而攝影機將會在此球體的球表面任意移動，且鏡頭永遠面相球心拍攝，所以要讓攝影機能在球表面移動便是最大的關鍵，所以我們希望在球心的位置新增一個空物件 (有實際位置座標的物件，但沒有形體)，並將此空物件當作攝影機的父物件，作為子物件的攝影機將會受到父物件的旋轉影響而跟著轉動，且此轉動為以父物件為中心，所以轉動球心位置上的空物件就能帶動攝影機在球表面移動，建立方法如下。

　　首先，新增一個空物件，點選系統選單 GameObject，選擇 Create Empty。

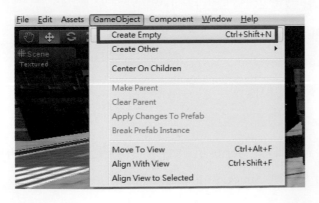

接著到 Hierarchy 視窗中將主攝影機 Main Camera 拖曳到 GameObject 底下，使 GameObject 成為父物件 Main Camera 為子物件。

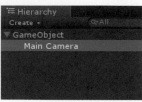

再將主攝影機 (Main Camera) 位置調整到與父物件的相對位置 (0,4,-4)，角度 (40,0,0)，此時父物件的位置會在攝影機拍攝的畫面中間。

由於父物件轉動或移動時都會帶動子物件移動與轉動 (以父物件為中心)，這麼一來我們只要不斷更新父物件的位置到玩家角色位置，當角色移動時就能讓攝影機隨著角色移動，而當我們按下滑鼠右鍵並移動時，我們只要依照滑鼠的位置變化換算成父物件的轉動角度，就能輕鬆帶動攝影機以角色為中心環繞拍攝，所以我們在父物件上添加轉動父物件的 Java Script，相關指令如下：

transform.position=player.transform.position;

將帶有此 Script 的物件移動到玩家角色 (player) 的位置上。

Input.mousePosition;

取得滑鼠當前所在的位置。

Transform.Rotate(x,y,z, 座標空間);

依照座標空間對帶有此 Script 的物件依照參數 x,y,z 改變角度，座標空間分為 Space.World(世界座標) 與 Space.Self(自身座標)。

重點三　如何運用導航網格建立巡邏與自動追蹤的移動模式

如果要讓角色使用導航網格在場景上巡邏，除了要鋪設導航網格與在角色添加 Nav Mesh Agent 導航組件外，還要另外添加 Java Script 讓角色在範圍內巡邏，Script 中使用到了 Time. deltaTime 用來計算時間，每 4 秒產生一次巡邏角色的目標點，目標點的是用指令 Random.Range() 來隨機產生亂數，而最後使用指令 destination 讓巡邏角色沿著導航網格所產生的路徑到達目標點，巡邏模式流程如下：

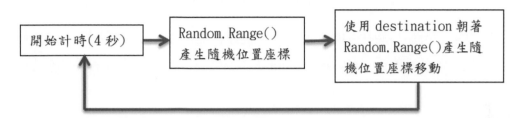

藉由每 4 秒產生一次隨機位置，使巡邏角色不斷的朝著隨機位置移動，如下圖所示：

巡邏模式相關指令介紹：

Time. deltaTime;

上個影格所花的時間。我們會使用變數 n 來累加每個影格所花的時間：n=n+Time. deltaTime; 當 n 大於 4 重新將 n 歸 0 重新累加，並且使用亂數取出下個目標點位置。

Random.Range(參數 a, 參數 b)：

在參數 a 與參數 b 之間隨機取一整數，包含 a,b。例如我們要在 y 軸高度為 0 的 x,z 平面上隨機取點，x 範圍 -5 ～ 5，z 範圍 -5 ～ 5 的區域內取點，方法如下：

$$x=Random.Range(-5,5);$$
$$z=Random.Range(-5,5);$$

patrolNav.destination=Target：

變數 Target 用來儲存使用亂數取出的點位置 (x,0,z)，再將添加了 Nav Mesh Agent 導航物件的巡邏角色 (patrolNav)，沿著路徑移動到目標點位置 Target：

$$Target=Vector3(x,0,z);$$
$$patrolNav.destination=Target;$$

而追蹤模式是讓巡邏中的角色，當發現玩家控制的角色時會朝著玩家衝過去，這時我們只要對巡邏角色添加的 Java Script 與 Nav Mesh Agent 導航組件的參數來做修改即可。

首先在 Java Script 的部分，我們可以使用玩家操控的角色與巡邏角色之間的距離作為是否被發現的判斷會用到指令 Vector3.Distance 來求距離，當距離過近時，我們只要改變帶有 Nav Mesh Agent 導航組件的巡邏角色 (patrolNav) 的目標點位置 (Target) 為玩家角色 (player) 位置即可：

$$Target= player.transform.position;$$
$$patrolNav.destination=Target;$$

追蹤模式相關指令介紹：

Vector3.Distance(player.transform.position,patrol. transform.position)：

　　Vector3.Distancec 需要 2 個位置參數，我們使用了 player.transform.position(玩家位置) 與 patrol. transform.position(巡邏角色位置)，Vector3.Distancec 將會回傳 2 點之間的距離。

　　但是我們可以發現如果只將巡邏角色的 Target 設定為 player 的位置，會因為彼此的碰撞圓柱產生碰撞，只得巡邏角色 (patrol) 無法到達玩家角色 (player) 的位置以至於不斷奔跑。

　　這時我們只要修改巡邏角色身上的 Nav Mesh Agent 導航組件的 Stopping Distance 參數，使巡邏角色與 player 位置距離小於 Stopping Distance 參數時就會停止移動，如下圖所示：

範例實作與詳細解說

步驟一　鋪設導航網格及主角小熊添加 Nav Mesh Agent 導航組件

步驟二　主角小熊添加 Java Script 偵測滑鼠點擊位置並設置目標點

步驟三　建立第三人稱視角設定

步驟四　建立巡邏角色並使其具有範圍偵查與追逐能力

　　由於此章節中的重點將放在導航網格的運用上，所以關於主角小熊的待機、跑步及轉身等相關動畫設置，實作中將直接使用 Asset Store 中 Unity 官方提供的 Mecanim Example Scenes 範例中，取得的 Locomotion 動畫控制器及控制動畫的 Agent 腳本，且已先行將 Locomotion 動畫控制器及控制動畫的 Agent 腳本匯入練習檔專案中，提供讀者在實作時使用，若讀者想進一步了解 Unity 的 Mecanim 動畫系統，在先前的章節中我們有更為詳細的介紹。

一、鋪設導航網格及主角小熊添加 Nav Mesh Agent 導航組件

　　首先我們要先在場景中鋪設導航網格，開啓光碟中的練習檔專案 Lesson10(practice) 並開啓裡面的場景 Scene，場景中已經先建造好一個小城市，城市中央的十字路口有一座天橋，在鋪設導航網格之前我們要先選取這些鋪設對象，在 Hierarchy 視窗中選取 Bridge、City 與 Street，再到 Inspector 視窗點擊右上角 Static 右方的下三角按鈕，並勾選 Navigation Static 選項，這麼一來 Unity 就會將這些物件當作鋪設導航網格的對象，如下圖所示：

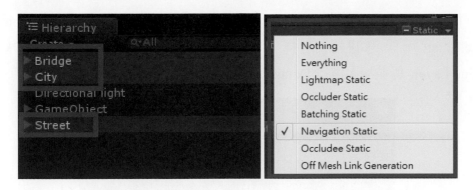

此時會彈出視窗詢問始將物件底下子物件也一併更改，我們選擇 Yes,change children。

接下來我們要設定導航網格的鋪設參數，可以點選系統選單 Window，選擇 Navigation 選項，開啓 Navigation 視窗。

我們可以在場景上任意選擇一個物件，在 Navigation 視窗中的 Object 面板裡 Scene Filter(場景過濾器) 選擇 All，並勾選 Navigation Static(靜態導航)，而 Navigation Layer(導航層) 選擇 Default，如下圖所示：

接著到在 Navigation 視窗中的 Bake 面板調整參數 Radius=0.1，使得不可通行的物件周圍 0.1 個單位內不鋪設導航網格；Height=1.2，使得鋪設對象上方要有 1.2 單位的淨空高度才可鋪設；Step Height=0.3，在兩平台間高度落差小於 0.3 單位時，形成階梯，如下圖所示：

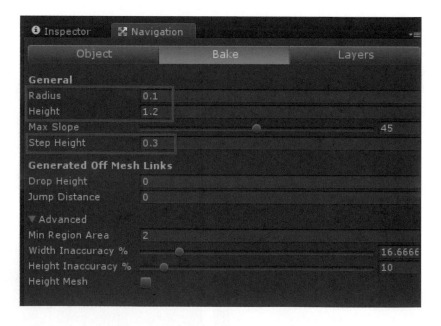

接著按下 Navigation 視窗中右下方的 Bake 按鈕，如下圖所示：

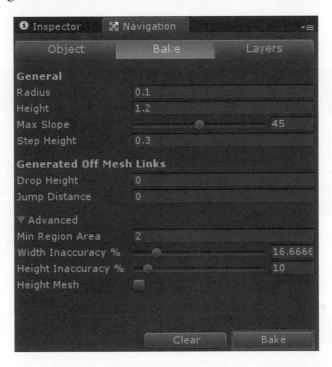

Unity 便會開始鋪設導航網格，完成後我們能在 Scene 視窗中看到鋪設導航網格的場景，如下圖所示：

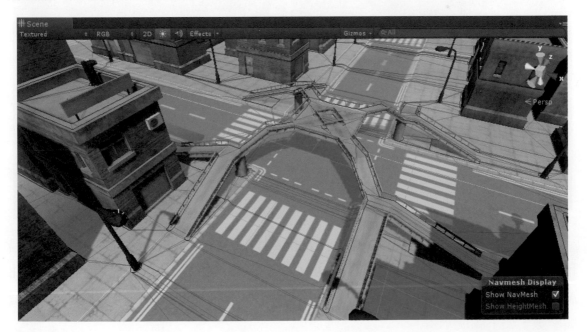

接著我們要設置玩家控制的小熊 (TeddyBear)，放置到遊戲場景中，所以到
Project 視窗中的 Assets 資料夾中找到小熊模型 TeddyBear，並把主角模型拖曳到
Scene 視窗中，並調整位置到 (-18,-0.2,-18) 的位置上，如下圖所示：

接著我們要在小熊 (TeddyBear) 身上添加 Nav Mesh Agent 導航組件，首先選擇場
景中的小熊 (TeddyBear) 後點擊系統選單 Component，選擇 Navigation 中的 Nav Mesh
Agent 選項，這麼一來就能在 Inspector 視窗中設定 Nav Mesh Agent 導航組件的選項
與參數，如下圖所示：

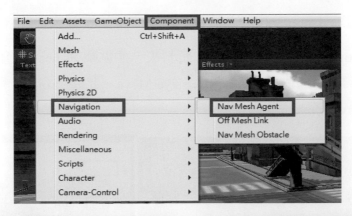

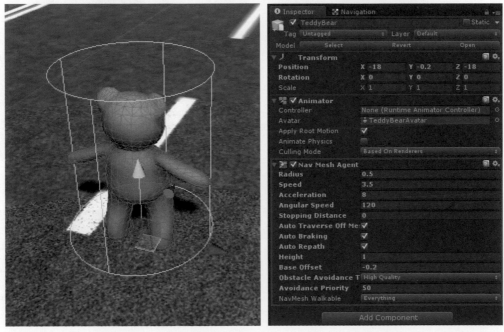

　　在 Inspector 視窗的 Nav Mesh Agent 中修改以下參數，分別設置 Speed=5、Height=1 及 Base Offset=-0.2，如此就調整好物件的最大移動速度、碰撞圓柱的高度及圓柱與角色間的 Y 軸偏移量，如下圖所示：

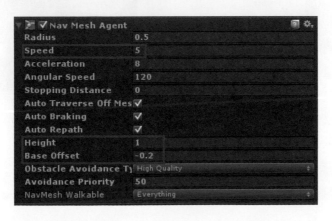

二、 主角小熊添加 Java Script 偵測滑鼠點擊位置並設置目標點

　　首先要到 Project 視窗中選取 Assets 資料夾，並點擊 Project 視窗左上角的 Create 選項，建立一個 Java Script 將它命名為 playerMove，此時 Project 資料夾中的 Assets 資料夾會建立 playerMove.js 的文件檔。

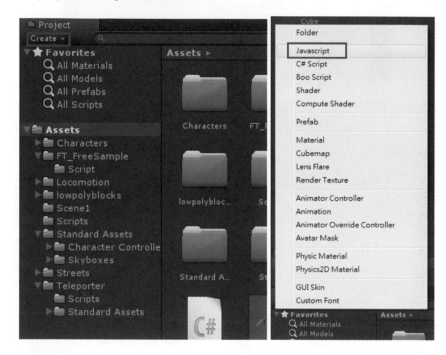

　　接著要將剛剛新增的 playerMove 添加到小熊 (TeddyBear) 身上，選取小熊 (TeddyBear) 後點擊系統選單 Component，選擇 Scripts 中選擇新增的 playerMove 檔案，如下圖所示：

接著在 Inspector 視窗中會出現 playerMove(Script)，接著點擊新增的 playerMove(Script) 裡的 Script 選項中的 playerMove 腳本，如此就可以開啟 Assembly 面板來撰寫程式，如下圖所示：

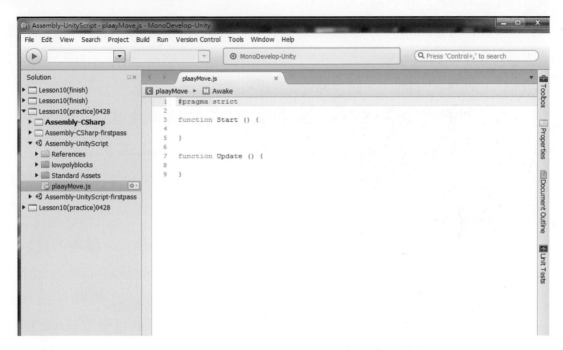

關於 playerMove 的程式內容為，偵測滑鼠點擊位置，並設置小熊 (TeddyBear) 搜尋路徑的目標位置，詳細指令如下圖所示：

```
    playerMove.js                    x
 playerMove  ▶  Awake
 1 #pragma strict
 2 var playerNav : NavMeshAgent;
 3 var playerTarget : Vector3;
 4 function Start ()
 5 {
 6
 7 }
 8
 9 function Update ()
10 {
11     if ( Input.GetMouseButtonDown(0) )
12     {
13         var ray = Camera.main.ScreenPointToRay(Input.mousePosition);
14         var hit: RaycastHit;
15         if ( Physics.Raycast(ray, hit))
16         {
17             playerTarget = hit.point;
18         }
19         playerNav.destination = playerTarget;
20     }
21 }
```

✦ 第 2 行：新增變數 playerNav 為添加 Nav Mesh Agent 導航組件的角色物件。

✦ 第 3 行：新增變數 playerTarget 為 3D 空間中移動時的目標點位置。

✦ 第 11 行：使用 if 判斷滑鼠左鍵是否按下。

✦ 第 13 行：新增變數 ray 為從攝影機位置發射的射線，射線的投射方向會依照滑鼠所點擊 3D 空間位置。

✦ 第 14 行：新增變數 hit 用來儲存場景上射線與物件的碰撞資訊。

✦ 第 15 行：使用 if 來判斷，射線 ray 是否有跟場景上的物件發生碰撞。

✦ 第 17 行：更新 playerTarget 位置座標為射線與物件碰撞的點位置。

✦ 第 19 行：設置使用導航網格移動的 playerNav 主角物件的目標點位置為 playerTarget。

　　撰寫完指令後，在 Assembly 面板按下 Ctrl+S 儲存 playerMove 腳本，再回到 Unity 場景中選擇小熊 (TeddyBear)，從 Inspector 視窗中可以找到添加的 playerMove 腳本與所需要的變數資訊，將 Hierarchy 視窗中的 TeddyBear 小熊物件拖曳到 playerMove 腳本中的變數 playerNav 來提供 playerMove 使用，並將變數 playerTarget 設置為 (-18,-0.2,-18)，如下圖所示：

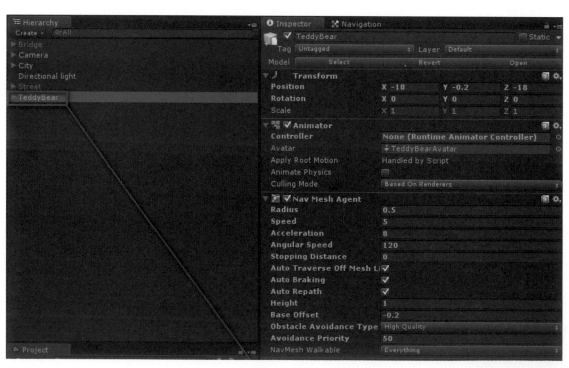

如此我們可以先測試此結果，點擊 Unity 上方的 Play 按鈕，此時在 Game 視窗中點擊道路，可以發現我們的小熊 (TeddyBear) 可以移動到滑鼠點擊位置，如下圖所示：

若要讓小熊 (TeddyBear) 播放動作動畫，我們要先做兩個設定，第一個設定是選取小熊 (TeddyBear) 後，再到 Inspector 視窗選擇 Animator 中的 Controller 選項，點擊選項旁的圓圈，接著會出現 Select RuntimeAnimatorController 視窗，並選擇 Assets 選項，選擇我們事先從 Unity 官方的 Mecanim Example Scenes 範例中取得的動畫控制器 Locomotion，如此就會在 Controller 選項出現我們要的 Locomotion 動畫控制器，如下圖所示：

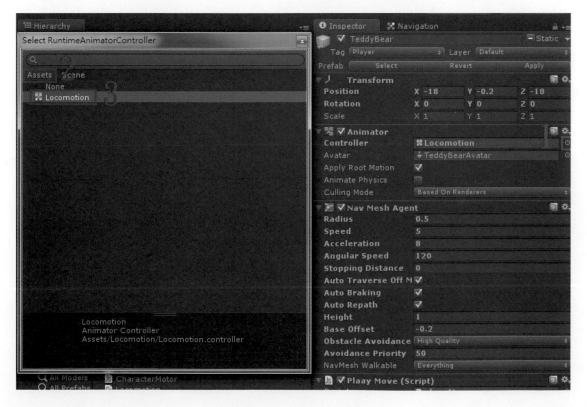

在此動畫控制器 Locomotion 是使用前面的章節中所提到的 Mecanim 動畫系統所製作的，若想要知道其內容，使用滑鼠雙擊 Locomotion 可以開啓 Animator 視窗，點進 Locomotion 動畫混合樹，看見動畫混合樹分成 Idle(原地待機)、TurnOnSpot(原地轉動)、WalkRun(走路與跑步)、PlantNTurnLeft(大角度左轉) 及 PlantNTurnRight(大角度右轉)，如下圖所示：

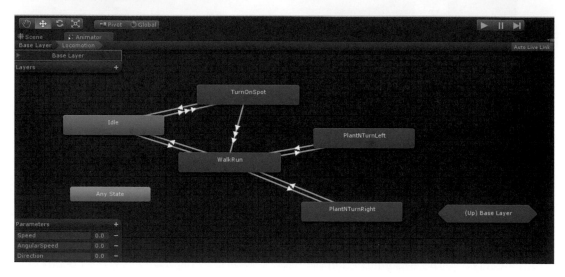

第二個設定，我們要使用程式腳本來控制動畫間的切換，在小熊 (TeddyBear) 身上添加事先從 Unity 官方的 Mecanim Example Scenes 範例中取得的動畫控制 Agent 腳本，即可讓小熊在場景中播放待機、移動與轉身動畫，關於添加腳本方式，首先選取我們的小熊 (TeddyBear)，並點選系統選單 Component，找到 Script 選項中的 Agent 腳本，如下圖所示：

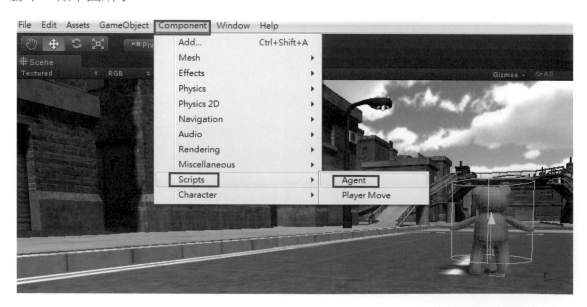

　　如此我們就可以先測試此結果，點擊 Unity 上方的 Play 按鈕，可以發現當小熊 (TeddyBear) 在遊戲中，待機、移動與轉身時都會執行對應的動作，如下圖所示：

三、建立第三人稱視角設定

　　首先在場景上新增一個空物件，點選系統選單 GameObject，選擇 Create Empty，就能在場景上建立一個空物件 (GameObject)，將空物件 (GameObject) 重新命名為 Camera，並將空物件擺放到 (-18,-0.2,-18)，如下圖所示：

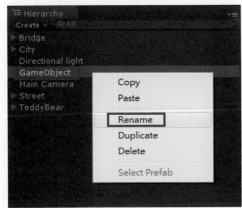

再將攝影機拖曳到 Camera 空物件底下，形成父子物件，並將主攝影機 (Main Camera) 位置調整到與父物件的相對位置 (0,4,-4)，角度 (40,0,0)。

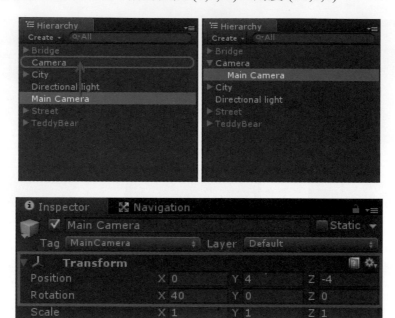

接著到 Project 視窗中選取 Assets 資料夾，並點擊 Project 視窗左上角的 Create 選項，建立一個 Java Script 將它命名為 Camera，此時 Project 資料夾中的 Assets 資料夾會建立 Camera.js 的文件檔。

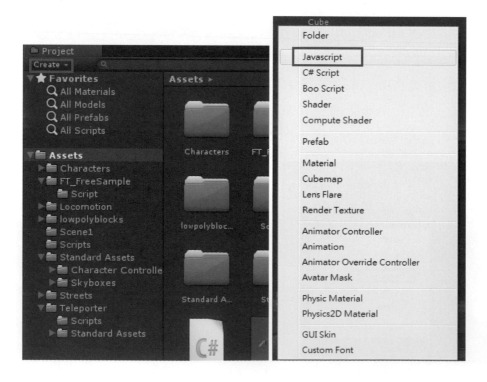

　　接著要將剛剛新增的 Camera 腳本添加到攝影機 (Main Camera) 的父物件 (Camera) 上，選取父物件 (Camera) 後點擊系統選單 Component，選擇 Scripts 選項中選擇新增的 Camera 腳本，如下圖所示：

　　此時，在 Inspector 視窗中會出現 Camera (Script)，接著點擊新增的 Camera (Script) 裡的 Script 選項中的 Camera 腳本，如此就可以開啟 Assembly 面板來撰寫程式，如下圖所示：

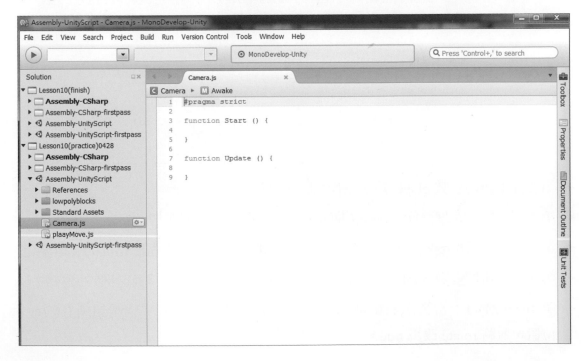

關於 Camera 的程式內容為，偵測滑鼠點擊與移動距離，並依照滑鼠的移動來旋轉父物件 (Camera)，詳細指令如下圖所示：

```
1    #pragma strict
2    var player:GameObject;
3    var mouseX:float;
4    var mouseY:float;
5    var mouseMoveX:float;
6    var mouseMoveY:float;
7    var rotate:boolean;
8
9    function Start ()
10   {
11
12   }
13
14   function Update ()
15   {
16       if ( Input.GetMouseButtonDown( 1 ) )
17       {
18           mouseX = Input.mousePosition.x;
19           mouseY = Input.mousePosition.y;
20           rotate = true;
21       }
22       if ( rotate == true )
23       {
24           mouseMoveX = Input.mousePosition.x - mouseX;
25           mouseMoveY = Input.mousePosition.y - mouseY;
26           mouseX = Input.mousePosition.x;
27           mouseY = Input.mousePosition.y;
28           transform.Rotate( 0, mouseMoveX/8, 0, Space.World );
29           transform.Rotate( -mouseMoveY/8, 0, 0, Space.Self );
30       }
31
32       if ( Input.GetMouseButtonUp( 1 ) )
33       {
34           rotate = false;
35       }
36       transform.position = player.transform.position;
37   }
38
```

+ 第 2 行：新增變數 player 為玩家操控的角色物件。

+ 第 3～4 行：新增變數 mouseX 與 mouseY 為滑鼠的位置座標。

+ 第 5～6 行：新增變數 mouseMoveX 與 mouseMoveY 為滑鼠每個影格間的位置變化。

+ 第 7 行：新增變數 rotate 為布林值，用來判斷現在是否要選轉攝影機的父物件。

+ 第 16～21 行：當滑鼠右鍵被按下，更新 mouseX 與 mouseY 為滑鼠所在的最新位置，並將 rotate 改為 true。

✦ 第 22 ～ 25 行：當 rotate 爲 true 時直接取得滑鼠的目前位置 (Input.mousePosition.x, Input.mousePosition.y)，減去上個影格所存取的滑鼠位置 (mouseX,mouseY)，並將位移的結果存入 (mouseMoveX,mouseMoveY)。

✦ 第 26 ～ 27 行：更新變數 mouseX 與 mouseY 爲滑鼠目前位置，作爲下個影格的參考位置。

✦ 第 28 ～ 29 行：根據得到的滑鼠位移 mouseMoveX 與 mouseMoveY 分別對世界座標 Y 軸轉動與自身座標 X 軸轉動。

✦ 第 32 ～ 35 行：當滑鼠右鍵彈起時，將變數 rotate 的布林值改成 false。

✦ 第 36 行：將攝影機父物件的位置更新到 Target 物件的位置上。

　　撰寫完指令後，在 Assembly 面板按下 Ctrl+S 儲存 Camera 腳本，再回到 Unity 場景中選擇父物件 (Camera)，從 Inspector 視窗中可以找到添加的 Camera 腳本與所需要的變數資訊，將 Hierarchy 視窗中的小熊 (TeddyBear) 拖曳到 Camera 腳本中的變數 player 來提供 Camera 腳本使用，如下圖所示：

如此我們就可以先測試此結果，點擊 Unity 上方的 Play 按鈕，當小熊 (TeddyBear) 移動時，攝影機會自動跟隨移動，而按下滑鼠右鍵並移動滑鼠，便能改變遊戲中玩家觀看的視角，如下圖所示：

四、建立巡邏角色並使其具有範圍偵查與追逐能力

首先我們要將巡邏角色 (Teddy)，放置到遊戲場景中，所以到 Project 視窗中的 Assets 資料夾中找到巡邏角色 (Teddy)，並把巡邏角色 (Teddy) 拖曳到 Scene 視窗中，並調整位置到 (-18,-0.2,-0) 的位置上，如下圖所示：

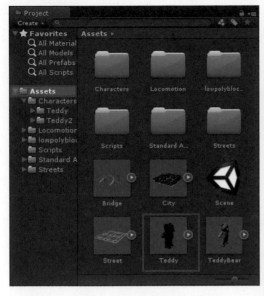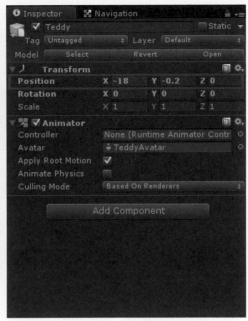

　　接著我們要在巡邏角色 (Teddy) 身上添加 Nav Mesh Agent 導航組件，首先選擇場景中的巡邏角色 (Teddy) 後點擊系統選單 Component，選擇 Navigation 中的 Nav Mesh Agent 選項，這麼一來就能在 Inspector 視窗中設定 Nav Mesh Agent 導航組件的選項與參數，如下圖所示：

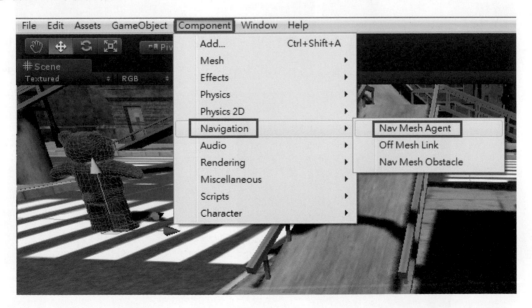

在 Inspector 視窗的 Nav Mesh Agent 中修改以下參數，分別設置 Stopping Distance=1.5、Height=1.7 及 Base Offset=-0.2，如此就調整好物件停止距離、碰撞圓柱的高度及圓柱與角色間的 Y 軸偏移量。

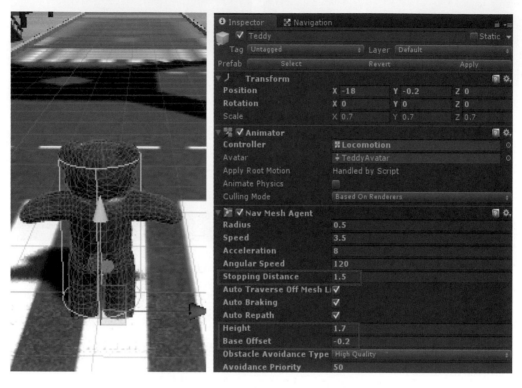

接著到 Project 視窗中選取 Assets 資料夾，並點擊 Project 視窗左上角的 Create 選項，建立一個 Java Script 將它命名為 patrolMove，此時 Project 資料夾中的 Assets 資料夾會建立 patrolMove.js 的文件檔。

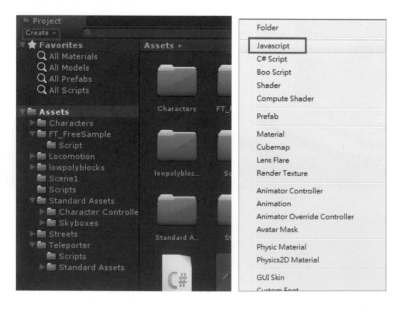

接著要將剛剛新增的 patrolMove 腳本添加到巡邏角色 (Teddy) 上，選取巡邏角色 (Teddy) 後點擊系統選單 Component，選擇 Scripts 選項中選擇新增的 patrolMove 腳本，如下圖所示：

接著在 Inspector 視窗中會出現 patrolMove (Script)，接著點擊新增的 patrolMove (Script) 裡的 Script 選項中的 patrolMove 腳本，如此就可以開啟 Assembly 面板來撰寫程式，如下圖所示：

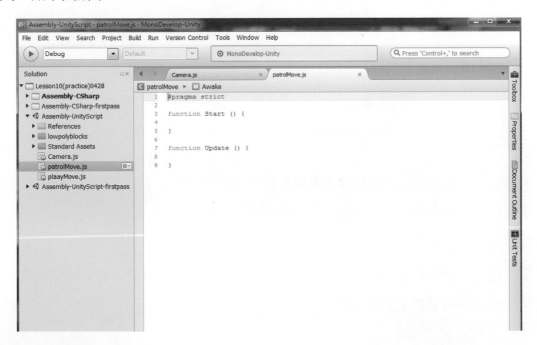

　　關於 patrolMove 的程式內容為，巡邏角色 (Teddy) 取得目標位置方式，且偵測小熊 (TeddyBear) 是否在附近，若小熊 (TeddyBear) 過於接近則巡邏角色 (Teddy)，則巡邏角色 (Teddy) 將以小熊為跟隨目標，並且提高最大移動速度，詳細指令如下圖所示：

```
1   #pragma strict
2   var x:int;
3   var z:int;
4   var Target:Vector3;
5   var patrolNav:NavMeshAgent;
6   var n:float;
7   var player:GameObject;
8   var patrol:GameObject;
9   var dist:float;
10
11  function Start ()
12  {
13
14  }
15
16  function Update ()
17  {
18      n = n + Time.smoothDeltaTime;
19      if ( n > 4 )
20      {
21          n = 0;
22          x = Random.Range( -83, 46);
23          z = Random.Range( -42, 60);
24      }
25      dist = Vector3.Distance( player.transform.position, patrol.transform.position );
26      if ( dist < 8)
27      {
28          Target = player.transform.position;
29          patrolNav.speed = 5;
30      }
31      else
32      {
33          Target = Vector3( x, -0.2, z );
34          patrolNav.speed = 2;
35      }
36      patrolNav.destination = Target;
37  }
```

✦ 第 2 行：新增變數 x，用來儲存亂數取點的 x 位置。

✦ 第 3 行：新增變數 z，用來儲存亂數取點的 z 位置。

✦ 第 4 行：新增變數 Target，用來儲存巡邏角色的目標位置。

✦ 第 5 行：新增變數 patrolNav，用來表示添加的 Nav Mesh Agent 導航組件的物件。

✦ 第 6 行：新增變數 n 為浮點數。

✦ 第 7 行：新增變數 player，用來表示 TeddyBear 主角物件。

第 8 行：新增變數 patrol，用來表示 Teddy 巡邏角色物件。

第 9 行：新增變數 dist 為 player 小熊與 patrol 巡邏角色之間的距離。

第 18 行：讓 n 累加每個影格間的時間。

✦ 第 19~ 24 行：若當 n>4，則將 n 歸 0，並且在範圍內隨機取出 2 個亂數，並存進變數 x 與 z 之中，下圖為由上往下拍攝全場景，紅色方塊內的區域為 xz 平面的隨機取點的範圍。

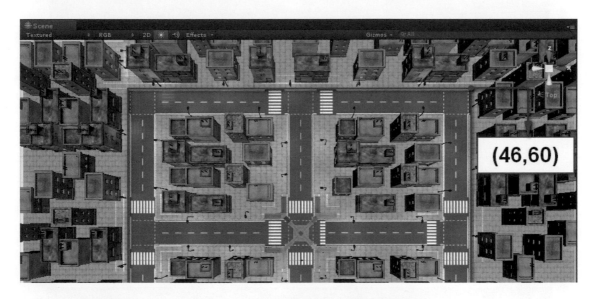

第 25 行：計算 player 小熊與 patrol 巡邏角色之間的距離為 dist。

第 26 ～ 30 行：若 dist 小於 8，則將 Target 位置儲存為 player 小熊角色的所在位置。並且提高巡邏角色的最大移動速度至 5。

第 31 ～ 35 行：若 dist 不小於 8，則將 Target 位置儲存為使用範圍亂數取出的位置 (x,-0.2,z)。並且將巡邏角色的最大移動速度設置為 2。

第 36 行：設置使用導航網格移動的 patrolNav 主角物件的目標點位置為 Target。

　　撰寫完指令後，在 Assembly 面板按下 Ctrl+S 儲存 patrolMove 腳本，再回到 Unity 場景中選擇巡邏角色 (Teddy)，從 Inspector 視窗中可以找到添加的 patrolMove 腳本與所需要的變數資訊，將 x,z 變數初始值設定為 -18 與 0，並將 Hierarchy 視窗中的巡邏角色 (Teddy) 拖曳到 patrolMove 腳本中的變數 patrolNav 與變數 Patrol，且小熊 (TeddyBear) 拖曳到腳本中的變數 player 來提供 patrolMove 使用，如此一來當運行遊戲後的 4 秒內，巡邏角色 (Teddy) 將會站在原地，4 秒後便會前往亂數取出的新位置，如下圖所示：

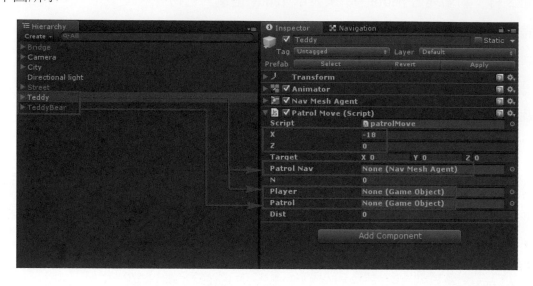

關於巡邏角色 (Teddy) 的動作設置跟小熊 (TeddyBear) 一樣，我們選取巡邏角色 (Teddy)，首先在 Inspector 視窗選擇 Animator 中的 Controller 選項，點擊選項旁的圓圈，接著會出現 Select RuntimeAnimatorController 視窗，並選擇 Assets 選項，選擇我們事先從 Unity 官方的 Mecanim Example Scenes 範例中取得的動畫控制器 Locomotion，如此就會在 Controller 選項出現我們要的 Locomotion 動畫控制器，如下圖所示：

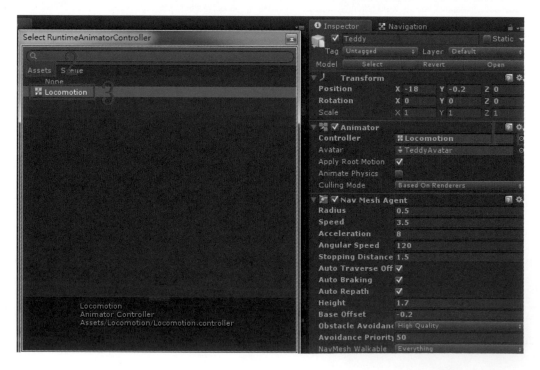

除了添加動畫控制器 Locomotion 之外，我們同樣要使用程式腳本來控制動畫間的切換，在巡邏角色 (Teddy) 身上添加事先從 Unity 官方的 Mecanim Example Scenes 範例中取得的動畫控制 Agent 腳本，即可讓小熊在場景中播放待機、移動與轉身動畫，關於添加腳本方式，首先選取我們的巡邏角色 (Teddy)，並點選系統選單 Component，找到 Script 選項中的 Agent 腳本，如下圖所示：

這麼一來，我們就完成此章節的範例了，可以點擊 Unity 上方的 Play 按鈕測試結果，可以發現巡邏角色 (Teddy) 會自動在場景上巡邏走動，而且當發現小熊 (TeddyBear) 靠近時，會開始追逐小熊 (TeddyBear)，如下圖所示：

第 11 講
遊戲場景中的物理世界

作品簡介

　　Unity 軟體中的物理引擎部分，可以使我們模擬眞實物體的碰撞運動，從本作品中，我們可以看到場景中有籃球、大小不同的骰子、紅白色的藥丸以及兩種不同的棍棒，籃球及骰子從高空掉落後，物體兩兩之間互相碰撞最後掉落到地面的眞實模擬畫面。

　　在場景中，原先擺放在架上的籃球因爲屬於球體，所以從架上滾下，撞擊到桌面後又碰到其他物品；架上有兩顆大型的骰子，屬於立方體，滑落的那顆骰子摩擦係數較低，未滑落的骰子因爲摩擦係數較高，因此還留在架上沒有滑落；黑色的金屬棍棒與棕色的木棍，屬於圓柱體，金屬棍棒摩擦係數較低，因此受到撞擊後滾落到地面，而木棍因摩擦係數較金屬棍棒高，受到撞擊後還靠在桌子邊上；最後是藥丸，是膠囊體，因爲質量最輕，因此受到其他物體撞擊後彈開掉落到地面上。

　　在範例中，我們要了解物體的種類，並依據特性來對物體加以分類，當需要不同的物理特性時，給予物體不同的物理屬性。在 Unity 中，處理碰撞運動的物理屬性主要有剛體 (Rigidbody) 與碰撞體 (Collider)，物體可以只具有單一屬性，也可以同時具有剛體 (Rigidbody) 和碰撞體 (Collider) 兩種屬性，並不會互相衝突。

第二個部分，我們要針對剛體 (Rigidbody) 和碰撞體 (Collider) 的物理參數設置來作探討，即使是類似的幾何物體因物理屬性以及設置不同的參數，也會有不同的物理效果。

　　最後，我們將會藉由實作來將生活中常見的幾種幾何物體，擺放在場景中，每樣物體之間的物理屬性參數會有不同的設置，來呈現出極為真實的畫面效果，如下圖所示：

📖 學習重點

本章節主要的學習重點

重點一：Unity 物理引擎介紹

重點二：物體的物理屬性

重點一　Unity 物理引擎介紹

　　Unity 的物理引擎，包含了物理世界以及物體的物理屬性兩個方向，其中物體的物理屬性又區分了六個種類，分別為剛體 (Rigidbody) 屬性、控制器 (Controller) 屬性、碰撞體 (Collider) 屬性、連接 (Joint) 屬性、布料 (Cloth) 屬性和力場 (Constant Force) 屬性。我們需要對物理世界中物體的屬性做適當的參數配置就才能完成一個完整的真實物理世界，例如：不同物體從掉落到互相碰撞後反彈、或是很多互相連結著的物體，門與牆、摩天輪、橋面等等、以及人物角色的毛髮和身上的衣服變得柔軟、或是將角色變成一個布娃娃等，使用 Unity 的物理引擎都能夠完成。以下將介紹物理世界以及物體的物理屬性。

　　物理世界分為 2D 物理以及 3D 物理兩種，兩種都是可以自由設置的，製造出無重力空間也是可行的，2D 及 3D 的參數設置上大同小異，我們在此以 3D 的物理設置為例，設置的位置在，上排系統選單的「Edit」 中， 在「Project Settings」裡的子選項「Physics」。如右圖所示：

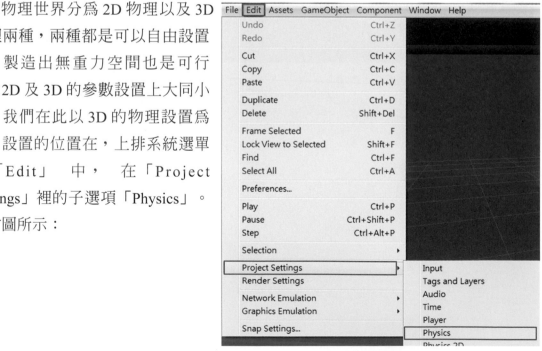

　　我們點開「Physics」選項，可以在視窗右方找到一個名稱為「Inspector」的編輯器視窗，如下圖所示：

　　「Inspector」的編輯器視窗內包含了遊戲場景的 3D 物理參數設置，參數共有10 項，分別是 Gravity、Default Material、Bounce Threshold 、Sleep Velocity、Sleep Angular Velocity、Max Angular Velocity、Min Penetration For Penalty、Solver Iteration Count、Raycasts Hit Triggers、Layer Collision Matrix。詳細設置圖及參數如下。

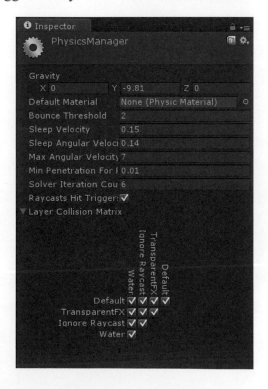

✦ Gravity：遊戲場景中的重力設置，預設 X 為 0、Y 為 -9.81、Z 為 0，代表是一向下 9.81 的重力。

✦ Default Material：預設的物理材質，預設為 None，場景中無物理材質的 Collider，會設置為此預設物理材質。

✦ Bounce Threshold：兩個碰撞體的相對速度低於此值，不會產生反彈。這個值也用於減少抖動，因此不建議此值設置極低。預設值為 2。

✦ Sleep Velocity：低於此線性速度值的物體會進入休眠狀態。預設值為 0.15。

✦ Sleep Angular Velocity：低於此角速度值的物體會進入休眠狀態，預設值為 0.14。

✦ Max Angular Velocity：限制 Rigidbody 的最大角速度值，可以避免旋轉時數值的不穩定，預設值為 7。

✦ Min Penetration For Penalty：在碰撞檢測將兩物體分開前，兩物體可以穿透的最小值，單位為米，值越高會導致穿透越多，不過可以減少抖動。預設值為 0.01。

✦ Solver Iteration Count：決定關節連結的計算精度，一般設置為 7 即可適用大多數情況，預設值為 6。

✦ Raycasts Hit Triggers：勾選為啟用，當射線命中碰撞體時會回傳一個命中消息，不勾選為關閉，射線命中碰撞體時不回傳。預設為勾選。

✦ Layer Collision Matrix：定義層碰撞檢測系統的行為。以左上角第一個勾選的為例，代表的是 Default 層級的物體與 Water 層級的物體會產生碰撞，取消勾選的話則這兩個層級的物體不發生碰撞。預設值為全選。

　　對物理世界的設置完成後，接下來我們來介紹物體共六種的物理屬性，Rigidbody 屬性、Controller 屬性、Collider 屬性、Joint 屬性、Cloth 屬性和 Constant Force 屬性。對這些物理屬性有基本的認識能讓我們更清楚瞭解添加不同物理屬性的原因，以及不同物理屬性的各種運動作用，對後續我們物理世界的完成將會有很大的幫助。

✦ Rigidbody 屬性，可以使物體在物理世界的控制下來運動，可以接受外力運動如真實世界一般，所有物體只有添加了 Rigidbody 屬性才能受到重力的影響、透過腳本來對物體施力以及和其他物體發生互動的運算等。

✦ Controller 屬性，主要使用於第三人稱或是第一人稱遊戲主角的控制。

✦ Collider 屬性，通常與 Rigidbody 屬性一起添加，若兩個剛體相撞，兩者都有添加 Collider 屬性物理引擎才會計算碰撞，否則會穿透過去。包含了 Box Collider、Sphere Collider、Capsule Collider、Mesh Collider、Wheel Collider、Terrain Collider 六種。

✦ Joint 屬性，由兩個剛體組成，連結會對物體進行約束，模擬出真實的物理效果如門、橋面等等。包含了 Hinge Joint、Fixed Joint、Spring Joint、Character Joint、Configurable Joint 五種。

✦ Cloth 屬性，可以在一個網格上模擬類似布料的行為狀態，包含角色的衣服頭髮等等。

✦ Constant Force 屬性，是一種替剛體快速添加恆定力的屬性，適用於類似火箭等發射出來的對象，起初沒有很大的速度，但卻是在不斷的加速情況下使用。

重點二　物體的物理屬性

　　針對物體的物理屬性中比較重要的剛體 (Rigidbody) 屬性和碰撞體 (Collider) 屬性我們詳加介紹，我們先以「物體是否會受重力影響」和「物體是否會產生碰撞」來對物體進行分類，可以將物體分為三種類別，分別為 (1) 只具有 Rigidbody 屬性的物體，會受重力影響但不產生碰撞；(2) 只具有 Collider 屬性的物體，不受重力影響但會產生碰撞；或是 (3) 同時具有 Rigidbody 屬性與 Collider 屬性的物體，會受重力影響也會產生碰撞。

　　這三種類別的物體可以用以下簡表表示。

具有屬性　　　物理影響	具 Rigidbody 屬性	具 Collider 屬性	同時具有 Rigidbody 和 Collider 屬性
是否受重力作用	受重力作用	不受重力作用	受重力作用
是否會產生碰撞	不會產生碰撞	會產生碰撞	會產生碰撞

這三種物體的交互作用會因為屬性不同，而產生不同的交互作用，不同類型物體之間產生交互作用的情況整理如下表。

具有屬性 ／ 具有屬性	具 Rigidbody 屬性	具 Collider 屬性	同時具有 Rigidbody 和 Collider 屬性
具 Rigidbody 屬性	互相穿透，各自維持原本狀態	具 Rigidbody 屬性的物體會穿透具 Collider 屬性的物體	互相穿透，各自維持原本狀態
具 Collider 屬性	具 Rigidbody 屬性的物體會穿透具 Collider 屬性的物體	當碰撞時會各自維持原本狀態不發生改變	產生碰撞反應
同時具有 Rigidbody 和 Collider 屬性	互相穿透，各自維持原本狀態	產生碰撞反應	產生碰撞反應

有關第一類只具有 Rigidbody 屬性的物體，只受重力影響但不會產生碰撞，我們可以對這類物體施力。這類型的物體我們通常用在子彈、炸彈等物體的設置。這類型物體遇到其他三種類型的物體都會維持著本身的狀態，不會因此而改變。在這範例中我們沒有設置到只具有 Rigidbody 屬性的物體。

有關第二類只具有 Collider 屬性的物體，不受重力影響且會產生碰撞。當產生碰撞時這類型的物體本身不會發生狀態上的改變，但會讓其他與之碰撞的物體產生碰變。這類型的物體我們通常使用在場景中靜態物體的設置上，例如：地板、牆、屋頂、房子等固定式的物體。在範例場景中的牆壁，地板、天花板、架子以及櫃子等，都是這類型的物體。

有關第三類同時具有 Rigidbody 屬性與 Collider 屬性的物體，會受到重力的影響也會產生碰撞。這類型的物體我們通常使用在場景中可移動物體的設置上，如範例中的籃球、骰子、棍棒、藥丸等等，除了會受到重力的影響外，相互之間也會互相碰撞。

了解物體的物理屬性後我們如何添加這些物理屬性，讓物體受場景中的物理世界反應。關於新增 Rigidbody 屬性，首先點選要新增 Rigidbody 屬性的物體，在上方系統選單中，點選上方系統選單中的「Component」，選擇「Physics」中的子選項「Rigidbody」，如下圖所示：

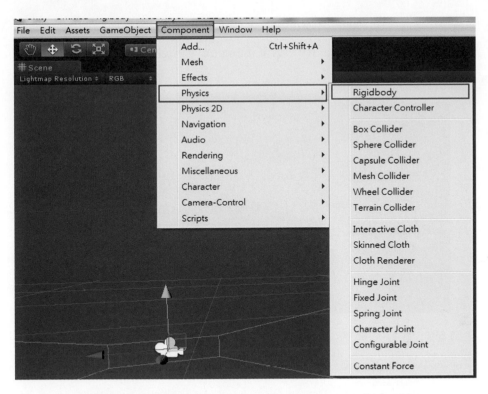

點選後，會在視窗右方出現一個名稱為「Inspector」的編輯器視窗，會新增一個子選項為 Rigidbody 的參數設置。

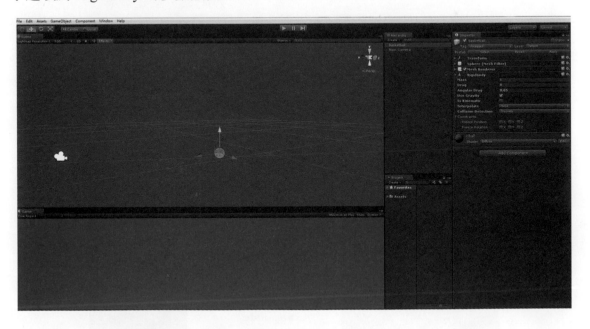

這個視窗包含了物體的 Rigidbody 屬性參數設置，共有 8 項，分別是 Mass、Drag、Angular Drag、Use Gravity、Is Kinematic、Interpolate、Collision Detection、Constraints。詳細設置圖及參數如下。

+ Mass：物體的質量，建議與其他物體質量的差異大於或小於 100 倍。預設值為 1。

+ Drag：當受力移動時物體受到的空氣阻力。預設值為 0，表示沒有阻力。

+ Angular Drag：當受扭力旋轉時物體受到的空氣阻力。預設值為 0.05。

+ Use Gravity：勾選，則物體受到重力影響。預設值為勾選。

+ Is Kinematic：勾選，則物體不受物理引擎影響，只能通過變換位置或角度來操作。

+ Interpolate：用來控制場景中的物體會抖動的情況，有三個選項，分別為 None 代表不應用、Interpolate 代表用上一個影格來平滑這個影格、Extrapolate 代表預估下一影格來平滑這次影格，預設值為 None，選項如下圖所示：

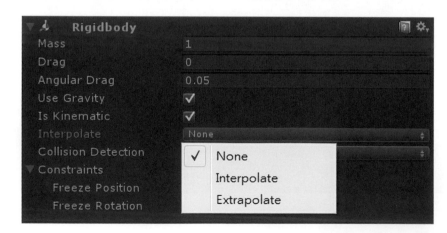

✦ Collision Detection：用於避免高速物體穿過其他物體，卻未發生碰撞的情形，有三個選項，分別為 Discrete 適用於一般情況、Continuous 適用於連續碰撞的情況、Continuous Dynamic 適用於高速物體。選項如下圖所示：

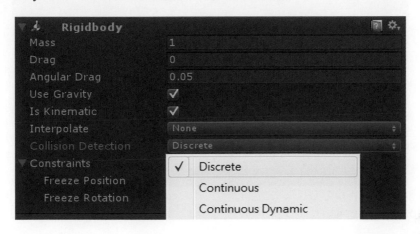

✦ Constraints：對剛體運動的約束，Freeze Position 選項，勾選的話代表在 XYZ 軸的移動無效、Freeze Rotation 選項，勾選的話代表沿 XYZ 軸的旋轉無效。

　關於新增 Collider 屬性的設置，首先點選要新增 Collider 屬性的物體，在上方系統選單中，點選「Component」，選擇「Physics」中的子選項可以看到 Collider 屬性的設置，在 Unity 中，3D 有提供 Collider，分別為 Box Collider、Sphere Collider、Capsule Collider、Mesh Collider、Wheel Collider、Terrain Collider 共六項。如下圖所示：

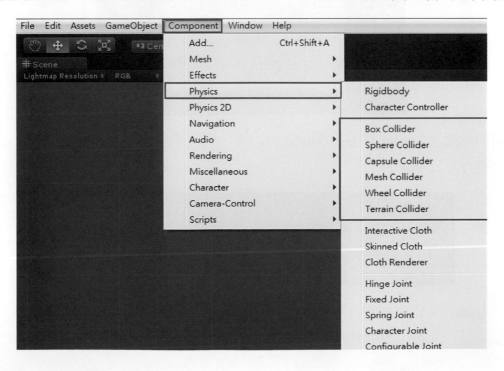

在此我們只先討論前四項的碰撞體，Box Collider，最適合用在立方體上，例如骰子。

新增 Box Collider 後，可以在視窗右方「Inspector」的編輯器視窗找到 Box Collider 選項。

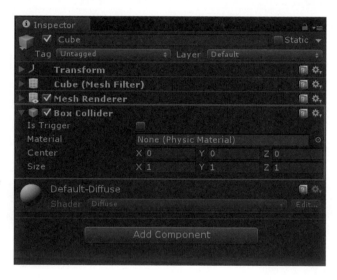

這個視窗包含了物體 Box Collider 的設置，包含了 Is Trigger、Material、Center、Size 詳細設置及參數如下。

✦ Is Trigger：是否啟用觸發器，勾選為啟用，預設為不勾選。

✦ Material：物體的碰撞材質。預設為 None。

✦ Center：碰撞器中心，座標為 Local Space。預設值為物體的原點。

✦ Size：碰撞器的大小。預設值 X 為 1、Y 為 1、Z 為 1。

Sphere Collider，最適合用在球體上，例如球類、籃球。

新增 Sphere Collider 後，可以在視窗右方「Inspector」的編輯器視窗找到 Sphere Collider 選項。如下圖所示：

這個視窗包含了物體 Sphere Collider 的設置，包含了 Is Trigger、Material、Center、Radius，詳細設置及參數如下。

✦ Is Trigger：是否啓用觸發器，勾選爲啓用，預設爲不勾選。

✦ Material：物體的碰撞材質。預設爲 None。

✦ Center：碰撞器中心，座標爲 Local Space。預設值爲物體的原點。

✦ Radius：碰撞器的半徑。預設值爲 0.5。

Capsule Collider，最適合用在膠囊體上，例如藥丸。

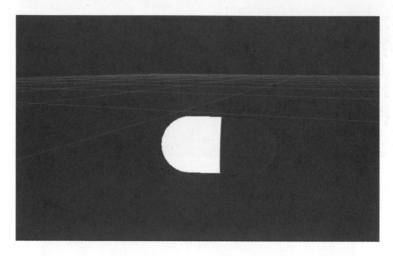

新增 Capsule Collider 後，可以在視窗右方「Inspector」的編輯器視窗找到 Capsule Collider 選項。如下圖所示：

這個視窗包含了物體 Capsule Collider 的設置，包含了 Is Trigger、Material、Center、Radius、Height、Direction，詳細設置及參數如下。

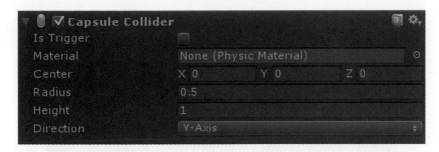

✦ Is Trigger：是否啟用觸發器，勾選為啟用，預設為不勾選。

✦ Material：物體的碰撞材質。預設為 None。

✦ Center：碰撞器中心，座標為 Local Space。預設值為物體的原點。

✦ Radius：碰撞器的半徑。預設值為 0.5。

✦ Height：碰撞體的高度。預設值為 1。

✦ Direction：碰撞體的方向，有 X-Axis、Y-Axis、Z-Axis。預設為 Y-Axis。

Mesh Collider，最適合用在不規則模型上，例如置物架等。

新增 Mesh Collider 後，可以在視窗右方「Inspector」的編輯器視窗找到 Mesh Collider 選項。如下圖所示：

這個視窗包含了物體 Mesh Collider 的設置，包含了 Is Trigger、Material、Convex、Smooth Sphere Collision、Mesh，詳細設置及參數如下。

+ Is Trigger：是否啟用觸發器，勾選爲啟用，預設爲不勾選。

+ Material：物體的碰撞材質。預設爲 None。

+ Convex：勾選的話會與其他 Mesh Collider 發生碰撞。預設值爲不勾選。

+ Smooth Sphere Collision：勾選的話碰撞會變得平滑，建議在平滑表面上勾選。預設值爲不勾選。

+ Mesh：獲取對象的網格並作爲此物體的碰撞體。

前面所有 Collider 屬性中的 Material 選項其預設值都是 None，此時碰撞的現象尙無法模擬，所以我們要建立不同的 Physic Material 的參數設定，再將此設定套用到不同 Collider 屬性中的 Material 選項中，如此就可以模擬出各種不同的碰撞現象。

在此我們介紹兩種 Physic Material 的參數設定設置，分別是模擬籃球 (basketball) 和骰子 (dice)。如何建立 Physic Material，可以點選上方系統選單中的「Asset」選項，選擇「Create」中的子選項，建立物理材質為「Physic Material」，如下圖所示：

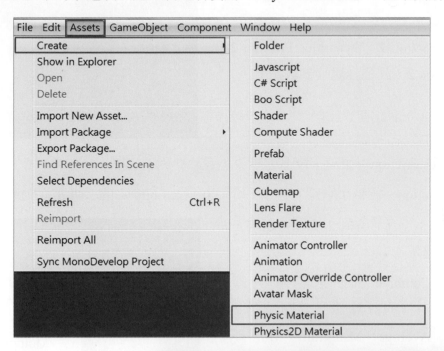

點選「Physic Material」，會在 Project 視窗中出現一個新的 Physic Material，我們可以在這對此命名，來區分我們對不同物體所設置不同的 Physic Material，右圖以 basketball 的 Physic Material 為例，我們希望建立一個像籃球一樣會彈跳的碰撞體，將其命名為 basketball_PMat。

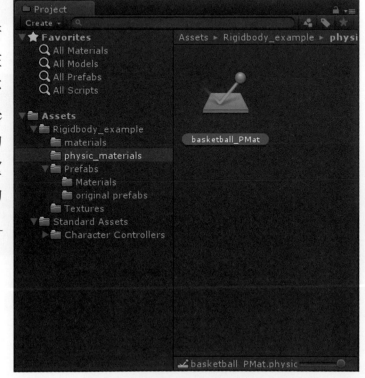

　　接著在 Inspector 的編輯器視窗找到 basketball_PMat 選項，包含了 Dynamics Friction、Static Friction、Bounciness、Friction Combine、Bounce Combine、Friction Direction 2、Dynamics Friction 2、Static Friction 2，詳細設置及參數如下。

✦ Dynamics Friction：值越小摩擦力越小，介於 0 到 1 之間。

✦ Static Friction：值越小摩擦力越小，介於 0 到 Infinity 之間。通常比動摩擦力大。

✦ Bounciness：介於 0 到 1 之間。值為 1 時會越彈越高。

✦ Friction Combine：設置當兩物體接觸時所採用的計算法。有四個選項分別為 Average、Minimum、Multiply、Maximum，預設為 Average，如右圖所示：

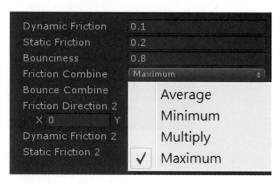

✦ Bounce Combine：設置當兩物體接觸時所採用的計算法。有四個選項分別為 Average、Minimum、Multiply、Maximum，預設為 Average，如右圖所示：

✦ Friction Direction 2：如果向量值不為 0，則 Dynamics Friction 2 和 Static Friction 2 才會生效。

✦ Dynamics Friction 2：Friction Direction 2 生效後，則會有一動摩擦力沿 Friction Direction 2 的方向產生。介於 0 到 1 之間。

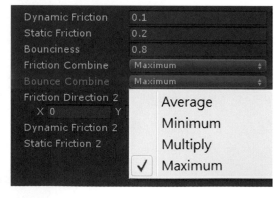

✦ Static Friction 2：Friction Direction 2 生效後，則會有一靜摩擦力沿 Friction Direction 2 的方向產生。介於 0 到 Infinity 之間。

　　建立了 Physic Material 後，我們要將 Physic Material 套用到已經設置好 Collider 屬性的物體上，點選具有 Collider 屬性的物體，在 Inspector 的編輯器視窗找到 Material 選項，將 None 更改成剛剛建立的 basketball_PMat，這是以 basketball 爲例，套用後如下圖顯示。

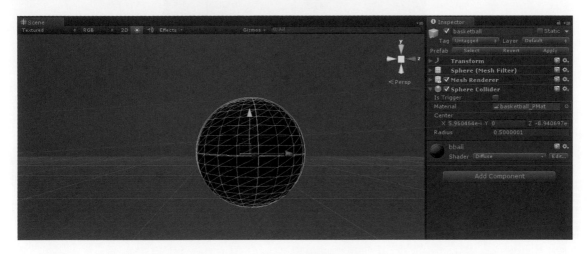

　　接著，新增第二個 Physic Material，下圖爲 dice 的 Physic Material，我們希望建立一個像骰子一樣彈跳效果，摩擦力相較 basketball 要大一些的碰撞體，將其命名爲 dice_PMat。

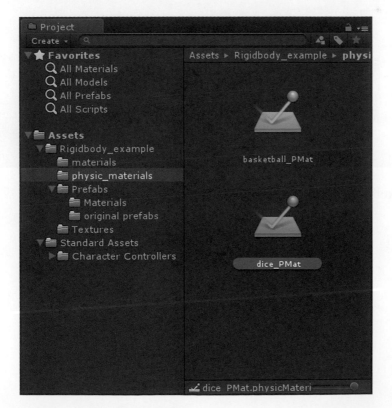

建立好 dice_PMat 後設置其參數，詳細設置如下圖所示：

　　設置完成後，點選具有 Collider 屬性的 dice，我們要將 Physic Material 套用到已經設置好 Collider 屬性的 dice 上，點選 dice 後，在 Inspector 的編輯器視窗找到 Material 選項，將 None 更改成剛剛建立的 dice_PMat，套用後如下圖顯示。

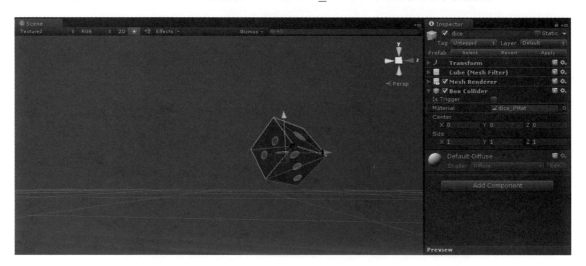

　　完成 basketball 和 dice 的 Physic Material 設置後，就會有不同的物理碰撞效果。

範例實作與詳細解說

本範例我們將藉由以下二個步驟來完成簡述如下。

步驟一　開啟專案場景並新增第一人稱控制器。

步驟二　將物體擺放至場景上，並新增 Rigidbody、Collider 屬性和 Physics Material。

一、開啟專案場景並新增第一人稱控制器

開啟 Lesson12 資料夾中的 Lesson12(practice) 練習檔專案，裡面有一個名稱為 Scene 的預設場景，場景以及場景中的基本擺設已經完成，若需要場景以及擺設的原始檔案可以到 Asset 資料夾中找到 Rigidbody_example 資料夾，場景原始檔案為裡面有一名稱為 example_house 的 prefab 檔案。

接著我們在 Hierarchy 視窗選擇 Main Camera，點選在系統選單 Component 中的 Character 裡面的「FPS Input Controller」。

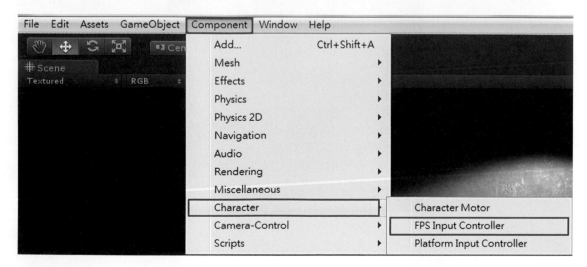

以及點選系統選單 Component 中的 Camera-Controller 裡面的「Mouse Look」。

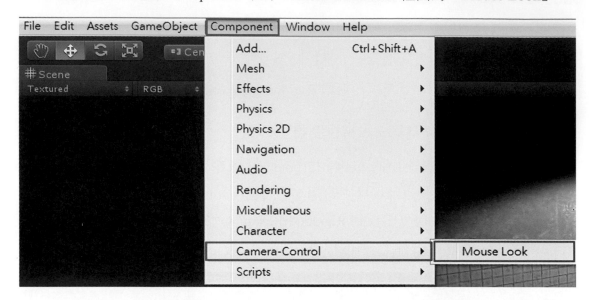

最後我們在右邊的 Inspector 視窗中的 Character Controller 選項裡的 Center 參數，將 Y 值改為 -1。

二、將物體擺放至場景上，並新增 Rigidbody、Collider 屬性和 Physics Material

　　在 Project 視窗中，Assets 資料夾中的 Rigidbody_example 資料夾裡面會有一個資料夾 Prefabs 有已經製作好的模型，把 ex_basketball、ex_big_dice、ex_dice、ex_medicine、ex_metal_bat 和 ex_wood_bat 拖曳至 Hierarchy 視窗中，並確認座標位置皆為 X 值為 0、Y 值為 0、Z 值為 0 即可。

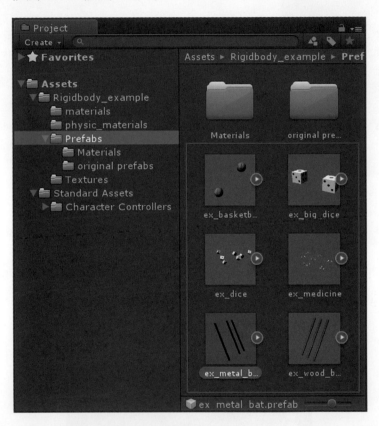

　　在 Hierarchy 視窗中，點選 ex_basketball 父物件裡的 basketball 子物件。

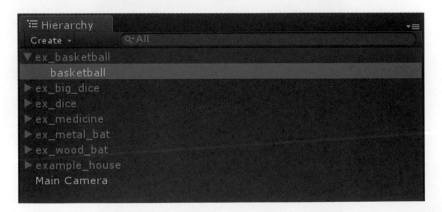

在系統選單 Component 中，點選 Physics 的 Rigidbody，替 basketball 加上剛體。

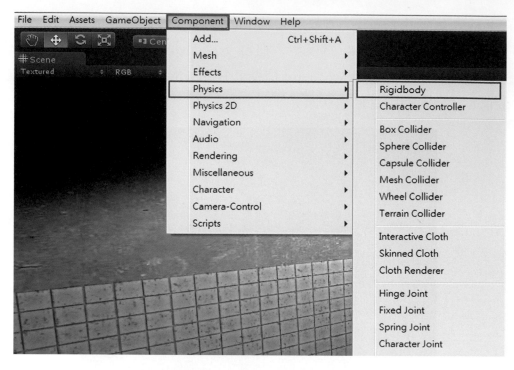

並在 Inspector 視窗更改 Rigidbody 屬性，Mass 值改為 5，Drag 值改為 0.1，Angular Drag 值改為 0.1。

一樣在系統選單 Component 中，點選 Physics 的 Sphere Collider，替籃球加上碰撞體。

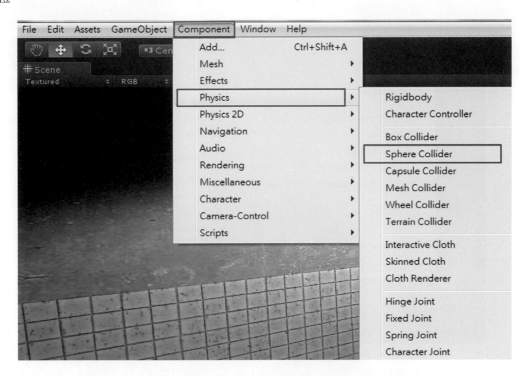

在 Project 視窗中，Assets 資料夾中 Rigidbody_example 資料夾的 physic_materials 資料夾中新增 basketball 的物理材質。

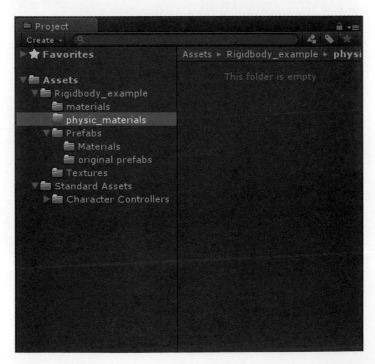

新增物理材質的方法點選系統選單中的 Assets 中 Create，裡面的選項 Physic Material。

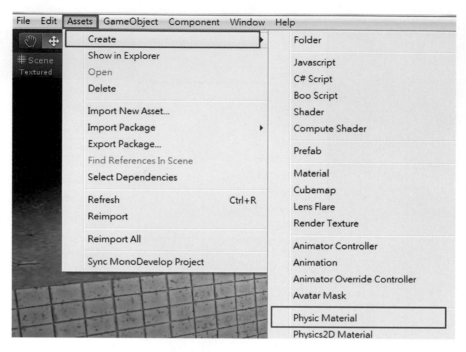

新增好後在 physic_materials 資料夾就會出現一個新的物理材質，我們將 basketball 的物理材質名稱命名為 basketball_PMat。

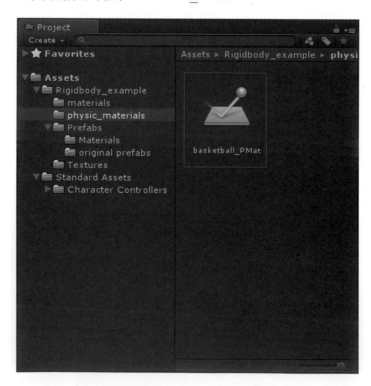

點選 basketball_PMat，在 Inspector 視窗
中，編輯 basketball_PMat 的參數，Dynamic
Friction 改 爲 0.1、Static Friction 改 爲 0.1、
Bounciness 改 爲 0.8、Friction Combine 和
Bounce Combine 改爲 Maximum。

物理材質建立好之後，點選 Hierarchy 視窗中 ex_basketball 父物件裡的 basketball
子物件。

並在 Inspector 視窗 Sphere Collider 屬性中的 Material 選擇 basketball_PMat。

接下來就是重複的動作對剩下的物體新增 Rigidbody、Collider 屬性和 Physics Material。首先是 dice，在 Hierarchy 視窗中，點選 ex_dice 父物件裡的全部 dice 子物件。

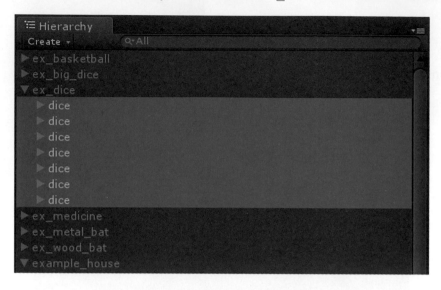

同樣的替這些 dice 加上 Rigidbody 和 Box Collider，並把 Rigidbody 屬性，Mass 值改為 1，Drag 值改為 0.1，Angular Drag 值改為 0.1。

在 Assets 資料夾中 Rigidbody_example 資料夾中的 physic_materials 資料夾中新增物理材質 dice_PMat，並在 Inspector 視窗中，編輯 dice_PMat 的參數，Dynamic Friction 改為 0.1、Static Friction 改為 0.3、Bounciness 改為 0.7、Friction Combine 和 Bounce Combine 改為 Maximum。

一樣在 Hierarchy 視窗中，點選 ex_dice 父物件裡的全部 dice 子物件，並在 Inspector 視窗 Box Collider 屬性中的 Material 選擇 dice_PMat。

接著是大骰子，在 Hierarchy 視窗中，點選 ex_big_dice 父物件裡的 big_dice 和 big_dice_test 子物件。

同樣的替這些 big_dice 加上 Rigidbody 和 Box Collider，並把 Rigidbody 屬性，Mass 值改為 3，Drag 值改為 0.1，Angular Drag 值改為 0.1。

在 physic_materials 資 料 夾 中 新 增
dice_test_PMat，並 在 Inspector 視 窗 中，
編 輯 dice_test_PMat 的 參 數，Dynamic
Friction 改為 0.7、Static Friction 改為 0.7、
Bounciness 改 為 0.7、Friction Combine 和
Bounce Combine 改為 Maximum。

點選 Hierarchy 視窗中 ex_big_dice 父物件裡的第一個 big_dice 子物件。

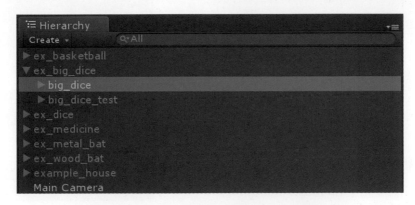

並在 Inspector 視窗 Box Collider 屬性中的 Material 選擇 dice_PMat。

點選 Hierarchy 視窗中 ex_big_dice 父物件裡的第二個 big_dice_test 子物件。

並在 Inspector 視窗 Box Collider 屬性中的
Material 選擇 dice_test_PMat。

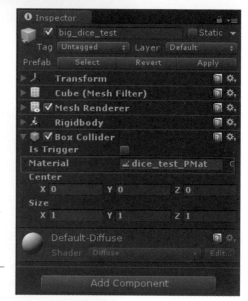

接著是藥丸，在 Hierarchy 視窗中，點選 ex_
medicine 父物件裡的全部 medicine 子物件。

同樣的替這些 medicine 加上 Rigidbody 和 Capsule Collider，並把 Rigidbody 屬性，Mass 值改為 0.1，Drag 值改為 0.1，Angular Drag 值改為 0.1。

在 physic_materials 資料夾中新增 medicine_PMat，並在 Inspector 視窗中，編輯 medicine_PMat 的 參 數，Dynamic Friction 改 為 0.1、Static Friction 改 為 0.1、Bounciness 改為 0.1、Friction Combine 和 Bounce Combine 改為 Maximum。

點選 Hierarchy 視窗中 ex_medicine 父物件裡的全部 medicine 子物件，並在 Inspector 視窗 Capsule Collider 屬性中的 Material 選擇 medicine_PMat。

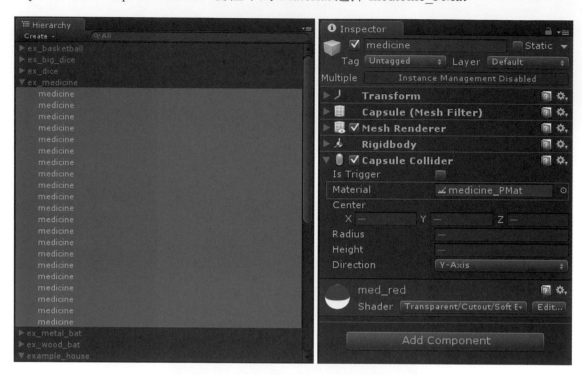

接著是金屬棍棒，在 Hierarchy 視窗中，點選 ex_metal_bat 父物件裡的全部 metal_bat 子物件。

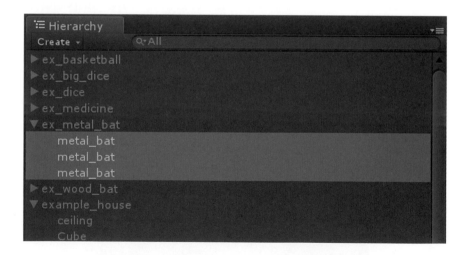

　　同樣的替這些 metal_bat 加上 Rigidbody 和 Capsule Collider，並把 Rigidbody 屬性，Mass 值改為 20，Drag 值改為 0.5，Angular Drag 值改為 0.5。

　　在 physic_materials 資料夾中新增 metal_bat_PMat，並在 Inspector 視窗中，編輯 metal_bat_PMat 的 參 數，Dynamic Friction 改 為 0.5、Static Friction 改 為 1.5、Bounciness 改為 0.3、Friction Combine 和 Bounce Combine 改為 Maximum。

點選 Hierarchy 視窗中 ex_metal_bat 父物件裡的全部 metal_bat 子物件，並在 Inspector 視窗 Capsule Collider 屬性中的 Material 選擇 metal_bat_PMat。

最後一樣物品是木棍，在 Hierarchy 視窗中，點選 ex_wood_bat 父物件裡的全部 wood_bat 子物件。

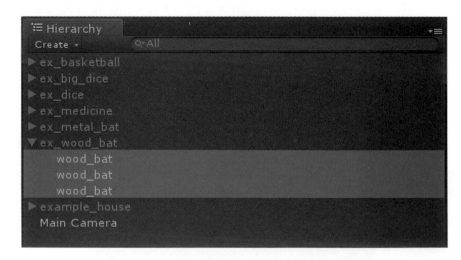

同樣的替這些 wood_bat 加上 Rigidbody 和 Capsule Collider，並把 Rigidbody 屬性，Mass 值改為 10，Drag 值改為 0.5，Angular Drag 值改為 0.5。

在 physic_materials 資料夾中新增 wood_bat_PMat，並在 Inspector 視窗中，編輯 wood_bat_PMat 的參數，Dynamic Friction 改為 0.5、Static Friction 改為 6、Bounciness 改為 0.3、Friction Combine 和 Bounce Combine 改為 Maximum。

點選 Hierarchy 視窗中 ex_wood_bat 父物件裡的全部 wood_bat 子物件，並在 Inspector 視窗 Capsule Collider 屬性中的 Material 選擇 wood_bat_PMat。

物品設置完成後，最後要對場景設定物理材質，一樣在 physic_materials 資料夾中新增 other_PMat，並在 Inspector 視窗中，編輯 other_PMat 的參數，Dynamic Friction 改為 0.1、Static Friction 改為 0.1、Bounciness 改為 0.3、Friction Combine 和 Bounce Combine 改為 Maximum。

最後點選 Hierarchy 視窗中 example_house 父物件裡的 Cube、table 子物件。並在 Inspector 視窗 Box Collider 屬性中的 Material 選擇 other_PMat。

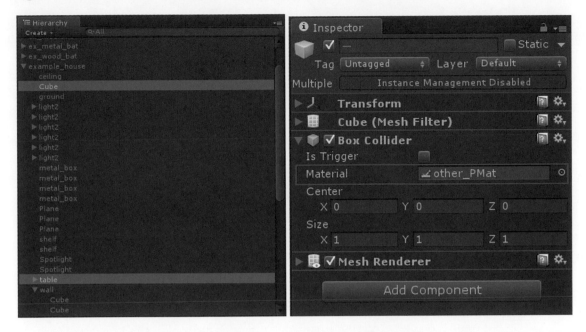

這樣就完成我們這次的範例檔了，可以按下執行看執行結果，架上右邊的大骰子因摩擦力較左邊大顆骰子高，因此不會從架上滑落；木製的棍棒摩擦力也較金屬製的棍棒高，所以經過撞擊後金屬棍棒會滾落到地面，而木製棍棒不會滾落。

第 12 講
疊小雞遊戲

作品簡介

　　大家是否玩過可愛的 APP 遊戲「PIYOMORI」，玩家可以朝著碗公丟擲黃色及紅色的小雞，當紅色的小雞碰到黃色或紅色的小雞就會黏在一起，另外玩家有 10 點生命點數，若不小心讓小雞掉出碗外，生命點數便會減少，當生命點數用完時遊戲就會結束，並計算碗中的小雞數量作為該場遊戲的分數。在本範例中我們將為讀者介紹如何使用 Unity 來製作此款遊戲。

範例實作與詳細解說

本遊戲的製作將會依下面的步驟來完成。

步驟一　遊戲場景模型佈置。

步驟二　在小雞及碗公上添加力學及碰撞屬性。

步驟三　遊戲操作動作設定。

步驟四　製作遊戲中資訊介面的顯示及音效設定。

步驟五　Android 平台遊戲發佈。

　　而且遊戲製作過程中會建立 4 個 JavaScript 腳本，其相關的功能與添加對象如下表：

JavaScript腳本	功能	添加對象
MainAI腳本	當滑鼠左鍵按下時丟出小雞、遊戲中資訊的顯示（生命值、分數及下隻小雞顏色提示）、生命值歸0後的重新遊戲按鈕及音效設定。	碗公（boal）
ChickYellowAI腳本	當添加此Script的小雞掉出碗外時，刪除小雞並使遊戲分數及生命值減1。	黃色小雞（chick_yellow）
ChickRedAI腳本	當添加此Script的小雞掉出碗外時，刪除小雞並使遊戲分數及生命值減1。若添加此Script的小雞與其它小雞發生碰撞時，添加此Script的小雞會與碰到的小雞產生Joint連結而相黏。	紅色小雞（chick_red）
CameraRotateAI腳本	建立左右旋轉視角的按鈕，當按鈕被按下時帶動主攝影機環繞碗公拍攝。	攝影機中心（CameraCenter）

一、遊戲場景模型佈置

　　開啟光碟中的練習檔專案 Chick(practice) 並開啟裡面預設的場景 Scene，場景中只有一台預設的主攝影機（Main Camera)，我們可以到 Project 視窗中的 Assets 資料夾中找到預先準備好的物件 (house)，將物件 (house) 拖曳到 Scene 視窗中，如下圖所示：

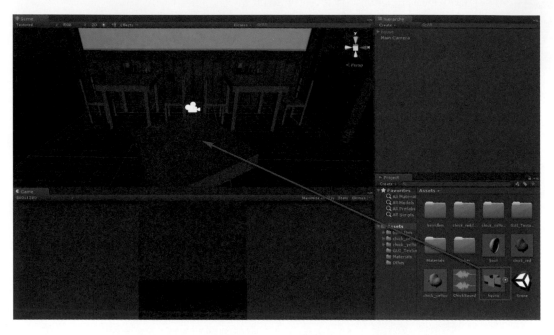

　　接著到 Inspector 視窗中調整物件 (house) 的位置到 (0,0,0)，而場景中的主攝影機 (Main Camera) 的位置設置為 (0,5,-7.5) 及角度為 (25,0,0)。

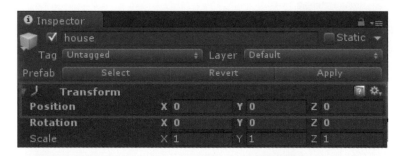

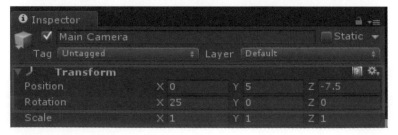

　　再回到 Project 視窗中的 Assets 資料夾找到碗公物件 (bowl)，將其拖曳到 Scene
視窗中，並在碗公物件 (bowl) 的 Inspector 視窗中調整位置到 (0,-2.3,0)。

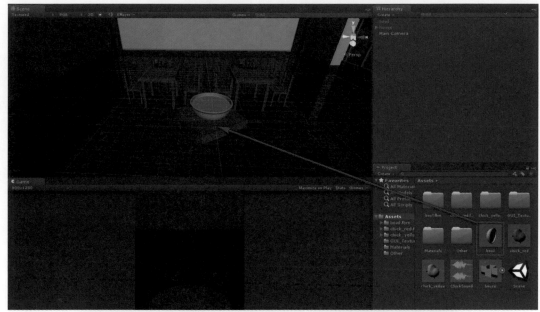

　　最後點選系統選單 GameObject 中的 Create Other 選項，選擇次選項 Directional
Light，在場景中建立一個平行光源，並到 Directional Light 的 Inspector 視窗中設定位
置為 (0,5,-10)、角度為 (30,0,0) 及 Intensity(光線強度) 為 0.8，如此就能完成場景的
基本佈置。

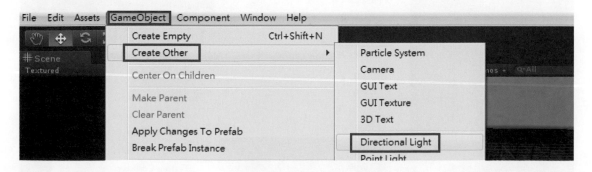

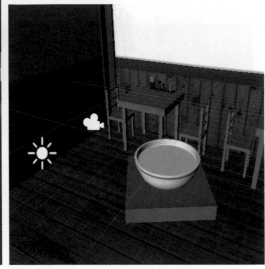

二、在小雞及碗公上添加剛體及碰撞屬性

在遊戲中若要讓小雞物件受到重力影響或是施加力量，就必須在小雞上添加 Rigidbody 屬性，而若要讓小雞與碗公產生碰撞，則小雞與碗公皆要添加 Mesh Collider 屬性。

由於小雞事先並不會放在場景上，而是當玩家丟出時才使用程式在場景上創建小雞，程式使用的小雞模型我們可以到 Project 視窗中的 Assets 資料夾找到黃色小雞 (chick_yellow) 及紅色小雞 (chick_red)，同時選取兩種小雞模型後，點選系統選單 Component 選項中的 Physics 選項，選擇次選項 Rigidbody，就能在小機身上添加 Rigidbody 屬性，如下圖所示：

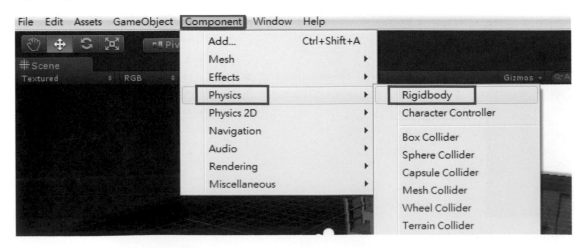

　　我們可以在小雞的 Inspector 視窗中找到 Rigidbody 屬性，Rigidbody 屬性中能設定 Mass(重量)、Drag(線性阻力)、Angular Drag(角阻力)，等相關設定，使用預設值即可，也就是說 Mass(重量) 為 1、Drag(線性阻力) 為 0 及 Angular Drag(角阻力) 為 0.05，如下圖所示：

　　接著在兩種小雞模型上添加 Mesh Collider 屬性，此時同時選取兩種小雞模型後，點選系統選單 Component 選項中的 Physics 選項，選擇次選項 Mesh Collider，就能在小雞的 Inspector 視窗中找到 Mesh Collider 屬性。

　　Mesh Collider 屬性中可以設定物件的 Material(碰撞材質)，在設定 Material(碰撞材質) 之前我們可以先匯入 Unity 提供的 Physic Material 資源包，點選系統選單 Assets 中的 Import Package 選項，選擇次選項 Physic Material，將 Physic Material 資源包匯入專案中，如下圖所示：

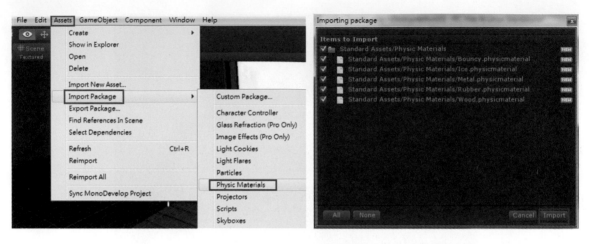

　　匯入 Physics Material 資源包後，回到兩種小雞模型的 Inspector 視窗中，設定 Mesh Collider 屬性中的 Material(碰撞材質)，點選 Material 選項旁的圓圈開啓 Select PhysicMaterial 面板，並選擇 Wood 材質。

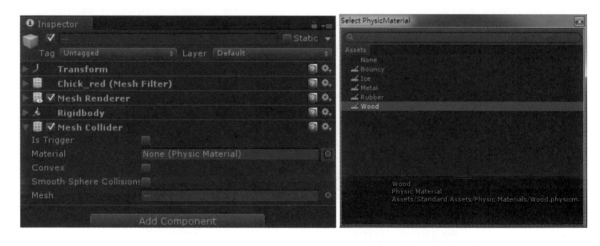

　　我們可以用滑鼠右鍵雙擊設定的 Wood 材質，可以看到 Wood 材質的相關
參數，如 Dynamic Friction(動摩擦力) 及 Static Friction(靜摩擦力) 皆為 0.45 而
Bounciness(彈力) 為 0。

　　最後在兩種小雞模型的 Mesh
Collider 屬性中勾選 Convex(凸起)
選項，才能讓小雞與其它帶有
Collider(碰撞器) 屬性的物件產生碰
撞。

　　設置完小雞後，我們也要在場景
上的碗公模型 (bowl)，添加 Mesh
Collider 屬性才能與小雞產生碰撞，
Mesh Collider 屬性中的材質同樣也選
擇 Wood，唯一不同處是不用勾選
Convex 選項，因為碰撞的物體間只
要有一方勾選 Convex 選項就能產生
碰撞，而且勾選的模型網格面數需在
255 以下，所以我們讓網格面數小於
255 的小雞來勾選 Convex 選項，碗
公則不用，如右圖所示：

設置完我們可以暫時將小雞拖曳到場景中碗公的上方後運行遊戲，測試小雞是否能與碗公產生碰撞，使小雞落在碗上，而不會穿透碗，若沒問題再將小雞從場景上刪除，如右圖所示：

三、遊戲操作動作設定

此步驟中我們將分為三個重點討論，分別是如何發射小雞、小雞間連結的產生及使用 GUI 按鈕旋轉攝影機來改變遊戲視角。

1. 如何發射小雞：

我們是使用 JavaScript 程式控制，當在遊戲視窗中按下滑鼠左鍵，會在主攝影機 (Main Camera) 下方處產生一隻小雞，並依照滑鼠點擊的位置方向，對小雞施力丟出，每當丟出 4 隻黃色小雞時，第 5 隻小雞將會是紅色小雞。

首先到 Project 視窗中選取 Assets 資料夾，並點擊 Project 視窗左上角的 Create 選項，建立一個 Java Script 將它命名為 MainAI，此時 Project 資料夾中的 Assets 資料夾會建立 MainAI.js 的文件檔，如下圖所示：

接著要將剛剛新增的 MainAI 腳本添加到場景中的碗公 (bowl) 上，選取碗公 (bowl) 後點擊系統選單 Component，選擇 Scripts 選項中選擇新增的 MainAI 腳本，如下圖所示：

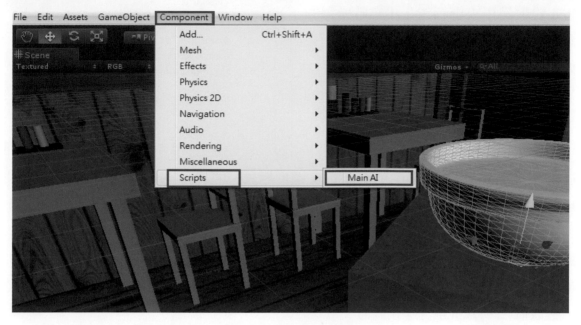

接著在碗公 (bowl) 的 Inspector 視窗中會出現 MainAI(Script)，接著點擊新增的 MainAI (Script) 裡的 Script 選項中的 MainAI 腳本，如此就可以開啟 Assembly 面板來撰寫程式。

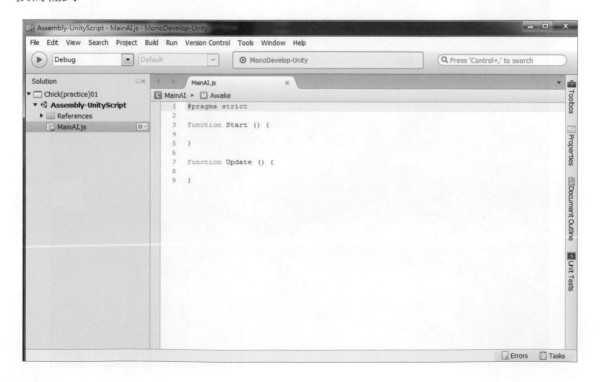

　　首先在，MainAI 新增 4 個物件變數，Chick_Yellow、Chick_Red、Chick 及
MainCamera，Chick_Yellow 及 Chick_
Red 變數是用來儲存產生小雞時所需的
黃色及紅色小雞模型；Chick 變數是用來
儲存該次發射所產生的小雞物件；
MainCamera 變數則是用來儲存場景上的
主攝影機物件 (Main Camera)。

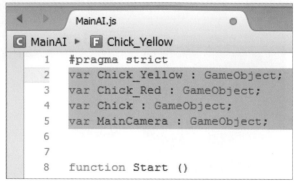

　　撰寫完，在 Assembly 面板按下
Ctrl+S 儲存 MainAI 腳本，再回到 Unity 選取場景中的碗公 (bowl)，從 Inspector 視窗
中可以找到添加的 MainAI 腳本與所需要的變數資訊，到 Project 視窗中的 Assets 資
料夾，將黃色小雞 (chick_yellow) 及紅色小雞 (chick_red) 拖曳到 MainAI 腳本中的變
數 Chick_Yellow 及 Chick_Red，再到 Hierarchy 視窗中將 Main Camera 物件拖曳到
Main Camera 變數中，來提供 MainAI 腳本使用，而 Chick 變數我們之後會使用程式
直接設置，所以此處先不用設置。

接著回到 Assembly 面板中撰寫 MainAI 腳本，每當按下滑鼠左鍵時，則取得主攝影機 (Main Camera) 所在位置下方 0.5 單位的位置作為發射小雞的位置，在此位置上產生一隻黃色小雞模型，並修正模型的角度，如下圖所示：

```
8    function Start ()
9    {
10
11   }
12
13   function Update ()
14   {
15       if( Input.GetMouseButtonDown( 0 ) )
16       {
17           var ShotPos = Vector3( MainCamera.transform.position.x,
18                                  MainCamera.transform.position.y-0.5,
19                                  MainCamera.transform.position.z );
20           Chick = Instantiate( Chick_Yellow, ShotPos, Quaternion.Euler( 270, 180, 0 ) );
21       }
22   }
```

✦ 第 15 行：Input.GetMouseButtonDown(0)，當滑鼠左鍵按下的瞬間將會回傳一次 true，之後又會變回 false，搭配 if 來判斷是否點擊滑鼠左鍵。

✦ 第 17 ～ 19 行：新增變數 ShotPos 用來儲存主攝影機 (Main Camera) 下方 0.5 單位的座標位置。

✦ 第 20 行：我們在遊戲場景 ShotPos 的位置上，新增 Chick_Yellow 物件 (黃色小雞)，並將小雞的角度設置為 (270,180,0)，並將此物件存放進變數 Chick。

在 Assembly 面板按下 Ctrl+S 儲存 MainAI 腳本，再回到 Unity 中運行遊戲，當我們在遊戲中點擊滑鼠左鍵便會在攝影機下方產生一隻小雞，並受重力影響而往下落下，如下圖所示：

接著要在 MainAI 中設定滑鼠點擊場景時的位置，決定對小雞施力的方向與大小，並在發射時產生些微的轉動。

```
20          Chick = Instantiate( Chick_Yellow, ShotPos, Quaternion.Euler( 270, 180, 0 ) );
21
22          var MouseRay = Camera.main.ScreenPointToRay( Input.mousePosition );
23          Chick.rigidbody.AddForce(
24                  MouseRay.direction.x*(Input.mousePosition.y/Screen.height*1200), 150,
25                  MouseRay.direction.z*(Input.mousePosition.y/Screen.height*1200) );
26          Chick.rigidbody.AddRelativeTorque( -8, 0, 0 );
27      }
28  }
```

✦ 第 22 行：將滑鼠點擊的位置，轉換為從主攝影機投射到點擊位置的一條射線，並將此射線存入新增的變數 MouseRay 中。

✦ 第 23 ～ 25 行：對該次點擊產生的小雞施力，上拋的 Y 軸施力力道固定為 150，而 X 軸及 Z 軸方向的施力大小取決於 MouseRay 射線的方向向量的 X 及 Z 分量以及滑鼠所在的 Y 座標位置，當滑鼠 Y 座標越接近遊戲畫面上緣所施加的力道就越大。

✦ 第 26 行：對小雞自身的 X 軸施加 -8 的扭力。

接著我們要設計每當丟出 4 隻黃色小雞時，第 5 隻將會是紅色小雞，MainAI 撰寫如下圖所示：

```
MainAI.js
C MainAI ▶ F Amount
1   #pragma strict
2   var Chick_Yellow : GameObject;
3   var Chick_Red : GameObject;
4   var Chick : GameObject;
5   var MainCamera : GameObject;
6   var Amount : int = 0;
7
```

✦ 第 6 行：新增整數變數 Amount 並讓初始值為 0，此變數用來記錄目前丟出的小雞是第幾隻小雞。

```
15      if( Input.GetMouseButtonDown( 0 ) )
16      {
17          var ShotPos = Vector3( MainCamera.transform.position.x,
18                                 MainCamera.transform.position.y-0.5,
19                                 MainCamera.transform.position.z );
20          Amount = Amount + 1;
21          if( Amount % 5 != 0 )
22              Chick = Instantiate( Chick_Yellow, ShotPos, Quaternion.Euler( 270, 180, 0 ) );
23          else
24              Chick = Instantiate( Chick_Red, ShotPos, Quaternion.Euler( 270, 180, 0 ) );
25
```

✦ 第 20 行：每當滑鼠左鍵按下時 Amount 就會累加 1。

✦ 第 21、22 行：當 Amount 除以 5 後的餘數若不為 0，也就是 Amount 不是 5 的倍數時產生的小雞為 Chick_Yellow(黃色小雞)。

✦ 第 23、24 行：當 Amount 除以 5 後的餘數若等於 0，也就是 Amount 是 5 的倍數時產生的小雞為 Chick_Red(紅色小雞)。

撰寫玩 MainAI 後，在 Assembly 面板按下 Ctrl+S 儲存 MainAI 腳本，再回到 Unity 中運行遊戲，可以試著朝著不同位置丟小雞是否有不同的施力方向，而且當丟出的小雞次數為 5 的倍數時，丟出的會是紅色小雞，如下圖所示：

2. 小雞間連結的產生：

　　連結是當紅色小雞與黃色或紅色小雞發生碰撞時所產生的，目的是要讓紅色小雞具有黏住其他小雞的特性，使得遊戲具有趣味性與挑戰性。

　　首先到 Project 視窗中選取 Assets 資料夾，並點擊 Project 視窗左上角的 Create 選項，建立一個 Java Script 將它命名為 ChickRedAI，此時 Project 資料夾中的 Assets 資料夾會建立 ChickRedAI.js 的文件檔，如下圖所示：

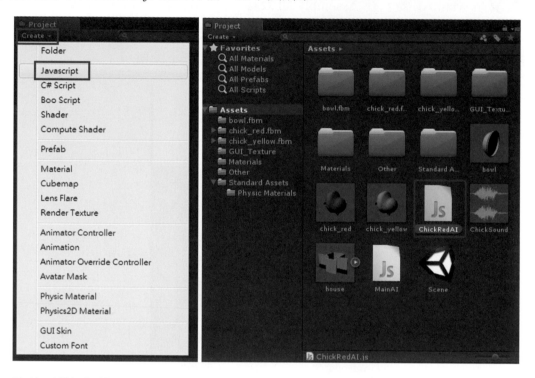

　　接著要將剛剛新增的 ChickRedAI 腳本添加到 Project 視窗中 Assets 資料夾的紅色小雞模型 (chick_red)，選取紅色小雞模型 (chick_red) 後點擊系統選單 Component，選擇 Scripts 選項中選擇新增的 ChickRedAI 腳本，如下圖所示：

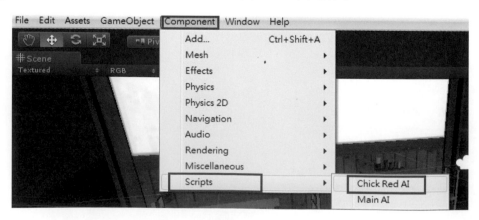

接著在 Inspector 視窗中會出現 ChickRedAI (Script)，接著點擊新增的 ChickRedAI (Script) 裡的 Script 選項中的 ChickRedAI 腳本，如此就可以開啟 Assembly 面板來撰寫程式。

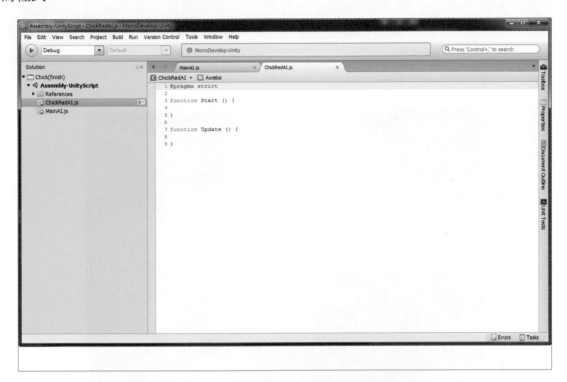

首先，我們要在 ChickRedAI 腳本撰寫 OnCollisionEnter() 函數，此函數將會在紅色小雞與其它物體發生碰撞下會執行一次，並能取得碰撞對象的相關資訊。

```
1    #pragma strict
2
3    function Start ()
4    {
5
6    }
7
8    function Update ()
9    {
10
11   }
12
13   function OnCollisionEnter ( collision:Collision )
14   {
15       Debug.Log( collision.gameObject.name );
16   }
17
```

✦ 第 13 行：OnCollisionEnter() 函數，每當紅色小雞與其它物體發生碰撞便會執行一次，並取得所碰到物體的碰撞資訊，在這裡我，們將此碰撞資訊存於 collision 變數中。

✦ 第 15 行：使用 Debug.Log 指令試著查看當紅色小雞與什麼物體發生碰撞。

撰寫完 ChickRedAI，在 Assembly 面板按下 Ctrl+S 儲存 ChickRedAI 腳本，再回到 Unity 中運行遊戲，試著讓紅色小雞與其它物體產生碰撞，我們可以看到 Console 視窗中將會列出紅色小雞所碰撞對象的名稱，其中包含了使用 Instantiate 指令所產生的黃色小雞與紅色小雞，他們的名稱分別為 chick_yellow(Clone) 與 chick_red(Clone)，如下圖所示：

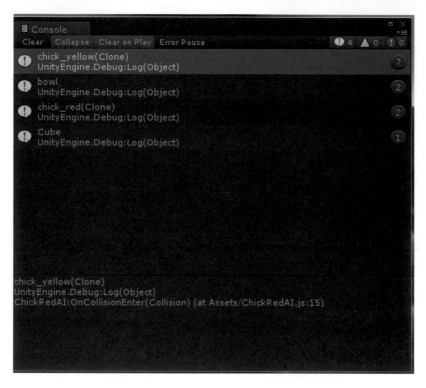

確定紅色小雞與黃色小雞的物件名稱後，我們可以使用 if 指令判定與紅色小雞碰撞的對象也是小雞時，就讓紅色小雞與它產生 FixedJoint 連結，使其相連，ChickRedAI 撰寫如下圖所示：

```
13    function OnCollisionEnter ( collision:Collision )
14    {
15        if( collision.gameObject.name == "chick_yellow(Clone)" ||
16            collision.gameObject.name == "chick_red(Clone)" )
17        {
18            var Fixed_Joint = gameObject.AddComponent( FixedJoint );
19            Fixed_Joint.connectedBody = collision.rigidbody;
20        }
21    }
22
```

✦ 第 15、16 行：當紅色小雞的碰撞對象名稱爲 chick_yellow(Clone) 或是 chick_red(Clone) 時，才會執行 18、19 行的連結指令。

✦ 第 18 行：新增變數 Fixed_Joint 用來儲存建立在紅色小雞上的 FixedJoint。

✦ 第 19 行：將儲存的 Fixed_Joint 設置連結對象，對象爲產生碰撞的物體，此物體也必須有剛體屬性。

　　撰寫完 ChickRedAI，在 Assembly 面板按下 Ctrl+S 儲存 ChickRedAI 腳本，再回到 Unity 中運行遊戲，試著讓紅色小雞與其它小雞產生碰撞，可以發現之間能產生連結，達到相黏的效果，如下圖所示：

3. 使用 GUI 按鈕來旋轉攝影機來改變遊戲視角：

　　我們會在遊戲場景中央新增一個攝影機中心 (CameraCenter) 物件群組，此群組中包含主攝影機 (Main Camera) 以及平行光源 (Directional light)，並在遊戲介面的左下角及右下角新增兩個 GUI 按鈕，當按鈕被按下時，讓攝影機中心 (CameraCenter) 物件群組轉動，由於轉動的攝影機中心 (CameraCenter) 爲群組中的父物件，所以身爲子物件的主攝影機 (Main Camera) 及平行光源 (Directional light) 就會以父物件爲中心產生環繞式的旋轉，來達成改變遊戲視角的功能。

首先，我們要先設立攝影機中心 (CameraCenter)，點選系統選單 GameObject 中的 Create Empty 選項，在場景中建立一個空物件，再到 Inspector 視窗中修改名稱為 CameraCenter，並將位置設置到 (0,0,0)，如下圖所示：

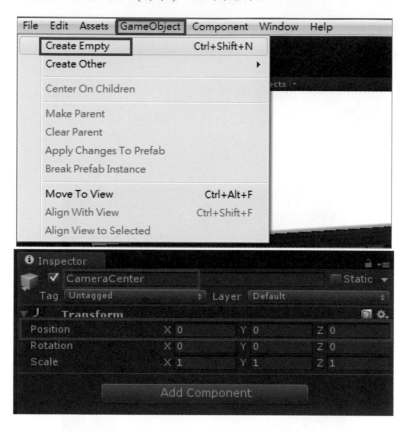

接著到 Hierarchy 視窗中，將主攝影機 (Main Camera) 及平行光源 (Directional light) 拖曳到剛剛新增的攝影機中心 (CameraCenter) 中，如此父子物件群組就建立完成了。

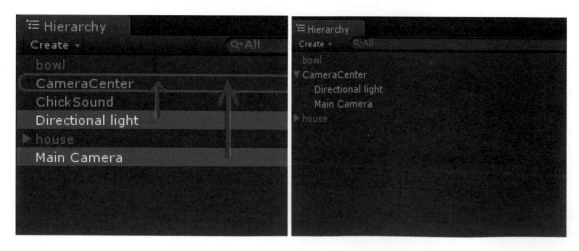

接著到 Project 視窗中選取 Assets 資料夾，並點擊 Project 視窗左上角的 Create 選項，建立一個 Java Script，將它命名為 CameraRotateAI，此時 Project 資料夾中的 Assets 資料夾會建立 CameraRotateAI.js 的文件檔。

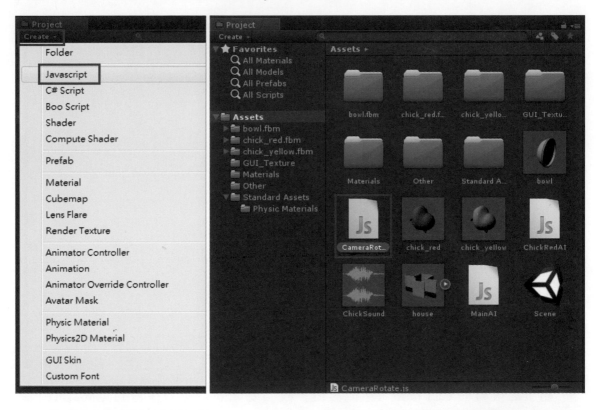

接著要將剛剛新增的 CameraRotateAI 腳本添加到場景中的攝影機中心 (CameraRotateAI)，選取攝影機中心 (CameraRotateAI) 後點擊系統選單 Component，選擇 Scripts 選項中選擇新增的 CameraRotateAI 腳本。

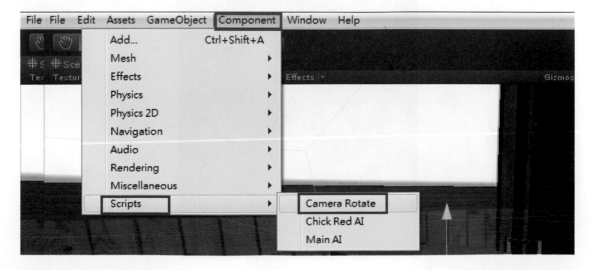

在 Inspector 視窗中會出現 CameraRotateAI (Script)，接著點擊新增的
CameraRotateAI (Script) 裡的 Script 選項中的 CameraRotateAI 腳本，如此就可以開啟
Assembly 面板來撰寫程式。

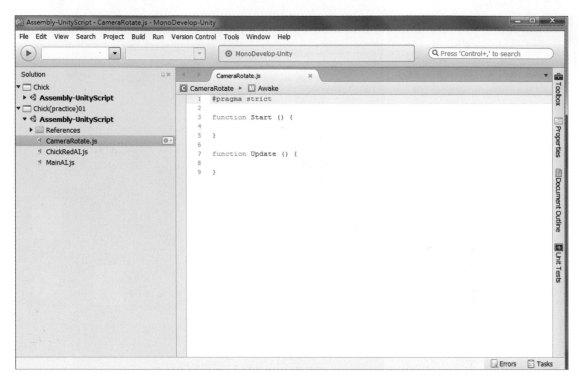

為了之後方便 GUI 按鈕大小的設置，我們要先固定遊戲視窗的寬高比值，到
Game 視窗的左上角，新增 800x1280 的遊戲視窗大小，固定遊戲視窗比例，如下圖所示：

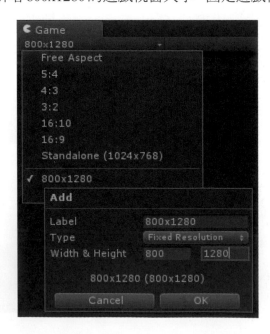

　　在 CameraRotateAI 腳本中，建立遊戲介面的左下角及右下角的兩個 GUI 按鈕，由於按鈕是由事的圖片構成的，所以要先新增兩個變數，用來存取兩個旋轉按鈕的圖示，CameraRotateAI 撰寫如下圖所示：

```
CameraRotate.js

CameraRotate ▶ LeftBtn_Texture

1  #pragma strict
2  var LeftBtn_Texture : Texture;
3  var RightBtn_Texture : Texture;
4
5  function Start ()
6  {
7
8  }
```

✦ 第 2 行：新增變數 LeftBtn_Texture 用來儲存左轉的圖片。

✦ 第 3 行：新增變數 Right_Texture 用來儲存右轉的圖片。

　　撰寫完上述指令，在 Assembly 面板按下 Ctrl+S 儲存 CameraRotateAI 腳本，再回到 Unity 中到 Project 視窗中的 GUI_Texture 資料夾中將圖片 left_btn 與 right_btn 拖曳到攝影機中心 (Camera Center) 上 CameraRotateAI(Script) 新增的變數，LeftBtn_Texture 及 Right_Texture 中，如下圖所示：

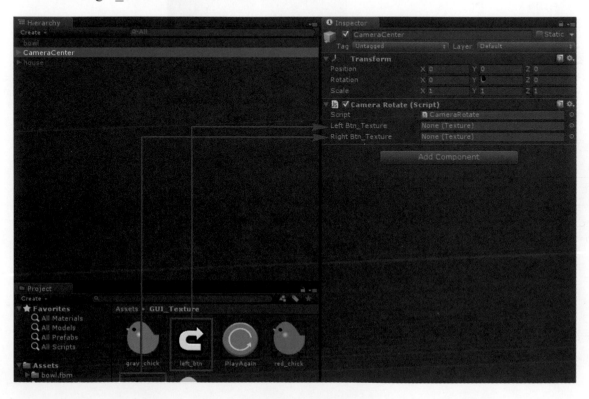

　　建立 GUI 按鈕的指令必撰寫在 onGUI() 的函數中，此時我們需要的旋轉按鈕是屬於當被按下時會持續執行旋轉攝影機中心 (CameraCenter)，直到放開才會停止旋轉，所以我們使用 GUI.RepeatButton 指令來建立此類型的按鈕，由於當它被按下時會回傳 true 的布林值，放開回傳 false，所以我們可以將其放入 if 的判別式中來決定旋轉的時機，GUI.RepeatButton 參數需要一個矩形來決定擺放的位置與按鈕大小，會使用到 Rect 指令來建立，而遊戲視窗介面是以左上角為原點 (0, 0)，右下角位置為 (Screen.width, Screen.height)，擺放矩形時要以而矩形的的左上角設置位置，我們以左旋轉按鈕為例，按鈕是邊長 Screen.width/4 為正方形，所以按鈕位置必須設置在 (0, Screen.height-Screen.width/4)。

接著到 CameraRotateAI 腳本中建立左右旋轉按鈕，指令如下圖所示：

```
1    #pragma strict
2    var LeftBtn_Texture : Texture;
3    var RightBtn_Texture : Texture;
4
5    function Start ()
6    {
7
8    }
9
10   function Update ()
11   {
12
13   }
```

```
14
15   function OnGUI()
16   {
17       var w = Screen.width;
18       var h = Screen.height;
19       var Rect_LeftBtn = Rect( 0, h-w/4, w/4, w/4 );
20       var Rect_RightBtn = Rect( w-w/4, h-w/4, w/4, w/4 );
21       if( GUI.RepeatButton( Rect_LeftBtn, LeftBtn_Texture ) )
22           transform.Rotate( 0, 2, 0, Space.World );
23
24       if( GUI.RepeatButton( Rect_RightBtn, RightBtn_Texture ) )
25           transform.Rotate( 0, -2, 0, Space.World );
26   }
27
```

✦ 第 15 行：新增 OnGUI() 函數。

✦ 第 16、17 行：新增變數 w 及 h 用來表示遊戲畫面的寬度與高度。

✦ 第 19 行：新增矩形 Rect_LeftBtn，位置為 (0, h-w/4)，寬高為 (w/4,w/4)。

✦ 第 20 行：新增矩形 Rect_RightBtn，位置為 (w-w/4, h-w/4) 寬高為 (w/4,w/4)。

✦ 第 21 行：使用 GUI.RepeatButton 指令建立左旋轉按鈕，位置與大小以 Rect_LeftBtn 矩形決定，LeftBtn_Texture 作為按鈕的圖示，利用當 RepeatButton 被按下時會回傳 true，放開會回傳 false 的特性，使用 if 來判斷旋轉的時機。

✦ 第 22 行：當左旋轉按鈕被按下時，每個影格轉動帶有此 Script 的物件 (攝影機中心) 的 Y 軸 2 度。

✦ 第 24 行：使用 GUI.RepeatButton 指令建立右旋轉按鈕，位置與大小以 Rect_RightBtn 矩形決定，RightBtn_Texture 作為按鈕的圖示。

✦ 第 25 行：當右旋轉按鈕被按下時，每個影格轉動帶有此 Script 的物件 (攝影機中心) 的 Y 軸 -2 度。

撰寫完 CameraRotateAI，在 Assembly 面板按下 Ctrl+S 儲存 CameraRotateAI 腳本，再回到 Unity 中運行遊戲，按下按鈕即可轉動攝影機中心 (CameraCenter)，使玩家能自由控制遊戲中的投擲方向，如下圖所示：

我們可以發現按鈕的圖示上，Unity 會自動添加按鈕的背景樣式，但這可以自行建立 GUISkin 將它拿掉，到 Project 視窗中點選取 Assets 資料夾，並點擊 Project 視窗左上角的 Create 選項，建立一個 GUISkin 將它命名為 myGUISkin，此時 Project 資料夾中的 Assets 資料夾會建立 GUISkin 的檔案。

　　點選新增的 myGUISkin 可以在 Inspector 視窗中修改 GUISkin 圖示相關設定，以剛剛使用的 RepeatButton 是屬於 Button 種類的，所以我們先到 Button 選項中取消按鈕在不同時候的背景樣式，點選 Background 選項旁的圓圈開啓 Select Texture2D 視窗，選擇 None(無背景圖)。

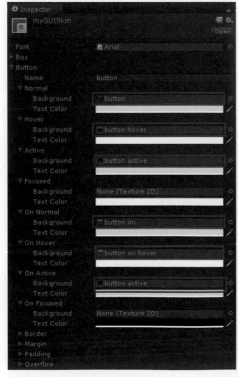
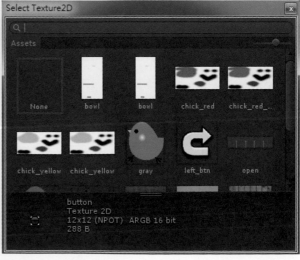

　　取消 Button 在各種狀態下的背景圖示後，要將修改後的 myGUISkin 套用到按鈕上，先到 CameraRotateAI 腳本中撰寫儲存 myGUISkin 的變數。

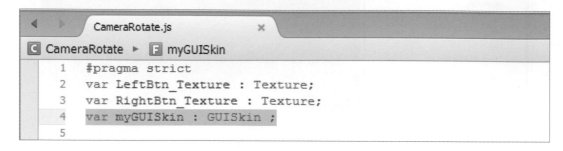

✦ 第 4 行：新增變數 myGUISkin 爲 GUISkin 類別。

　　在 Assembly 面板按下 Ctrl+S 儲存 CameraRotateAI 腳本，再回到 Unity 中，在 Hierarchy 視窗中選擇攝影機中心 (CameraCenter)，並將 Project 視窗中的 myGUISkin 物件拖曳到 CameraRotateAI 腳本新增的 myGUISkin 變數。

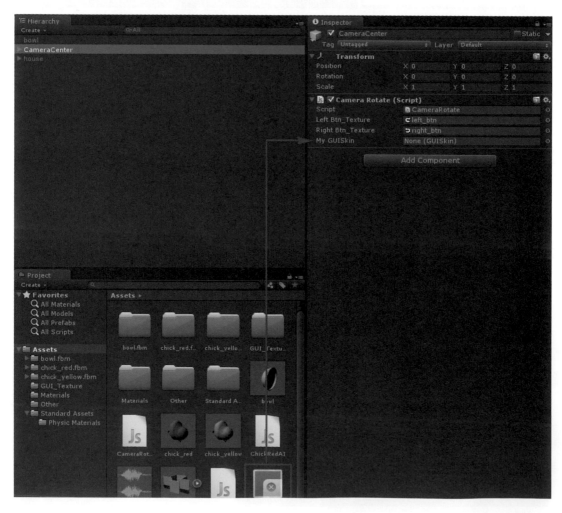

再回到 CameraRotateAI 腳本將 myGUISkin 套用到按鈕上，CameraRotateAI 腳本撰寫。

```
16  function OnGUI()
17  {
18      GUI.skin = myGUISkin;
19      var w = Screen.width;
20      var h = Screen.height;
21      var Rect_LeftBtn = Rect( 0, h-w/4, w/4, w/4 );
22      var Rect_RightBtn = Rect( w-w/4, h-w/4, w/4, w/4 );
23      if( GUI.RepeatButton( Rect_LeftBtn, LeftBtn_Texture ) )
24          transform.Rotate( 0, 2, 0, Space.World );
25
26      if( GUI.RepeatButton( Rect_RightBtn, RightBtn_Texture ) )
27          transform.Rotate( 0, -2, 0, Space.World );
28  }
```

✦ 第 18 行：讓 18 行後建立的按鈕都套用 myGUISkin 設定的樣式。

在 Assembly 面板按下 Ctrl+S 儲存 CameraRotateAI 腳本，再回到 Unity 中運行遊戲，能發現按鈕的背景被移除了，如下圖所示：

　　由於按下滑鼠會觸發丟小雞，當我們按下旋轉按鈕時要避免觸發丟小雞，這時我們回到 CameraRotateAI 與 MainAI 腳本中，設定當滑鼠位子在旋轉按鈕上方時，當滑鼠按下不會觸發丟小雞，首先我們到 MainAI 中心新增靜態的布林變數，並使用此變數來限制是否能丟出小雞，如下圖所示：

```
    ◀  ▶    CameraRotate.js         ×    MainAI.js              ○
   C MainAI  ▸  F onbtn
    1    #pragma strict
    2    var Chick_Yellow : GameObject;
    3    var Chick_Red : GameObject;
    4    var Chick : GameObject;
    5    var MainCamera : GameObject;
    6    var Amount : int = 0;
    7    static var onbtn : boolean = false;
    8
    9    function Start ()
   10    {
   11
   12    }
   13
   14    function Update ()
   15    {
   16        if( Input.GetMouseButtonDown( 0 ) && !onbtn )
   17        {
   18            var ShotPos = Vector3( MainCamera.transform.position.x,
   19                                   MainCamera.transform.position.y-0.5,
   20                                   MainCamera.transform.position.z );
   21            Amount = Amount + 1;
   22            if( Amount % 5 != 0 )
   23                Chick = Instantiate( Chick_Yellow, ShotPos, Quaternion.Euler( 270, 180, 0 )
   24            else
   25                Chick = Instantiate( Chick_Red, ShotPos, Quaternion.Euler( 270, 180, 0 ) );
   26
   27            var MouseRay = Camera.main.ScreenPointToRay( Input.mousePosition );
   28            Chick.rigidbody.AddForce(
   29                    MouseRay.direction.x*(Input.mousePosition.y/Screen.height*1200), 150,
   30                    MouseRay.direction.z*(Input.mousePosition.y/Screen.height*1200) );
   31            Chick.rigidbody.AddRelativeTorque( -8, 0, 0 );
   32        }
   33    }
```

✦ 第 7 行：新增靜態變數 onbtn 預設值為 false。

✦ 第 16 行：在按下滑鼠左鍵時同時 onbtn 必須為 false 才能繼續執行丟出小雞。

　　由於上述的設定，當 onbtn 若為 true 則就算按下滑鼠左鍵也無法丟出小雞，接下來我們要到 CameraRotateAI 腳本中撰寫若滑鼠位置在旋轉按鈕上方，則靜態變數 onbtn 將會變成 true，若滑鼠位置不在按鈕上方則 onbtn 為 false，CameraRotateAI 撰寫，如下圖所示：

```
12   {
13       var w = Screen.width;
14       var h = Screen.height;
15       var Rect_Left = Rect( 0, 0, w/4, w/4 );
16       var Rect_Right = Rect( w-w/4, 0, w/4, w/4 );
17       if( Rect_Left.Contains( Input.mousePosition ) ||
18           Rect_Right.Contains( Input.mousePosition ) )
19           MainAI.onbtn = true;
20       else
21           MainAI.onbtn = false;
```

✦ 第 13、14 行：新增變數 w 及 h 用來表示遊戲畫面的寬度與高度。

✦ 第 15、16 行：新增兩個矩形區塊，位置與 GUI 按鈕的位置重疊，但這裡要注意，之前在 OnGUI() 函數中建立的矩形位置是以左上角為設置位置點，且遊戲介面原點也在左上角，但在一般 Update() 函數中建立的矩形是以左下角為設置位置點，且遊戲介面原點是在左下角，也就是說在此觸地矩形位置必須重新設置，跟 OnGUI() 函數中的位置設置上會有不同之處，相關位置如下圖所示：

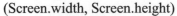

(Screen.width, Screen.height)

(0, 0)　　　　　(Screen.width*3/4, 0)

✦ 第 17 ～ 19 行：當滑鼠的所在位置，覆蓋在 15、16 行建立的矩型上時，將 MainAI 中的靜態變數 onbtn 設為 true，使得當滑鼠按下時無法丟出小雞。

✦ 第 20、21 行；當滑鼠沒有覆蓋在上述矩形上時，則將 MainAI 中的靜態變數 onbtn 設為 false，使得當滑鼠按下時能順利丟出小雞。

撰寫完在 Assembly 面板按下 Ctrl+S 儲存 CameraRotateAI 腳本與 MainAI 腳本，再回到 Unity 中運行遊戲，如此當我們使用滑鼠按下按鈕時就不會丟出小雞了。

四、製作遊戲中資訊介面的顯示及音效設定

在上個步驟中我們已經先建立了兩個旋轉按鈕，接下來我們要在遊戲中加入更多的 GUI 圖示介面以及在丟出小雞時添加小雞叫聲的音效，共分成五個重點，分別是下一隻丟出的小雞的顏色提示圖、目前得分資訊、設置剩餘生命值資訊、遊戲結束時顯示得分與重新遊戲的按鈕及音效設置，依序介紹如下。

1. 下一隻丟出的小雞的顏色提示圖設置：

首先我們先在 MainAI 中撰寫下一隻小雞的顏色提示圖，提試圖可以在 Project 視窗中的 GUI_Texture 資料夾中找到，黃色小雞圖示 (yellow_chick) 及紅色小雞圖示 (red_chick)，如下圖所示：

在 MainAI 腳本中新增三個變數用來存取上個步驟使用到的 myGUISkin 及兩種小雞圖示。

```
1  #pragma strict
2  var Chick_Yellow : GameObject;
3  var Chick_Red : GameObject;
4  var Chick : GameObject;
5  var MainCamera : GameObject;
6  var Amount : int = 0;
7  static var onbtn : boolean = false;
8  var CameraCenter : GameObject;
9  var myGUISkin : GUISkin;
10  var yellow_chick : Texture;
11  var red_chick : Texture;
12
```

在 Assembly 面板按下 Ctrl+S 儲存 MainAI 腳本，再回到 Unity 到 Project 視窗中的 Assets 資料夾及 GUI_Texture 資料夾中，將 myGUISkin 及兩張小圖示，拖曳到場景中碗公 (bowl) 上的 MainAI (Script) 新增的三個變數中。

回到 MainAI 中撰寫提試圖的位置、大小及更換圖示的時機，指令如下圖所示：

```
40
41  function OnGUI ()
42  {
43      var w = Screen.width;
44      var h = Screen.height;
45      GUI.skin = myGUISkin;
46      myGUISkin.label.fontSize = w/22;
47      if( Amount % 5 ==4 )
48          GUI.Label( Rect( w/2-w/10, h-w/5, w/5, w/5 ), red_chick );
49      else
50          GUI.Label( Rect( w/2-w/10, h-w/5, w/5, w/5 ), yellow_chick );
51
52      GUI.Label( Rect( w/2-w/10, h-w/5-w/20, w/5, w/10),  "NEXT" );
53  }
54
```

✦ 第 43、44 行：新增變數 w 及 h 為，遊戲螢幕寬度及高度。

✦ 第 45 行：讓 45 行後建立的按鈕都套用 myGUISkin 設定的樣式。

✦ 第 46 行：使用 Label 創建的 GUI 上的文字大小遊戲螢幕寬度除以 22 的大小，使文字大小能隨著遊戲螢幕大小而改變大小。

✦ 第 47、48 行：當丟出的小雞數量除以 5 於數等於 4 時，產生一個 GUI 標籤，位置為 (w/2-w/10, h-w/5)，標籤為邊長為 w/5 的正方形，並使用 red_chick 作為標籤圖示。

✦ 第 49、50 行：當丟出的小雞數量除以 5 於數不等於 0 時，產生一個 GUI 標籤，位置為 (w/2-w/10, h-w/5)，標籤為邊長為 w/5 的正方形，並使用 yellow_chick 作為標籤圖示。

✦ 第 52 行：新增一個 GUI 標籤，位置為 (w/2-w/10, h-w/20)，標籤寬為 w/5，高為 w/10，邊標籤上顯示文字為 NEXT。

在 Assembly 面板按下 Ctrl+S 儲存 MainAI 腳本，再回到 Unity 中的 Project 視窗的 Assets 資料夾中選取 myGUISkin，並在 Inspector 視窗中修改 Label 選項中的 Normal 次選項中的 Text Color(文字顏色)，將顏色調整為黑色，使得 NEXT 標籤文字顯示黑色，接著到 Label 選項中的 Overflow 次選項中，將 Alignment 選項修改為 Upper Center 使得 NEXT 文字顯示於標籤上緣中心位置。

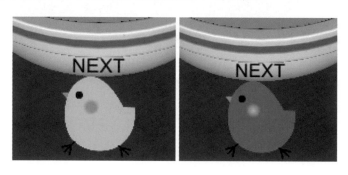

關於遊戲的分數計算我們在丟出 1 隻小雞便讓分數加 1 分，而當小雞掉落到碗公下方一定距離便讓分數減 1 分，並將小雞物件從場景上刪除。

2. 目前得分資訊設置

首先在 MainAI 腳本中新增靜態變數 score 來計算遊戲分數，MainAI 腳本撰寫如下圖所示：

```
 9    var myGUISkin : GUISkin;
10    var yellow_chick : Texture;
11    var red_chick : Texture;
12    static var score : int = 0;
13
14    function Start ()
15    {
```

✦ 第 12 行：新增靜態變數 score 初始值為 0。

```
21        if( Input.GetMouseButtonDown( 0 ) && !onbtn )
22        {
23            var CameraCenterY = CameraCenter.transform.rotation.y;
24            var ShotPos = Vector3( MainCamera.transform.position.x,
25                                   MainCamera.transform.position.y-0.5,
26                                   MainCamera.transform.position.z );
27            score = score + 1;
28            Amount = Amount + 1;
```

✦ 第 27 行：當按下滑鼠左鍵並成功丟出小雞時，讓變數 score 累加 1。

　　而扣分的指令將撰寫在小雞身上，由於黃色小雞身上還沒有添加 Script，所以我們到 Project 視窗中選取 Assets 資料夾，並點擊 Project 視窗左上角的 Create 選項，建立一個 Java Script 將它命名為 ChickYellowAI，此時 Project 資料夾中的 Assets 資料夾會建立 ChickYellowAI.js 的文件檔，如下圖所示：

接著要將剛剛新增的 ChickYellowAI 腳本添加到 Project 視窗中 Assets 資料夾的黃色小雞模型 (chick_yellow)，選取黃色小雞模型 (chick_ yellow) 後點擊系統選單 Component，選擇 Scripts 選項中選擇新增的 ChickYellowAI 腳本。

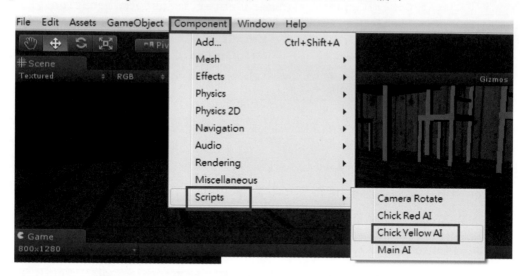

　　接著在 Inspector 視窗中會出現 ChickYellowAI (Script)，接著點擊新增的 ChickYellowAI (Script) 裡的 Script 選項中的 ChickYellowAI 腳本，如此就可以開啟 Assembly 面板來撰寫程式。

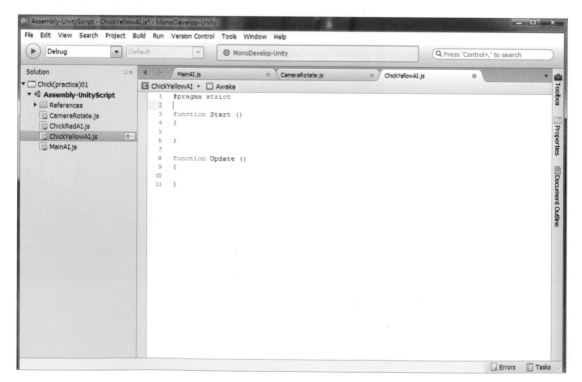

　　ChickYellowAI 腳本中撰寫，當小雞的 Y 座標位置小於 -2，則將 MainAI 中的靜態變數 score 減 1，並將自身從場景上刪除，指令如下圖所示：

```
 8   function Update ()
 9   {
10       if( transform.position.y < -2 )
11       {
12           MainAI.score = MainAI.score - 1;
13           Destroy(this.gameObject);
14       }
15   }
16
```

✦ 第 10 行：當代有此 Script 的物件 Y 軸位置小於 -2 時，執行 12、13 行。

✦ 第 12 行：讓 MainAI 中的靜態變數 score 減 1。

✦ 第 13 行：從場景上山除添加此 Script 的物件。

　　將上述的 10 ～ 14 行指令，複製到 ChickRedAI 腳本中，如下圖所示：

```
 8   function Update ()
 9   {
10       if( transform.position.y < -2 )
11       {
12           MainAI.score = MainAI.score - 1;
13           Destroy(this.gameObject);
14       }
15   }
16
17   function OnCollisionEnter ( collision:Collision )
18   {
```

　　在 Assembly 面板的 MainAI 腳本、ChickYellowAI 腳本及 ChickRedAI 腳本中，分別按下 Ctrl+S 儲存這些腳本，回到 Unity 中運行遊戲，可以發現當小雞掉或到一定高度便會自動從場景上刪除。

接下來我們要遊戲介面右上方顯示當前的分數，開啓 MainAI 腳本，撰寫指令如下：

```
42    function OnGUI ()
43    {
44        var w = Screen.width;
45        var h = Screen.height;
46        GUI.skin = myGUISkin;
47        myGUISkin.label.fontSize = w/22;
48        if( Amount % 5 ==4 )
49            GUI.Label( Rect( w/2-w/10, h-w/5, w/5, w/5 ), red_chick );
50        else
51            GUI.Label( Rect( w/2-w/10, h-w/5, w/5, w/5 ), yellow_chick );
52
53        GUI.Label( Rect( w/2-w/10, h-w/5-w/20, w/5, w/10),  "NEXT" );
54        GUI.Label( Rect( w-w/5, 0, w/5, w/10 ), "SCORE" );
55        myGUISkin.label.fontSize = w/7;
56        GUI.Label( Rect( w-w/5, w/20, w/5, w/6 ), "" + score );
57    }
```

✦ 第 54 行：新增一個 Label 標籤，位置爲 (w-w/5, 0)，寬高爲 (w/5, w/10)，並顯示 SCORE 字串。

✦ 第 55 行：將 55 行後建立的 Label 裡的字串大小設置爲 w/7。

✦ 第 56 行：新增一個 Label 標籤，位置爲 (w-w/5, w/20)，寬高爲 (w/5, w/6)，並將目前計算出的分數 score 轉成字串顯示在 Label 中。

在 Assembly 面板按下 Ctrl+S 儲存 MainAI 腳本，再回到 Unity 中運行遊戲，能在遊戲介面的右上角看到即時的分數更新，如下圖所示：

3. 設置剩餘生命值資訊：

　　關於遊戲生命值的計算，遊戲開始時會有 10 點生命，每當一隻小雞掉到碗公外，便減少 1 點生命，若生命值歸 0，則結束遊戲。

　　首先我們在 MainAI 腳本中新增初始值為 10 靜態變數 life，如下圖所示：

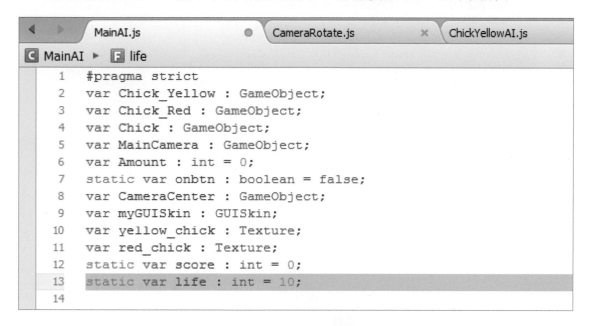

✦ 第 13 行：新增靜態變數 life，初始值為 10。

　　接著到黃色及紅色小雞所添加的 ChickYellowAI 及 ChickRedAI 中，撰寫當小雞掉落到被刪除的高度時，使靜態變數 life 減 1，如下圖所示：

```
 8   function Update ()
 9   {
10       if( transform.position.y < -2 )
11       {
12           MainAI.score = MainAI.score - 1;
13           MainAI.life = MainAI.life - 1;
14           Destroy(this.gameObject);
15       }
16   }
```

　　在 Assembly 面板的 MainAI 腳本、ChickYellowAI 腳本及 ChickRedAI 腳本中，分別按下 Ctrl+S 儲存這些腳本。

接著我們要在 MainAI 腳本中撰寫，依照生命值來顯示代表生命的 GUI 小雞圖示，如下圖所示：

```
53
54      GUI.Label( Rect( w/2-w/10, h-w/5-w/20, w/5, w/10),  "NEXT" );
55      GUI.Label( Rect( w-w/5, 0, w/5, w/10 ), "SCORE" );
56      myGUISkin.label.fontSize = w/7;
57      GUI.Label( Rect( w-w/5, w/20, w/5, w/6 ), "" + score );
58
59      for( var i = 0; i < life; i++ )
60      {
61          GUI.Label( Rect( w/12*i, w/20, w/12, w/12), yellow_chick );
62      }
63  }
```

✦ 第 59 行：使用 for 迴圈建立小雞生命圖示，生命圖示的數量取決於靜態變數 life，最多 10 點，最少 0 點。

✦ 第 61 行：使用 Label 標籤建立黃色小雞圖示，圖示位置為 (w/12*i, w/20)，圖示為邊長 w/12 的正方形。

在 Assembly 面板按下 Ctrl+S 儲存 MainAI 腳本，再回到 Unity 中運行遊戲，就能看到使用 for 迴圈產生的 GUI 圖示，當小雞掉出碗外生命點數將會減少一點。

4. 遊戲結束時顯示得分與重新遊戲的按鈕設置

關於生命值歸 0 時，要使遊戲結束，我們在 MainAI 中新增一個布林變數 shot 初始值為 true，當生命值歸 0 時將 shot 改為 false，且將 shot 加入滑鼠點擊時是否能丟出小雞的判斷條件之一，遊戲結識時我們將會預留 4 秒的緩衝時間，讓還在在飛行或滾動的小雞漸漸停下來後，再顯示最後得分及重新開始遊戲的按鈕。

首先在 MainAI 腳本中新增 shot 布林變數。

```
MainAI.js          CameraRotate.js        ChickYellowAI.js
MainAI ▶ F shot
  1  #pragma strict
  2  var Chick_Yellow : GameObject;
  3  var Chick_Red : GameObject;
  4  var Chick : GameObject;
  5  var MainCamera : GameObject;
  6  var Amount : int = 0;
  7  static var onbtn : boolean = false;
  8  var CameraCenter : GameObject;
  9  var myGUISkin : GUISkin;
 10  var yellow_chick : Texture;
 11  var red_chick : Texture;
 12  static var score : int = 0;
 13  static var life : int = 10;
 14  var shot : boolean = true;
 15
```

✦ 第 14 行：新增布林變數 shot 初始值為 true。

接著在 MainAI 腳本中，將 shot 變數加入是否丟出小雞的判別條件之一，如下圖所示：

```
MainAI.js        CameraRotate.js        ChickYellowAI.js        ChickRedAI.js
MainAI ▶ M Update
 21  function Update ()
 22  {
 23      if( Input.GetMouseButtonDown( 0 ) && !onbtn && shot )
 24      {
 25          var CameraCenterY = CameraCenter.transform.rotation.y;
 26          var ShotPos = Vector3( MainCamera.transform.position.x,
 27                                 MainCamera.transform.position.y-0.5,
 28                                 MainCamera.transform.position.z );
 29          score = score + 1;
 30          Amount = Amount + 1;
 31          if( Amount % 5 != 0 )
 32              Chick = Instantiate( Chick_Yellow, ShotPos, Quaternion.Euler( 270, 180, 0 ) );
 33          else
 34              Chick = Instantiate( Chick_Red, ShotPos, Quaternion.Euler( 270, 180, 0 ) );
```

✦ 第 23 行：當按下滑鼠左鍵時，滑鼠不能覆蓋在旋轉按鈕上，且 shot 要為 true 才能丟出小雞。

在 MainAI 腳本中撰寫，當生命值 life 小於 1 的時候將 shot 改為 false 使玩家無法丟出小雞，並開始倒數 4 秒，4 秒後將最終的得分顯示在遊戲畫面中，並取消原本在右上方的分數計算及下方的下一隻小雞顏色提示，MainAI 腳本撰寫如下圖所示：

```
◄   ►        MainAI.js              ×      CameraRotate.js          ×      ChickYellowA
 C  MainAI  ►  F  time
   12    static var score : int = 0;
   13    static var life : int = 10;
   14    var shot : boolean = true;
   15    var time : float = 0;
   16
   17    function Start ()
```

✦ 第 15 行：新增變數 time 初始值為 0，將用之後倒數 4 秒時使用。

```
◄   ►      MainAI.js          ●      CameraRotate.js      ×      ChickYellowAI.js      ×      ChickRedAI.js
 C  MainAI  ►  M  OnGUI
   59        GUI.Label( Rect( w-w/3, w/20, w/3, w/6 ), "" + score );
   60
   61        for( var i = 0; i < life; i++ )
   62        {
   63            GUI.Label( Rect( w/12*i, w/20, w/12, w/12), yellow_chick );
   64        }
   65
   66        if( life < 1 )
   67        {
   68            shot = false;
   69            time = time + Time.deltaTime;
   70            if( time > 4 )
   71            {
   72                GUI.Label( Rect( w/2-w/10, h/2 - h/2.3, w/5, w/6), "" + score );
   73                myGUISkin.label.fontSize = w/22;
   74                GUI.Label( Rect( w/2-w/10, h/2 - h/2.1, w/5, w/10), "SCORE" );
   75            }
   76        }
   77    }
```

✦ 第 66 行：當 lift 生命值小於 1 則執行 67 ～ 76 行。

✦ 第 68 行：將 shot 變數改為 false 使玩家無法再丟出小雞。

✦ 第 69 行：把每隔影隔間的時間 Time.deltaTime 累加到變數 time。

✦ 第 70 行：當變數 time 大於 4 執行 71 ～ 75 行。

✦ 第 72 行：新增一個 Label 標籤，位置為 (w-w/5, w/20)，寬高為 (w/5, w/6)，並將目前計算出的最後的遊戲分數 score，並將分數轉成字串顯示在 Label 中。

✦ 第 73 行：將 55 行後建立的 Label 裡的字串大小設置為 w/22。

✦ 第 74 行：新增一個 Label 標籤，位置為 (w-w/5, 0)，寬高為 (w/5, w/10)，並顯示 SCORE 字串。

接著要將原本在右上角的分數及下方的下一隻小雞顏色提示隱藏起來，如下圖所示：

```
MainAI.js          ●   CameraRotate.js    ×   ChickYellowAI.js   ×   ChickRedAI.js
MainAI ▶ M OnGUI
45   function OnGUI ()
46   {
47       var w = Screen.width;
48       var h = Screen.height;
49       GUI.skin = myGUISkin;
50       myGUISkin.label.fontSize = w/22;
51       if( life > 0 )
52       {
53           if( Amount % 5 ==4 )
54               GUI.Label( Rect( w/2-w/10, h-w/5, w/5, w/5 ), red_chick );
55           else
56               GUI.Label( Rect( w/2-w/10, h-w/5, w/5, w/5 ), yellow_chick );
57
58           GUI.Label( Rect( w/2-w/10, h-w/5-w/20, w/5, w/10),  "NEXT" );
59           GUI.Label( Rect( w-w/5, 0, w/5, w/10 ), "SCORE" );
60           myGUISkin.label.fontSize = w/7;
61           GUI.Label( Rect( w-w/5, w/20, w/5, w/6 ), "" + score );
62       }
```

✦ 第51行：當生命值life大於0時，才會執行53～61行的分數及小雞顏色提示圖示。

　撰寫完 MainAI 腳本後，在 Assembly 面板按下 Ctrl+S 儲存 MainAI 腳本，再回到 Unity 中運行遊戲，當生命值歸0時將無法丟出小雞，4秒將會在中央顯示最後總分。

　　接著我們要在結束畫面新增一個重新開始的按鈕，當按鈕被按下時，遊戲將再次載入場景，這麼一來上一場還留在碗中的小雞就會被清除了，MainAI 撰寫如下圖所示：

```
                MainAI.js              ●      CameraRotate.js          ×     ChickYellowAI.js
  C  MainAI  ▸  F  PlayAgain
  12    static var score : int = 0;
  13    static var life : int = 10;
  14    var shot : boolean = true;
  15    var time : float = 0;
  16    var PlayAgain : Texture;
  17
  18    function Start ()
  19    {
```

✦ 第 16 行：新增變數 PlayAgain 用來取得重新開始的按鈕圖示。

　　在 Assembly 面板按下 Ctrl+S 儲存 MainAI 腳本，再回到 Unity 的 Project 視窗中 GUI_Texture 資料夾裡，將 PlayAgain 圖片拖曳到場景中碗公 (bowl) 上的 MainAI (Script) 新增的 PlayAgain 變數，如下圖所示：

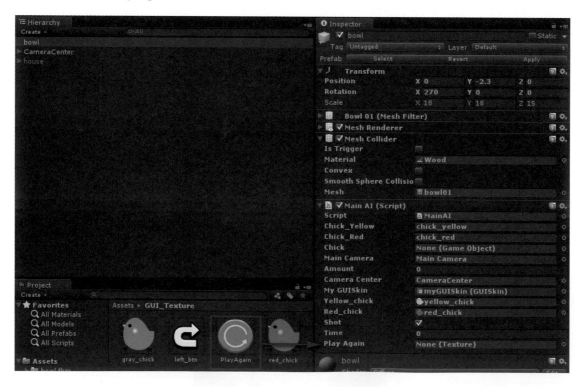

再回到 MainAI 腳本中，撰寫再生命值歸 0 倒數 4 秒後產生重新開始按鈕。

```
      MainAI.js          ×    CameraRotate.js    ×    ChickYellowAI.js    ×    ChickRedAI.js
 MainAI  ▶  OnGUI
70        if( life < 1 )
71        {
72            shot = false;
73            time = time + Time.deltaTime;
74            if( time > 4 )
75            {
76                GUI.Label( Rect( w/2-w/10, h/2 - h/2.1, w/5, w/10), "SCORE" );
77                myGUISkin.label.fontSize = w/7;
78                GUI.Label( Rect( w/2-w/10, h/2 - h/2.3, w/5, w/6), "" + score );
79
80                if( GUI.Button( Rect( w/2-w/10, h - h/7, w/5, w/5), PlayAgain )  )
81                {
82                    Application.LoadLevel("Scene");
83                }
84            }
85        }
86    }
```

重新載入場景雖然能將小雞模型清除，但許多變數沒有回到初始值，所以我們在，MainAI 腳本的 Start() 函數中，將這些變數重新設回初始值，如下圖所示：

```
      MainAI.js          ●    CameraRotate.js    ×    ChickYellowAI.js
 MainAI  ▶  Start
17
18    function Start ()
19    {
20        Amount = 0;
21        life = 10;
22        score = 0;
23        shot = true;
24        time = 0;
25    }
26
```

撰寫完 MainAI 腳本，在 Assembly 面板按下 Ctrl+S 儲存 MainAI 腳本，再回到 Unity 中運行遊戲，當按下重新開始的按鈕時，就將上一場遊戲留下來的小雞清除，開始一場全新的遊戲，如下圖所示：

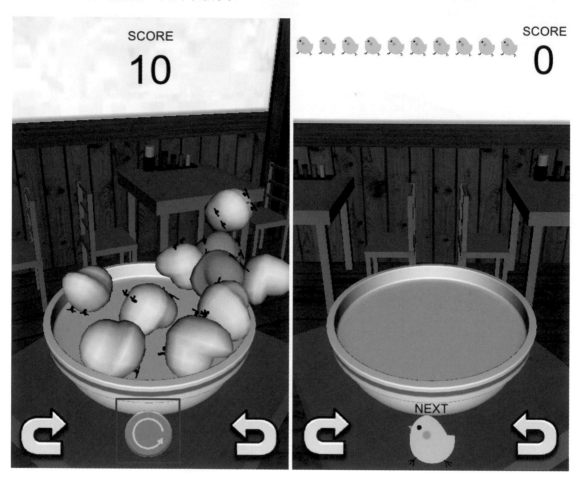

5. 音效設置

　　關於遊戲音效的部分，我們在 Project 視窗中的 Assets 資料夾裡找到 ChickSound 的聲音檔，此小雞叫聲我們要在丟出小雞的時候撥放一次。首先我們先將此音效檔拖曳到 Hierarchy 視窗中，我們可以在場景中看到此音效圖示，如下圖所示：

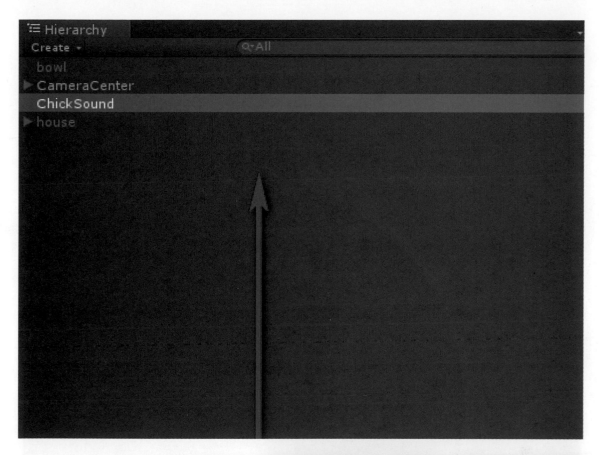

將 ChickSound 音效放入場景後
我們可以到它的 Inspector 視窗中，
取消 Play On Awake 避免一進入場
景就發出小雞叫聲，由於我們希望
小雞叫聲在我們丟出小雞時只要播
放 1 次，所以我們可以檢查
Loop(循環播放) 參數是否有取消，
如右圖所示：

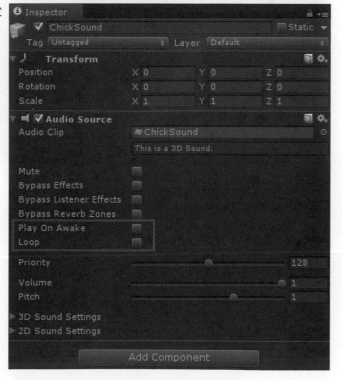

設置完我們到 MainAI 腳本中撰寫此音效的播放時機，首先在 MainAI 中新增變數 ChickSound 來得到場景上的小雞音效，如下圖所示：

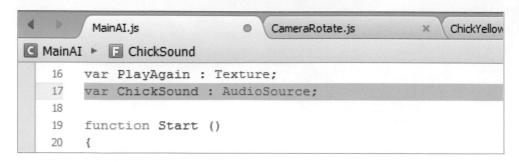

✦ 第 17 行：新增變數 ChickSound，用來儲存小雞音效。

在 Assembly 面板按下 Ctrl+S 儲存 MainAI 腳本，再回到 Unity 的 Hierarchy 視窗中，將 ChickSound 音效元件拖曳到場景中碗公 (bowl) 上的 MainAI (Script) 新增的 ChickSound 變數。

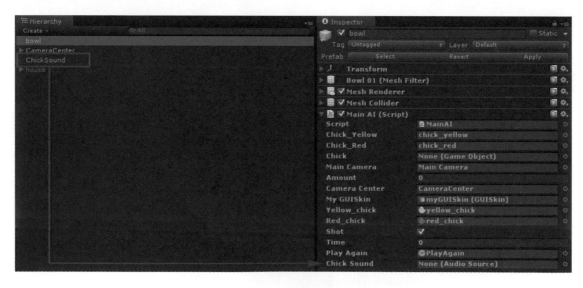

在回到 MainAI 腳本中撰寫當丟出小雞時播放該音效，如下圖所示：

```
MainAI.js          ×    CameraRotate.js        ×    ChickYellowAI.js      ×    ChickRedAI.js        ×
 MainAI  ▶   Update
29  {
30      if( Input.GetMouseButtonDown( 0 ) && !onbtn && shot )
31      {
32          var CameraCenterY = CameraCenter.transform.rotation.y;
33          var ShotPos = Vector3( MainCamera.transform.position.x,
34                                 MainCamera.transform.position.y-0.5,
35                                 MainCamera.transform.position.z );
36          score = score + 1;
37          Amount = Amount + 1;
38          if( Amount % 5 != 0 )
39              Chick = Instantiate( Chick_Yellow, ShotPos, Quaternion.Euler( 270, 180, 0 )
40          else
41              Chick = Instantiate( Chick_Red, ShotPos, Quaternion.Euler( 270, 180, 0 ) );
42
43          var MouseRay = Camera.main.ScreenPointToRay( Input.mousePosition );
44          Chick.rigidbody.AddForce(
45                  MouseRay.direction.x*(Input.mousePosition.y/Screen.height*1200), 150,
46                  MouseRay.direction.z*(Input.mousePosition.y/Screen.height*1200) );
47          Chick.rigidbody.AddRelativeTorque( -8, 0, 0 );
48          ChickSound.Play();
49      }
```

✦ 第 48 行：播放變數 ChickSound 儲存的小雞音效。

　　撰寫完 MainAI 腳本，在 Assembly 面板按下 Ctrl+S 儲存 MainAI 腳本，再回到 Unity 中運行遊戲，當丟出小雞時就會聽小雞的叫聲，如此就完成本範例的遊戲作品了。

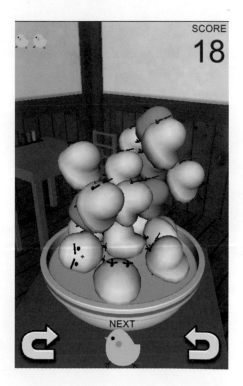

五、Android 平台遊戲發佈

將遊戲發佈到 Android 之前，我們需先下載 Java SDK(JDK) 及 Android SDK，本書中所用的 Java SDK 為 8.0 版本，Android SDK 為 4.0 版本。

Java SDK 安裝與環境設定：首先我們先到 Java 開發公司 ORACLE 的官方網站 (http://www.oracle.com/)，點選 Downloads。

接著點選 Java 的選項中找到 Java SE。

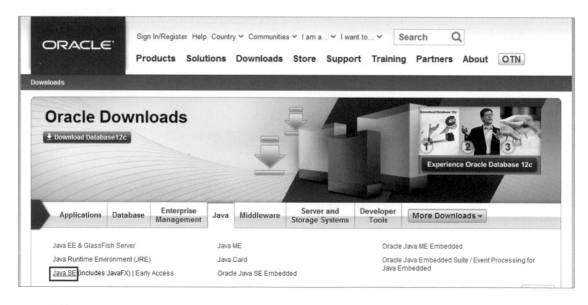

下載 JDK。

　　由於 JDK 是 Oracle 公司的產品,所以必須同意使用條款才可以下載安裝檔案,使用滑鼠左鍵選擇 Accept,再到下方根據使用者的作業系統來下載檔案。

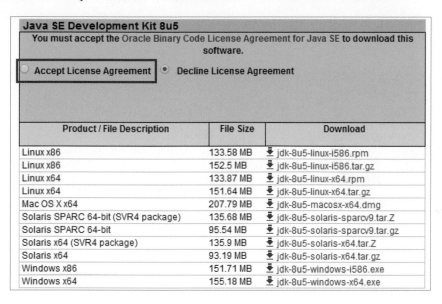

　　安裝 JDK 後,開啓控制台 \ 系統安全 \ 系統,選擇進階系統設定來開啓系統內容,並在進階中開啓環境變數,如下圖所示:

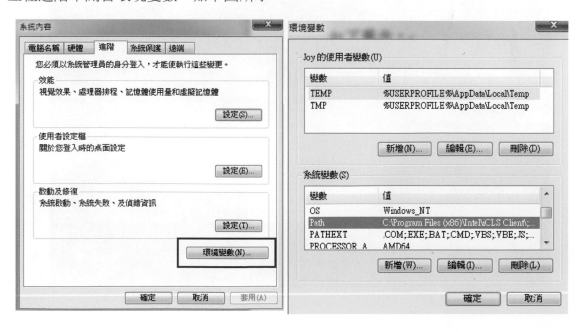

　　在系統變數中找到 path 及 classpath 環境變數，若沒有請讀者新增 path 及 classpath 環境變數，接著我們要在這兩個環境變數中設置 JDK 所在的路徑，如 D:\Program Files\Java\jdk1.8.0_05\bin。若原先環境變數中已有其它路徑，請用分號將它們分開。

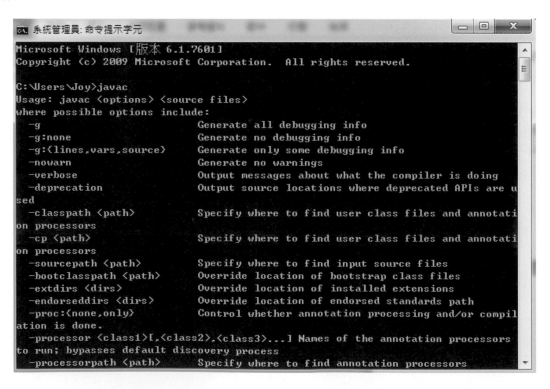

　　完成上述步驟，選擇開始按鈕 \ 所以程式 \ 附屬應用程式 \ 命令提示字元，在命令提示字元中輸入 javac 在按下 Enter 若能出現下圖內容，則表示環境變數已經設置成功。

Android SDK 安裝與環境設定：在 Android 官網 (http://developer.android.com) 點選 Develop\Tools\Download，就能到達 Android SDK 的下載位置，點選 Download the SDK 下載 Android SDK。

下載完並解壓縮檔案後，到解壓縮的資料夾中開啟 SDK Manager.exe，並勾選 Tools 及 Android 裝置的 Android 版本 (範例中使用的是 Android 4.0)，點擊 Install packages。

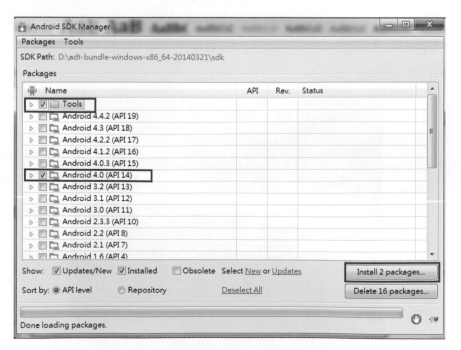

　　安裝後我們回到環境變數中設置系統變數 path，在 path 中添加兩個路徑，如 D:\adt-bundle-windows-x86_64-20140321\sdk\platform-tools 與 D:\adt-bundle-windows-x86_64-20140321\sdk\tools，(根據讀者安裝 Android SDK 的路徑不同而有所改變)，注意在每個路徑間要用分號隔開，設置完上述的步驟後，開啟命令提示字元，輸入 adb，若能出現下圖內容，則表示環境變數已經設置成功。

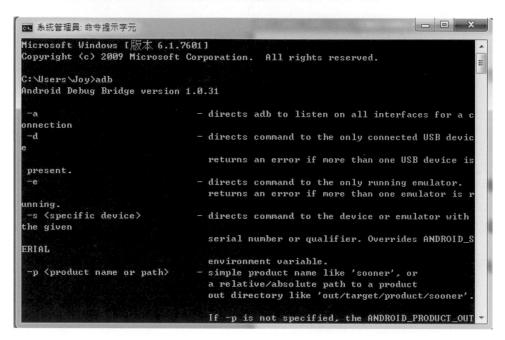

　　完成 Java SDK 及 Android SDK 安裝及環境設定，回到 Unity 中點選系統選單 Edit 選項中的 Preferencesd 開啟 Unity Preferencesd 視窗，在 External Tools 選擇 Android SDK Location 設置 Android SDK 所在的路徑，如 D:\adt-bundle-windows-x86_64-20140321\sdk。

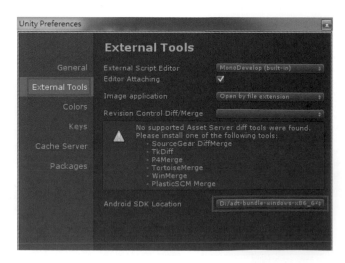

接著點選系統選單 Edit 中 Project Settings 的次選項 Player，在 Inspector 視窗中，依照 Android 裝置的螢幕解析度設定 Cursor Hotspot(範例中使用 800x1280)。

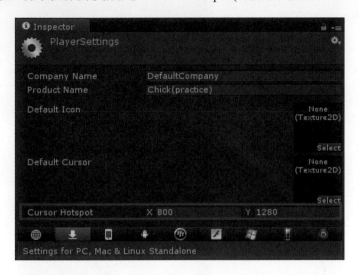

在 Inspector 視窗下方點擊 Android 圖示，並在 Other Setting 中，將 Bundle Identfier 修改成 com.FCU.Chick，並在 Minimum API Level 中選擇 Android 裝置的 Android 版本 (範例中使用 Android 4.0)。

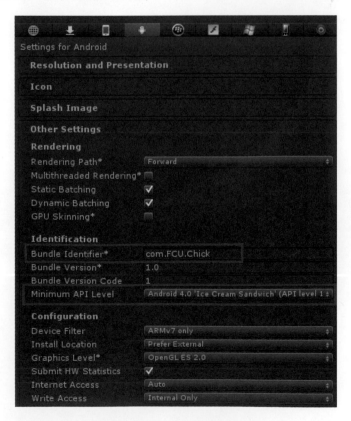

　　設定上述步驟後，點選系統選單 File 中的 Build Settings 開啟 Build Settings 面板，點選 Add Current 加入遊戲場景，並 Platform 中選擇 Android，再按下 Build 設定發佈位置與 apk 檔名稱即可將遊戲發佈成 apk 安裝檔。

　　最後將 apk 安裝檔放到 Android 裝置中安裝，就能在裝置中執行遊戲，下圖是在 SAMSUNG GALAXY Note 10.1 平板上執行本遊戲，螢幕解析度為 1280x800，採用 Android 4.0 Ice Cream Sandwich 作業系統。

國家圖書館出版品預行編目(CIP)資料

Unity 跨平臺全方位遊戲開發入門寶典 / 黃新峰、
劉哲宇、徐靜宜 編著. -- 初版. -- 新北市 ：
全華圖書, 2014.09　　面 ；　公分
ISBN 978-957-21-9613-7(平裝附範例光碟)
1.電腦遊戲　2.電腦程式設計

312.8　　　　　　　　　　　　　　103015977

Unity 跨平台全方位遊戲開發入門寶典

（附範例光碟）

作者 / 黃新峰、劉哲宇、徐靜宜

執行編輯 / 周映君

發行人 / 陳本源

出版者 / 全華圖書股份有限公司

郵政帳號 / 0100836-1 號

印刷者 / 宏懋打字印刷股份有限公司

圖書編號 / 06262007

初版一刷 / 2014 年 9 月

定價 / 新台幣 720 元

ISBN / 978-957-21-9613-7

全華圖書 / www.chwa.com.tw

全華網路書店 Open Tech / www.opentech.com.tw

若您對書籍內容、排版印刷有任何問題，歡迎來信指導 book@chwa.com.tw

臺北總公司(北區營業處)
地址：23671 新北市土城區忠義路 21 號
電話：(02) 2262-5666
傳真：(02) 6637-3695、6637-3696

中區營業處
地址：40256 臺中市南區樹義一巷 26 號
電話：(04) 2261-8485
傳真：(04) 3600-9806

南區營業處
地址：80769 高雄市三民區應安街 12 號
電話：(07) 381-1377
傳真：(07) 862-5562

有著作權・侵害必究

23671 新北市土城區忠義路 21 號
全華圖書股份有限公司

廣告回信
板橋郵局登記證
板橋廣字第540號

行銷企劃部　收

歡迎加入 全華會員

● 會員獨享
會員享購書折扣、紅利積點、生日禮金、不定期優惠活動…等。

● 如何加入會員
填妥讀者回函卡直接傳真 (02) 2262-0900 或寄回，將由專人協助登入會員資料，待收到
E-MAIL 通知後即可成為會員。

如何購買 全華書籍

1. 網路購書
全華網路書店「http://www.opentech.com.tw」，加入會員購書更便利，並享有紅利積點
回饋等各式優惠。

2. 全華門市、全省書局
歡迎至全華門市(新北市土城區忠義路 21 號)或全省各大書局、連鎖書店選購。

3. 來電訂購
(1) 訂購專線：(02) 2262-5666 轉 321-324
(2) 傳真專線：(02) 6637-3696
(3) 郵局劃撥（帳號：0100836-1　戶名：全華圖書股份有限公司）
※ 購書未滿一千元者，酌收運費 70 元。

OpenTech.com.tw 全華網路書店

全華網路書店 www.opentech.com.tw
E-mail: service@chwa.com.tw

※ 本會員制如有變更則以最新修訂制度為準，造成不便請見諒。

讀者回函卡

填寫日期： ／ ／

姓名：　　　　　　　　　　　　生日：西元　　　年　　　月　　　日　性別：□男 □女

電話：（ ）　　　　　　　　　　傳真：（ ）　　　　　　　　手機：

e-mail：（必填）

通訊處：□□□□□

學歷：□博士 □碩士 □大學 □專科 □高中・職

職業：□工程師 □教師 □學生 □軍・公 □其他

學校／公司：　　　　　　　　　　　　　　　科系／部門：

・需求書類：

□A. 電子 □B. 電機 □C. 計算機工程 □D. 資訊 □E. 機械 □F. 汽車 □I. 工管 □J. 土木

□K. 化工 □L. 設計 □M. 商管 □N. 日文 □O. 美容 □P. 休閒 □Q. 餐飲 □B. 其他

・本次購買圖書為：　　　　　　　　　　　　　　　　　書號：

・您對本書的評價：

封面設計：□非常滿意 □滿意 □尚可 □需改善，請說明

內容表達：□非常滿意 □滿意 □尚可 □需改善，請說明

版面編排：□非常滿意 □滿意 □尚可 □需改善，請說明

印刷品質：□非常滿意 □滿意 □尚可 □需改善，請說明

書籍定價：□非常滿意 □滿意 □尚可 □需改善，請說明

整體評價：請說明

・您在何處購買本書？

□書局 □網路書店 □書展 □團購 □其他

・您購買本書的原因？（可複選）

□個人需要 □幫公司採購 □親友推薦 □老師指定之課本 □其他

・您希望全華以何種方式提供出版訊息及特惠活動？

□電子報 □DM □廣告 （媒體名稱）

・您是否上過全華網路書店？ (www.opentech.com.tw)

□是 □否 您的建議

・您希望全華出版那方面書籍？

・您希望全華加強那些服務？

～感謝您提供寶貴意見，全華將秉持服務的熱忱，出版更多好書，以饗讀者。

全華網路書店 http://www.opentech.com.tw 客服信箱 service@chwa.com.tw

註：數字零，請用 Φ 表示，數字 1 與英文 L 請另註明並書寫端正，謝謝。

2011.03 修訂

親愛的讀者：

感謝您對全華圖書的支持與愛護，雖然我們很慎重的處理每一本書，但恐仍有疏漏之處，若您發現本書有任何錯誤，請填寫於勘誤表內寄回，我們將於再版時修正，您的批評與指教是我們進步的原動力，謝謝！

全華圖書　敬上

書 號	頁 數	行 數	書 名	勘 誤 表	
				錯誤或不當之詞句	建議修改之詞句
					作 者

我有話要說： （其它之批評與建議，如封面、編排、內容、印刷品質等・・・）